Wärmepumpen für Heizung und Warmwasser

Hans-Jürgen Seifert

Stiftung Warentest

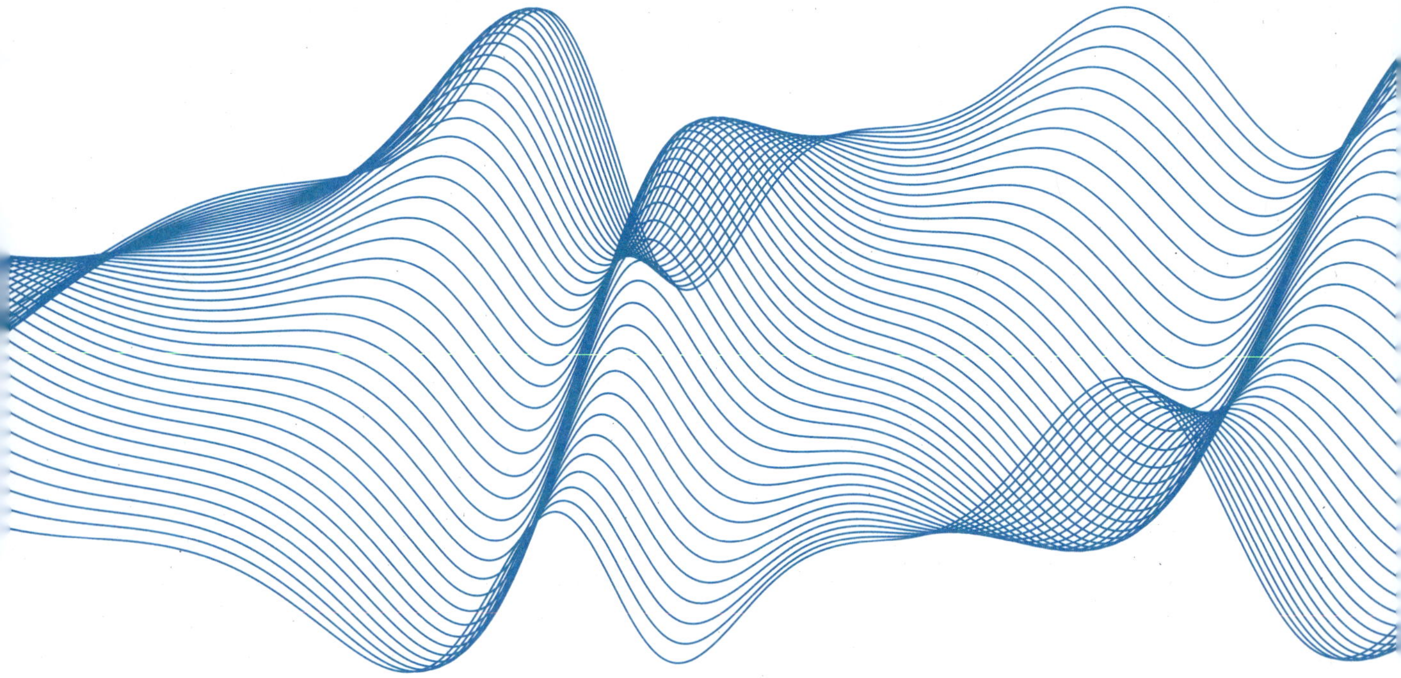

Inhalts-verzeichnis

KAPITEL 1

Grundlagen: Funktion, Kennzahlen, technische Vorschriften

KAPITEL 2

Wärmepumpenarten: Was bietet der Markt?

KAPITEL 3

Das richtige Wärmepumpensystem finden

KAPITEL 4

Wirtschaftlichkeit und Ertrag optimieren

KAPITEL 5

Herstellerangaben bewerten und Angebote vergleichen

KAPITEL 6

Rechtliches, Verträge, Förderung

KAPITEL 7

Inbetriebnahme und Wartung: Fehler vermeiden

ANHANG

Service

1

Wärmepumpen werden seit geraumer Zeit als perfekte Lösung zur Beheizung unserer Häuser ohne fossile Energieträger und ohne CO_2-Ausstoß propagiert. Warum, wie funktionieren Wärmepumpen in der Praxis und was macht sie so besonders? Hier geht es um die Grundlagen zum Verständnis dieser Technologie.

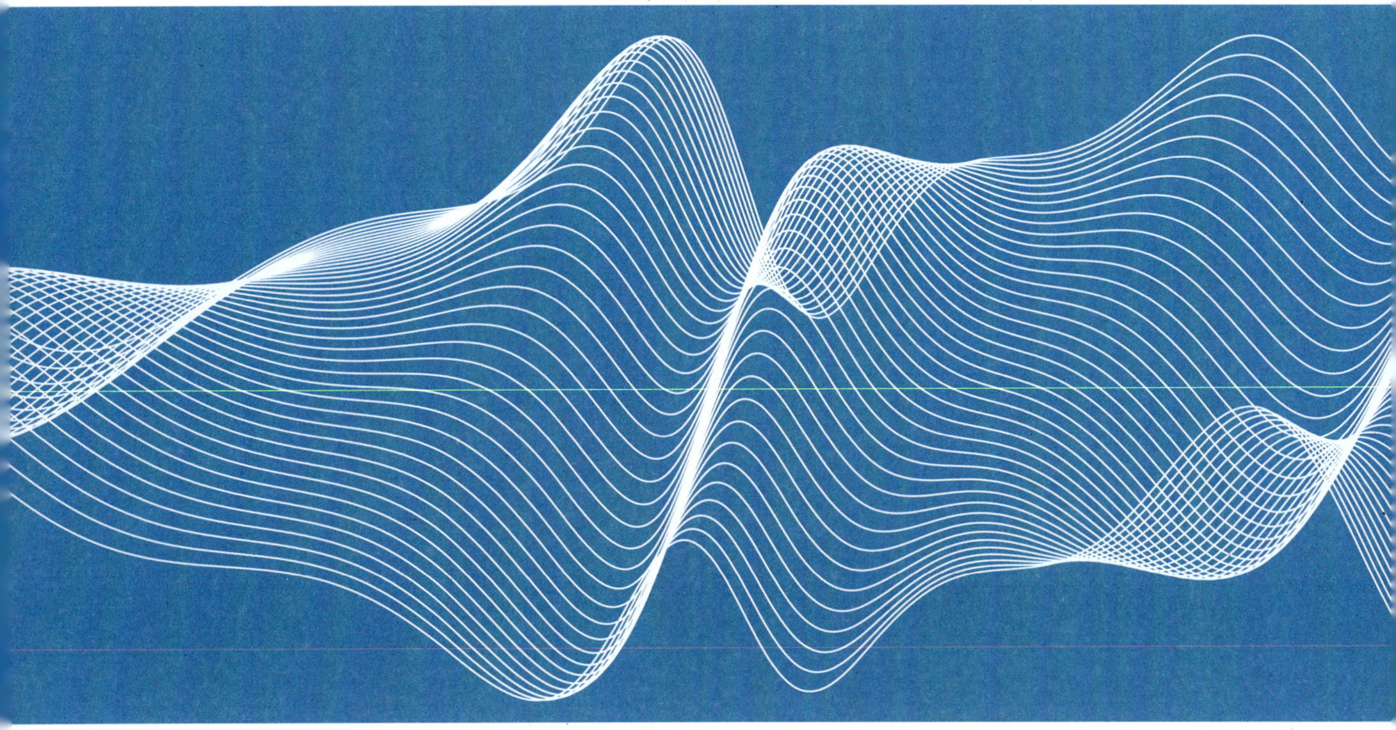

→ **Warum eine Wärmepumpe?** Wir Menschen haben eine sehr lange Tradition, unsere Wohnungen und Wirtschaftsgebäude mit Hitze aus der Verbrennung von Naturmaterialien zu erwärmen. Das geht heute besser.

WAS ERFAHRE ICH?

Seitdem unsere prähistorischen Vorfahren gelernt haben, das Feuer zu kontrollieren, wurde es – neben der Zubereitung von Speisen und als Lichtquelle – dazu genutzt, um sich aufzuwärmen. Zunächst wurde vor allem Holz verbrannt. Viel später und besonders mit der einsetzenden Industrialisierung wurden zunehmend fossile Energieträger eingesetzt, anfangs vorrangig Braun- und Steinkohle, dann auch Gas und Erdöl. Verbrennung von organischen Energieträgern setzt allerdings ungeheure Mengen des Treibhausgases Kohlendioxid (chemisch: CO_2) frei – das hat über die Jahrhunderte ganz wesentlich zum globalen Klimawandel beigetragen, dessen Auswirkungen wir seit einigen Jahren immer deutlicher erleben können.

Hinzu kommt im ressourcenarmen Deutschland eine fatale Abhängigkeit von den Lieferanten dieser Brennstoffe, die die Stabilität unserer Energieversorgung bedroht. Den extremen Preisanstieg bei Gas, Öl und Benzin seit Anfang 2022 spüren wir alle schmerzhaft an der Zapfsäule der Tankstelle und bei den Rechnungen der Energieversorger.

Erneuerbare Energien auf dem Vormarsch

Was können wir also tun, um die fatale Abhängigkeit von fossilen Energieträgern zu vermindern und längerfristig möglichst auch ganz zu beenden?

Die Erschließung von Sonnenenergie, Wind und Wasserkraft als alternative Energiequellen ist schon auf einem guten Weg. Sie liefern in erster Linie elektrischen Strom und – wie im Falle der Solarthermie – direkt nutzbare Wärme, die allerdings nicht gleichmäßig rund um die Uhr zur Verfügung stehen. Der nachwachsende Rohstoff Holz kann nur wenig zum steigenden Energiebedarf der Weltbevölkerung oder auch nur aller Menschen in Deutschland beitragen. Für eine umfassende Versorgung mit Brennstoff müsste viel mehr Holz geschlagen werden als in der gleichen Zeit nachwachsen kann. Zudem binden Wälder CO_2 aus der Atmosphäre und produzieren lebenswichtigen Sauerstoff.

Da kommt eine Technik ins Spiel, die in der Industrie seit Generationen bekannt ist und auch in nahezu jedem Haushalt bereits genutzt wird: Eine elektrische Wärmepumpe kühlt in der Küche unsere verderblichen Speisen. Dieses Prinzip „Kühlschrank" kann man auch so umdrehen, dass ein Innenraum erwärmt wird, indem man der Umgebung Wärmeenergie entzieht. Wie das genau funktioniert, erklären wir im nächsten Abschnitt ab Seite 10.

Beim Neubau – insbesondere von Eigenheimen – sind Wärmepumpen in sehr gut gedämmten Häusern in Kombination mit einer Photovoltaikanlage und Flächenheizungen quasi der neue Standard für die Heizung von Wohnräumen. Als primäre, also überwiegend für das Heizen eingesetzte Quelle werden bei den regenerativen Energiequellen mittlerweile meist Wärmepumpen gewählt.

Sanierung im Fokus

Deswegen hat die Bundesregierung ab Mitte 2022 insbesondere die energetische Sanierung und Umrüstung des vorhandenen Gebäudebestands in den Fokus gestellt und will die Umrüstung von fossilen Energieträgern auf Wärmepumpenheizungen möglichst umfassend vorantreiben. Dass dies nicht bloße Lippenbekenntnisse sind, zeigen zahlreiche Förderprogramme (siehe dazu „Förderungen" ab Seite 171, die einen Teil der bei einem Umstieg nötigen Einstiegsinvestition abfedern.

Der Boom der Wärmepumpenheizungen hat zu einer große Vielfalt der unterschiedlichsten Produkte und Systeme geführt. Was ist denn aber nun das Beste für das eigene Haus, eine Luft-Luft-Wärmepumpe, eine Luft-Wasser-, Grundwasser- oder Erdwärmepumpe? Was leisten diese Anlagen, wie energieeffizient sind sie und was kostet das alles? Und was ist an behördlichen Vorgaben und bei der Beantragung von Fördermitteln zu beachten?

Im Bestand, also bei Planungen für eine energetische Sanierung, war und ist die größte Hürde, dass Wärmepumpen am energieeffizientesten arbeiten, wenn die Vorlauftemperaturen für den Heizungskreislauf möglichst niedrig gehalten werden können. Das heißt, dass sie am besten im Zusammenspiel mit einer sehr guten Wärmedämmung des Gebäudes und großen Heizflächen, also Fußboden- oder Wandflächenheizungen, funktionieren. Sind im Gebäude die typischen Heizkörper, man spricht auch von Radiatoren, verbaut, müssen Lösungen für einen wirtschaftlichen Wärmepumpenbetrieb gefunden werden.

Dieses Buch soll Ihnen das nötige Wissen vermitteln, um die Heizung und Brauchwassererwärmung mithilfe einer Wärmepumpe zu verstehen und das passendste System mit den auf Dauer geringsten Kosten zu planen und in die Praxis umzusetzen – beim Neubau oder im Zuge einer Umrüstung im Bestand.

KURZE GESCHICHTE DER WÄRMEPUMPE

Auch wenn Wärmepumpen erst seit relativ kurzer Zeit allgemein bekannt geworden sind: Die Ursprünge dieser Zukunftstechnologie liegen bereits im 18. Jahrhundert. Dem schottischen Mediziner William Cullen gelang die Herstellung geringer Mengen künstlichen Eises, indem er Diethylether durch Unterdruck zum Verdampfen brachte, wobei dem Wasser in einem Reaktionsgefäß Wärme entzogen wurde. Das Jahr 1777 wird deshalb als Geburtsjahr der Erzeugung künstlicher Kälte bezeichnet. 1852 konnte William Thompson dann nachweisen, dass Kältemaschinen auch zum Heizen eingesetzt werden können – mit einem Energiegewinn im Vergleich zur direkten Wärmeerzeugung. Das Jahr 1852 gilt deshalb als Geburtsstunde der Wärmepumpe.

In Deutschland installierte Klemens Oskar Waterkotte bereits 1968 in seinem Haus die erste erdgekoppelte Wärmepumpe in Verbindung mit einer Niedertemperatur-Fußbodenheizung. Die Firma Viessmann produzierte schon in den Jahren 1979 bis 1987 die ersten Wärmepumpen, was sich jedoch aufgrund des sinkenden Ölpreises damals nicht rentierte. Der schwankende Ölpreis verhinderte weitere 30 Jahre lang den Marktdurchbruch der Wärmepumpentechnologie. Ein spürbarer Aufschwung, der sich in der Folge zu einem regelrechten Boom entwickelte, setzte in Deutschland erst ab dem Jahr 2006 ein.

Abbildung: Wärmepumpe aus dem Jahr 1979

→ So funktionieren Wärmepumpen:

Auch bei Minustemperaturen Wärme aus der Umwelt gewinnen und in nutzbare Heizwärme umwandeln: Was wie ein Wunder klingt, funktioniert nach demselben Prinzip wie ein Haushaltsgerät, das jeder kennt.

WAS ERFAHRE ICH?

Wie Wärmepumpen wirken, lässt sich so zusammenfassen: Mittels eines elektrisch betriebenen Antriebs erzeugen Wärmepumpen aus Wärmequellen mit relativ niedrigem Temperaturniveau – etwa aus der Luft bis minus 25 Grad Celsius, aus Brunnen mit 8 bis 10 Grad Celsius oder mithilfe von Erdsonden oder Erdkollektoren mit Soletemperaturen bis minus 5 Grad Celsius – Vorlauftemperaturen von bis zu 70 Grad Celsius. Als **VORLAUFTEMPERATUR** bezeichnet man die Temperatur, auf die ein Wärmeträger (etwa Wasser) gebracht werden muss, bevor er dem Heizsystem zugeführt wird. Diese Wärme wird dem Wärmeübertrager dann entzogen und kann im Wohnbereich zum Heizen und zur Warmwasserbereitung genutzt werden. Der Wärmeüberträger wird anschließend mit einer geringeren **RÜCKLAUFTEMPERATUR** zum Wärmeerzeuger zurückgeführt und der Kreislauf beginnt von neuem. Doch wie funktioniert das genau, wo kommt die Wärme her? Vereinfacht gesagt, geht es im **KÄLTEKREISLAUF** einer Wärmepumpe um die Phasenumwandlung einer Flüssigkeit in Gas und umgekehrt bei definierten Drücken und definierter Temperatur. Das im Kältekreis zirkulierende Arbeitsmedium wird als Kältemittel bezeichnet.

Der umgekehrte Kühlschrank

Prinzipiell bestehen elektrisch angetriebene Kompressionswärmepumpen und Kältemaschinen, also etwa Kühlschränke, aus den gleichen Hauptkomponenten (siehe Grafik auf Seite 11):

- → Verdampfer
- → Verdichter
- → Verflüssiger
- → Expansionsventil

Verdampfer und Verflüssiger sind **WÄRMEÜBERTRAGER**, in denen sich der Aggregatzustand des in einem geschlossenen Kreislauf befindlichen Kältemittels durch Wärmezufuhr (im Verdampfer) und Wärmeentzug (im Verflüssiger) permanent ändert. Das funktioniert durch eine stete Abfolge von Verdampfung, Verdichtung, Verflüssigung und Entspannung. Die dafür benötigten Hauptkomponenten Verdampfer (im Bild blauer Pfeil), Verdichter, Verflüssiger (im Bild orangefarbener Pfeil) und das Expansionsventil werden in der Regel über Kupferrohre miteinander verbunden, abgedrückt, evakuiert und mit Kältemittel befüllt. Es handelt sich hierbei, wie in der nebenstehenden Grafik rechts dargestellt, um einen linksläufigen Kreisprozess.

Im Inneren eines Kühlschranks befindet sich der Verdampfer meistens hinten oder oben, wo er dem Kühlgut Wärme entzieht. Der Verflüssiger hingegen befindet sich in der Regel außen an der Rückwand des Kühlschranks, wo die Wärmeenergie an die Umgebungsluft abgegeben wird (siehe Grafik auf Seite 12). Nur besteht beim Kühlschrank das Ziel darin, einen definierten Raum zu kühlen, während Wärmepumpen vorzugsweise zum Heizen eingesetzt werden. Allerdings können einige von ihnen sowohl wärmen als auch kühlen – mehr dazu ab Seite 58.

So funktioniert der Kältekreislauf

Bei der Wärmepumpe läuft der geschilderte Kreislauf also in umgekehrter Reihenfolge ab: Dem flüssigen Kältemittel wird bei niedrigem Druck (Niederdruckseite) über den Verdampfer – etwa durch Außenluft, Grundwasser oder Sole – mit einer Eintrittstemperatur von 0 Grad Celsius Wärmeenergie zugeführt. Der Clou: Durch die niedrige Verdampfungstemperatur des Kältemittels funktioniert das auch, wenn die Wärmequelle Temperaturen im Minusbereich aufweist. Das flüssige Kältemittel verdampft und entzieht dabei der Umwelt Wärmeenergie, die **VERDAMPFUNGSWÄRME**.

Mittels Verdichtern (Kompressoren) wird das dampfförmige Kältemittel unter Zuführung mechanischer Arbeit nun komprimiert, wobei sich der Druck und die Dichte des Gases erhöhen. Dieser Vorgang wird leicht begreiflich, denkt man an eine Luftpumpe: Jeder, der einem Fahrradreifen schon einmal mit einer Handpumpe Luft zugeführt hat, weiß, dass das Pumpengehäuse nach wenigen Hüben warm wird. Anschließend wird das unter hohem Druck (Hochdruckseite) stehende dampfförmige Kältemittel durch den Verflüssiger oder Kondensator geleitet, wo es wieder in einen flüssigen Aggregatzustand übergeht. Die im Kältemittel enthaltene Wärmeenergie wird in diesem Prozess auf das Heizwasser übertragen. Schließlich wird der Druck über ein Expansions-/Entspannungsventil wieder auf das Ausgangsniveau herabgesenkt, und der Prozess beginnt von vorn.

Wo beim Kühlschrank als Nebenprodukt „Wärme" entsteht, die auf der Rückseite des Kühlschrankes als Wärmeenergie abgeleitet wird, produziert eine Wärmepumpe als Nebenprodukt „Kälte", die bei Bedarf genutzt werden kann (siehe „Kühlen mit Wärmepumpen" ab

FUNKTIONSSCHEMA EINER WÄRMEPUMPE

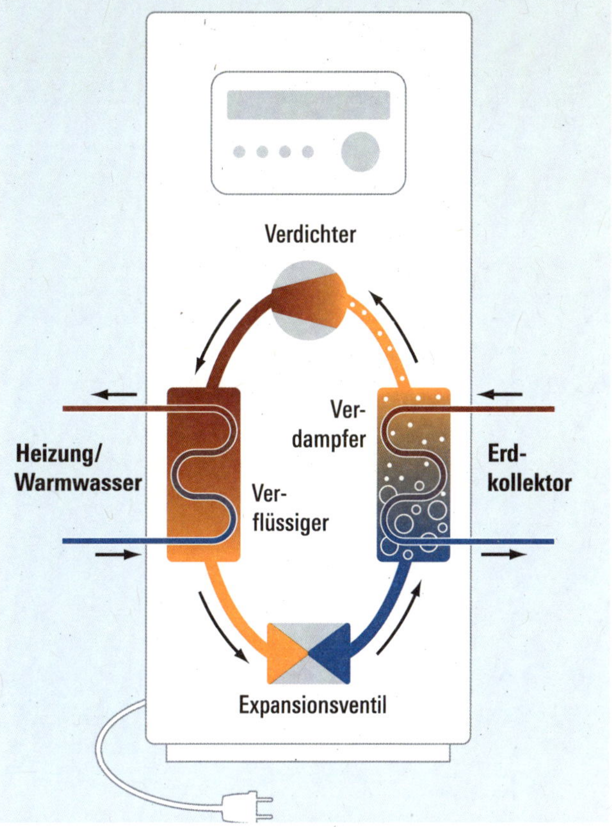

Kreislauf des Kältemittels in einer Wärmepumpe: Im Verdampfer wird die Wärme aus dem Erdkollektor aufgenommen, durch Verdichtung erhöht und im Verflüssiger an die Heizung abgegeben.

FUNKTIONSSCHEMA EINES KÜHLSCHRANKS

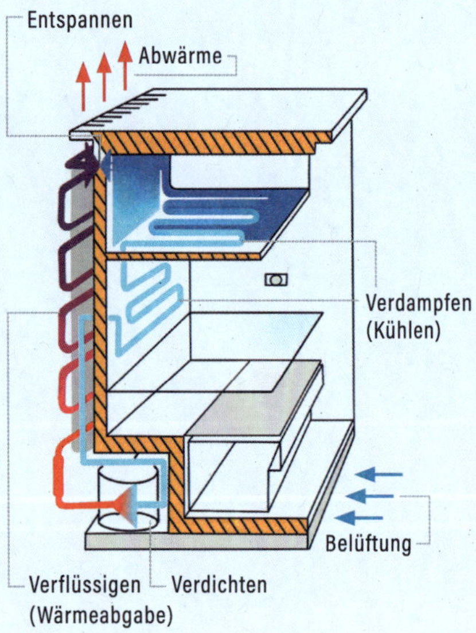

Analogie zum Kühlschrank

Seite 58). Dabei ist unter dem Begriff „Kälte“ im thermodynamischen Sinn die Abwesenheit von „Wärme“ zu verstehen.

Absorption und Adsorption

Neben der im Ein- und Zweifamilienhaus am häufigsten anzutreffenden Kompressionswärmepumpe existieren auch andere Funktionsarten: Absorptions- und Adsorptionswärmepumpen. Geräte, bei denen die Umweltwärme vom Kältemittel in sich aufgenommen wird, nennt man **ABSORPTIONSWÄRMEPUMPE** (absorbieren = in sich aufnehmen). Bei Bei **ADSORPTIONSWÄRMEPUMPEN** (adsorbieren = anlagern) dagegen wird die Umweltenergie durch einen Prozess der Anlagerung an eine Oberfläche nutzbar gemacht. Konkret schlägt sich Wasserdampf an einem Adsorptionsmittel von großer Oberfläche nieder. Diese plötzliche Änderung des Aggregatzustands von gasförmig zu flüssig setzt die aufgenommene Umweltenergie wieder frei. Da derartige Wärmepumpen jedoch zu teuer und nicht effizienter als etwa eine Erdwärmepumpe sind, konnten sie sich nicht am Markt etablieren.

On/off- und invertergeregelte Wärmepumpen

Bei On/off-Wärmepumpen („Ein/aus-Wärmepumpen“, auch als Fixed-Speed-Wärmepumpen bekannt) wird der Verdichter immer mit einer **KONSTANTEN DREHZAHL** betrieben. Werden sie eingeschaltet, so bringen sie im definierten Arbeitspunkt, zum Beispiel Sole 0 Grad Celsius / Wasser 35 Grad Celsius, immer die im Datenblatt angegebene volle Heizleistung. Da die volle Heizleistung nur bei der tiefsten Normaußentemperatur benötigt wird, erfolgt die Leistungsregulierung über die Laufzeit. Wird der eingestellte Temperatursollwert zur eingestellten Schalthysterese (beispielsweise 5 Kelvin) unterschritten, schaltet die Wärmepumpe ein.

TECHNISCHE PARAMETER VERSCHIEDENER KÄLTEMITTEL FÜR WÄRMEPUMPEN

Kältemittel	Siedepunkt	Verflüssigung (p 26 bar)	GWP	Maximale VL-Temperatur	Maximale Quellentemperatur	Gefahrenklasse
R410A FKW	-51 °C	43 °C	2088	65 °C	35 °C	A1
R134A FKW	-26 °C	80 °C	1430	80 °C	40 °C	A1
R407CC FKW	-45 °C	58 °C	1774	60 °C	30 °C	A1
R290 (Propan)	-42 °C	70 °C	6	70 °C	15–20 °C	A3

Ist der Sollwert erreicht, schaltet die Wärmepumpe wieder ab. Ist die Wärmepumpe zu groß dimensioniert, schaltet sie in der Übergangsperiode häufig ein und aus (sie taktet zu viel), was sich nachteilig auf Effizienz und Lebensdauer auswirkt.

Bei einer invertergeregelten Wärmepumpe (auch modulierende Wärmepumpe genannt) wird die Drehzahl des Verdichters über die **FREQUENZÄNDERUNG** so geändert, dass die Wärmepumpe nur die jeweils benötigte Heizleistung erzeugt. Die Heizleistung ist also über den Modulationsbereich variabel, während bei einer On/off-Wärmepumpe die Leistungsabgabe immer gleich ist, wenn sie eingeschaltet ist. Fährt eine modulierende Wärmepumpe nicht die volle, sondern nur die angeforderte Leistung, befindet sie sich im **TEILLASTBETRIEB**. Bei zweistufigen Wärmepumpen ist die Teillast der Betrieb mit nur einem Verdichter.

Da sich eine invertergeregelte Wärmepumpe dem Leistungsbedarf anpasst, kommt sie auch auf wesentlich höhere, in etwa doppelte Laufzeiten. On/off-Wärmepumpen regeln ihre Wärmeabgabe über die Laufzeit durch das Ein- und Ausschalten. Darum haben sie wesentlich geringere Betriebsstunden und höhere Ein- und Ausschaltungen. On/off-Sole/Wasser-Wärmepumpen werden für den Heiz- und Warmwasserbetrieb mit 2 400 Stunden pro Jahr geplant.

Kältemittel machen's möglich

Kältemittel, die bei niedrigem Druck und niedriger Temperatur unter Zufuhr von Umweltenergie verdampfen und sich bei hohem Druck und unter Wärmeentzug wieder verflüssigen, sind der Schlüssel zur Funktion von Wärmepumpen. Während Wasser bekanntlich bei normalem Luftdruck unter Zufuhr von Wärmeenergie bei zirka 100 Grad Celsius verdampft, liegt der Siedepunkt eines der bekanntesten natürlichen Kältemittel, R 290 (Propan), beispielsweise unter einem Druck von 4,745 bar bei einer Temperatur von 0 Grad Celsius (die Verdampfungstemperatur ändert sich mit dem Dampfdruck).

Wurden früher überwiegend Kältemittel mit hohen Treibhauspotenzialen eingesetzt, beschränken mittlerweile zahlreiche Gesetze und Verordnungen den Verkauf umweltschädlicher Kältemittel und ermöglichen die langfristige Umstellung auf umweltfreundliche Kältemittel.

→ On/off-Sole/Wasser-Wärmepumpen werden für den Heiz- und Warmwasserbetrieb mit 2 400 Stunden pro Jahr geplant.

Für den Betreiber einer Wärmepumpe spielen in erster Linie die Anlagensicherheit und die Nachhaltigkeit eine wichtige Rolle. Deshalb sollte beim Kauf einer Wärmepumpe auch ein besonderes Gewicht auf die Auswahl des Kältemittels gelegt werden, das allerdings der Hersteller festlegt. Kältemittel sollten folgende Eigenschaften besitzen:

- → umweltfreundlich, geringes „Global Warming Potential"
- → nicht giftig
- → schwer entflammbar
- → passende thermodynamische Eigenschaften (Siedetemperatur, spezifische Wärmekapazität, Drücke, Verflüssigungstemperatur, Temperaturbereich)
- → Nachhaltigkeit (Einhaltung von Gesetzen, Gefahrenpotenzial, Entsorgung)
- → Gutes Preis-Leistungs-Verhältnis

Verschiedene Betriebsweisen

Wärmepumpen können alleine oder in Kombination mit anderen Wärmeerzeugern eingesetzt werden. Man unterscheidet folgende Betriebsweisen:

MONOVALENT

In diesem Betrieb übernimmt die Wärmepumpe allein die Beheizung und die Trinkwassererwärmung des Gebäudes. Sie wird überwiegend im Neubau angewandt. Die Wärmequelle muss so ausgeführt sein, dass sie das ganze Jahr zur Verfügung steht.

MONOENERGETISCH

Hierbei wird ab dem Zeitpunkt, wo die Heizleistung der Wärmepumpe nicht mehr ausreicht, um den Wärmebedarf zu decken, ein zweiter Wärmeerzeuger (Elektroheizstab oder -durchlauferhitzer) mit dem gleichen Energieträger zugeschaltet (Strom für die Wärmepumpe und den Zusatzheizer). Die Außentemperatur beziehungsweise den Zeitpunkt, an dem der zweite Wärmeerzeuger zugeschaltet wird, bezeichnet man als **BIVALENZPUNKT**. Meistens werden monoenergetische Wärmepumpenanlagen so ausgelegt, dass der Bivalenzpunkt bei einer Außentemperatur von minus 5 Grad Celsius liegt, da bei dieser Betriebsweise die Wärmepumpe bis zu 95 Prozent des Jahresenergiebedarfs übernehmen kann. Diese Betriebsweise wird meistens bei Luft-Wärmepumpen angewendet.

BIVALENT-ALTERNATIV

Bei dieser Betriebsart arbeiten die Wärmepumpe und ein zweiter Wärmeerzeuger mit anderem Energieträger bis zum Bivalenzpunkt zusammen. Dann wird die Wärmepumpe abgeschaltet und der zweite Wärmeerzeuger übernimmt allein die Bedarfsdeckung. Diese Betriebsweise wird häufig dort eingesetzt, wo höhere Vorlauftemperaturen benötigt werden.

BIVALENT-PARALLEL

In einem solchen Betrieb übernehmen die Wärmepumpe und der zweite Wärmeerzeuger mit einem anderen Energieträger die Wärmeversorgung. Der zweite Wärmeerzeuger wird ab einem **DIMENSIONIERUNGSPUNKT** zugeschaltet. Der Bivalenzpunkt ergibt sich aus dem Wärmebedarf und den Leistungsdaten der Wärmepumpe, also aus einem Punkt, der sich je nach Dimensionierung der Wärmepumpe ergibt. Ab da arbeiten die Wärmepumpe und der zweite Wärmeerzeuger parallel zusammen. Wird in einem Bestandsgebäude mit Heizkörpern, die auf Vorlauf-/Rücklauftemperaturen von 70/55 Grad Celsius ausgelegt sind, eine Wärmepumpe bivalent dazu installiert, schafft die Luft-Wärmepumpe die Beheizung etwa nur mit 55 Grad Celsius Vorlauftemperatur bis 4 Grad Celsius. Ab dem Bivalenzpunkt wird die Wärmepumpe abgeschaltet und der Ölkessel übernimmt den weiteren Betrieb. Die Wärmepumpe muss so ausgelegt sein, dass sie über den Bedarfszeitraum in Betrieb bleiben kann. Diese Variante kann bei Hybridanlagen angewendet werden.

Ob die Wärmepumpe oder der alternative Wärmeerzeuger in Betrieb sein soll, kann bei Wärmepumpenreglern mit **TRIVALENZPUNKT** danach entschieden werden, welcher Wärmeerzeuger nach den hinterlegten Bezugspreisen gerade wirtschaftlicher arbeitet. Beim Trivalenzpunkt erfolgt die Umschaltung auf einen anderen Wärmeerzeuger (Öl oder Gas) nach mehreren Kriterien. Der witterungsgeführte Wärmepumpenregler bezieht in die Berechnung die Energiepreise, den COP der Wärmepumpe bezogen auf die angeforderte Vorlauf- und Quellentemperatur , den Wirkungsgrad des zweiten Wärmeerzeugers und das Zeitprogramm für die Tarifzeiten mit ein. Je nach Energiepreisen und Vorlauftemperatur kann der Betrieb mit der Wärmepumpe oder zum Beispiel mit einem Gas-Brennwertkessel wirtschaftlicher sein. Die Entscheidung hängt hierbei also weniger von den technischen Daten, sondern vielmehr von den Preisen der Energieträger ab.

Grundsätzlich sollten Wärmepumpenanlagen für die monovalente oder die monoenergetische Betriebsweise geplant werden, wodurch Investitionskosten, Nebenkosten für Zähler und Bezirksschornsteinfeger sowie Wartungskosten für den zweiten Wärmeerzeuger vermieden werden. Die bivalente Betriebsweise wird eigentlich nur bei größeren Anlagen eingesetzt oder wenn hohe Vorlauftemperaturen benötigt werden. Ein Vorteil ist die mögliche Auswahl des Energieträgers bei plötzlichen Preisexplosionen. Im Eigenheim lohnt sich das aber wegen der aufgeführten Nebenkosten nicht. Hier ist es preiswerter und besser, auf Tieftemperaturheizkörper umzurüsten (siehe ab Seite 56).

→ Pro und Contra von Wärmepumpen:

Wärmepumpen kommen weitgehend oder ganz ohne fossile Energieressourcen aus und arbeiten am Einsatzort emissionsfrei. Und auch in weiteren Punkten sind sie im Vergleich zu anderen Heizungsarten im Vorteil.

WAS ERFAHRE ICH?

Brennwertheizungen

Während Wärmepumpen aus einer Kilowattstunde vier bis fünf und noch mehr Kilowattstunden erzeugen können, haben Wärmeerzeuger für fossile Brennstoffe (Gas, Öl, Holz und Pellets) Wirkungsgrade von um die 90 Prozent.

Theoretisch sind Wirkungsgrade von mehr als 100 Prozent nicht möglich. Bei einer Brennwertheizung werden jedoch Wirkungsgrade von 108 bis 110 Prozent angegeben. Möglich wird das dann, wenn beispielsweise die im Abgas einer Gas- oder Ölheizung enthaltene Kondensationswärme nutzbar gemacht wird. Das geschieht, indem mithilfe geeigneter Wärmeübertragerflächen im Brennwertkessel und in der Schornsteinanlage die Abgastemperatur so weit abgekühlt wird, dass der im Abgas enthaltene Wasserdampf kondensiert. Dieses Kondensat läuft an der Innenwand der Abgasanlage über die Wärmetauscherflächen des Kessels, wo diese Kondensationswärme zusätzlich nutzbar gemacht wird, zum Kondensatablauf.

Da das Kondensat auch sauer sein kann, werden die dampfdichten Abgasleitungen aus Kunststoff und die Wärmeübertragerflächen aus Edelstahl gefertigt. Danach wird das Kondensat unter bestimmten Bedingungen neutralisiert und anschließend in das Kanalsystem abgeleitet.

Wichtig zu wissen: Der Brennwerteffekt kann nur genutzt werden, wenn die Taupunkttemperatur des jeweiligen Abgases unterschritten wird, welche von der Zusammensetzung des Brennstoffs abhängt. Bei einer Ölheizung liegt die Abgas-Taupunkttemperatur bei 47 Grad Celsius, bei einer Gasheizung bei 57 Grad Celsius. Deshalb sollten die Heizflächen einer Brennwertheizung so ausgelegt werden, dass bei Gas-Brennwertkesseln die Vorlauftemperaturen 56 Grad Celsius und bei Öl-Brennwerttechnik 46 Grad Celsius nicht überschreiten. Flächenheizungen sind für die Brennwerttechnik somit besonders prädestiniert! Wie später zu sehen sein wird, haben Brennwerttechnik und Wärmepumpe hier eine nicht zu unterschätzende gemeinsame Eigenschaft (siehe ab Seite 46).

Höchste Energieeffizienz

Seit Ende 2015 sind Raum- und Kombiheizgeräte sowie Warmwasserbereiter EU-weit mit einem Energielabel zu versehen. Damit soll erreicht werden, dass der Verbraucher Geräte mit einem geringen **PRIMÄRENERGIEVERBRAUCH** leichter erkennt und sich beim Kauf für ein Produkt mit möglichst sparsamem Energieverbrauch entscheidet. Von Haushaltsgeräten sind die Energielabel mit der farbigen Kennzeichnung der Energieeffizienzklassen von Tiefrot für Energiefresser bis Tiefgrün für sehr sparsame Geräte allgemein bekannt. Auf dem Etikett von Raumheizgeräten umfasst die Skala die Energieeffizienzklassen von A+++ bis D.

Weiter wird unterschieden nach Produktlabel des Herstellers und Verbundlabel, welches von Herstellern, Großhändlern oder Handwerkern ausgestellt werden kann. Verbundlabel werden für Kombinationen aus Raumheizgerät, Kombigerät oder Warmwasserspeicher mit einem oder mehreren Komponenten wie Temperaturregler, thermische Solaranlage, Speicher und zusätzliche Wärmeerzeuger ausgestellt. Verbundanlagen können höhere Effizienzwerte als ein Produkt mit einem reinen Wärmeerzeuger erreichen.

Im Unterschied zu Gas- oder Ölkesseln erreichen Wärmepumpen, insbesondere bei Erdwärme, die höchsten Effizienzklassen A++ und A+++. Gas- und Öl-Brennwertkessel erreichen gerade die Effizienzklasse A, während Niedertemperaturheizkessel auf Basis fossiler Brennstoffe auf den unteren Rängen zu finden sind.

Was für Wärmepumpen spricht

Zunächst soll noch einmal betont werden: Wärmepumpen sind keine neue Technologie. Ihre Wirkungsweise beruht – wie die des Kühlschranks – auf einem schon lange Zeit er-

DAS ENERGIELABEL DER EUROPÄISCHEN UNION

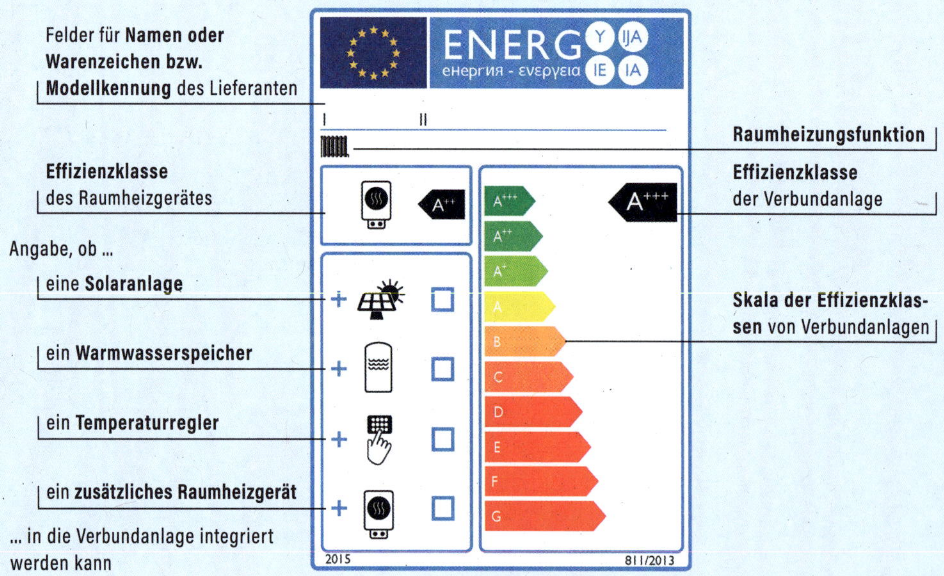

probten, verfeinerten und zuverlässigen technischen Prinzip von hoher **LEBENSDAUER**. Es ist also nur in sehr seltenen Fällen mit Störungen zu rechnen, gleichwohl sollten natürlich gewisse Wartungsintervalle eingehalten werden.

Inzwischen verfügbare Langzeiterfahrungswerte weisen eine äußerst geringe Ausfallquote der Anlagen nach, was bedeutet, dass der ausführende Installationsbetrieb beziehungsweise Hersteller nicht zwingend aus der örtlichen Umgebung des Aufstellortes stammen muss; hier ist also freie Wählbarkeit garantiert.

Starke Anziehungskraft üben Wärmepumpen auf viele Menschen durch die Aussicht auf **UNABHÄNGIGE ENERGIEVERSORGUNG** aus – unabhängig von Energielieferanten, unabhängig von steigenden Energiepreisen, relativ unabhängig vom Vorhandensein endlicher fossiler Energieträger, – den Großteil des im System Wärmepumpe aufkommenden Energievolumens (etwa 75 Prozent) stellt die Umwelt selbst. Und je nach System sind im Sommer sogar passive und aktive Kühlung mit einer Wärmepumpe möglich (siehe ab Seite 58).

Weitere Vorteile fallen erst beim zweiten Blick auf: Wo nichts verbrannt wird, entfallen eben auch die jährlichen Abgasmessungen sowie Wartungsintervalle klassischer Verbrenneranlagen.

Gefahrenherde wie Gasleitungen oder der Öltank auf eigenem Grund und Boden gehören mit einer Wärmepumpe der Vergangenheit an. Auch ein Schornstein wird nicht mehr benötigt. Zusätzlicher Pluspunkt: Lagerkapazitäten für fossilen oder organischen Brennstoff werden ebenfalls nicht mehr gebraucht. Nahezu völlig emissionsfrei wird eine Wärmepumpe in Kombination mit einer **PHOTOVOLTAIKANLAGE**, über die der für den Betrieb notwendige Strom zur Verfügung gestellt wird.

Für Bauherren besonders interessant: Eine Wärmepumpe als Bestandteil der Energieversorgung des neuen Hauses ermöglicht problemlos die Einstufung in den **EFFIZIENZHAUS-STANDARD** – und eröffnet damit den Weg zu höchsten Fördersätzen (siehe Seite 76, 171). Aber auch wer im Bestand von einer Öl- oder Gasheizung auf eine effizientere Wärmepumpe umsteigen möchte, profitiert von umfangreichen Förderprogrammen. Zudem bedeutet dies eine Wertsteigerung des Hauses.

DIE WICHTIGSTEN VORTEILE VON WÄRMEPUMPEN

- → Erprobte, ausgereifte Technologie
- → Weitgehende Unabhängigkeit: von Energielieferanten, steigenden Rohstoffpreisen, fossilen Energien
- → Etwa 75 Prozent der erforderlichen Energie können aus der Umwelt bezogen werden
- → Niedrige Betriebskosten
- → Sehr lange Lebensdauer (problemlos 20 Jahre und mehr)
- → Zusätzlich passive Kühlung mit Erdsonden, aktive Kühlung mit Luftwärmepumpen möglich
- → Wärmepumpen ermöglichen Effizienzhausstandard (Förderung)

Mögliche Probleme

Der wohl gewichtigste Nachteil von Wärmepumpen liegt im hohen **ANSCHAFFUNGSPREIS**; hier schlagen neben der technischen Apparatur hauptsächlich die Erdbohrungen zu Buche, zumindest wenn die Wärmeenergie zuverlässig aus dem Boden kommen soll, was der effizientesten Energiegewinnung in dieser Sparte entspricht. Zudem kann die Installation einer Wärmepumpe nicht durch Laien erfolgen. Hier müssen qualifizierte Fachleute ran.

Nachteilig wirken sich zudem verhältnismäßig hohe Warmwasser- und Vorlauftemperaturen aus, wie sie vor allem bei Konvektoren und Radiatoren erforderlich sind. Diese sorgen ebenso wie eine schlechte Wärmedämmung der energieführenden Leitungen für schlechte Arbeitszahlen und damit **HOHE STROMKOSTEN**, siehe dazu auch die umfangreiche Prüfliste „Was tun, wenn die Stromkosten zu hoch sind?" auf Seite 202 im Serviceteil.

Einen ganz eigenen Aspekt bildet die mögliche Lärmbelästigung durch eine im Betrieb befindliche Wärmepumpe (das betrifft nicht die sehr leisen Sole-Wärmepumpen). Ist sie außen aufgestellt, können sich Nachbarn durch einen konstant tiefen Brummton in ihrer Ruhe gestört fühlen. Solche Probleme treten aber eher selten auf. Bislang sind die Gerichte oftmals geneigt, sich auf die Seite der Anlagenbetreiber zu schlagen, wie etwa ein exemplarisch vor dem Oberlandesgericht München verhandelter Fall aus dem Jahr 2020 zeigt (Aktenzeichen 3 U 3538/17). Allerdings lässt sich keine grundsätzliche Entscheidung aus diesem Einzelfall ableiten. In jedem Fall sollte eine mögliche Geräuschemission bei der Wahl des Aufstellorts berücksichtigt werden (siehe Seite 102).

Schließlich darf nicht unerwähnt bleiben, dass im Lauf der Zeit ein mögliches Risiko der **AUSKÜHLUNG** beispielsweise von Erdsonden besteht. Dadurch kann sich die Qualität der Wärmequelle verschlechtern, sodass sich der Energieertrag mit der Zeit verschlechtern kann. Auf die dauerhaft gleichbleibende Energiemenge aus dem Erdreich am speziellen Einsatzort kann niemand eine Garantie geben. Die prozentuale Wahrscheinlichkeit einer signifikanten Verschlechterung ist jedoch gering.

DIE WICHTIGSTEN NACHTEILE

- → Relativ hohe Anschaffungskosten
- → Hohes Fachwissen bei Installateuren erforderlich
- → Hohe Vorlauf- und Warmwassertemperaturen
- → Bei schlechter Wärmedämmung arbeiten Wärmepumpen nicht effizient
- → Eventuell Geräuschbelastung
- → Verschlechterung der Wärmequelle (zu geringe Auslegung, Auskühlung von Erdsonden)

Wo lassen sich Wärmepumpen aufstellen?

Ein besonderer Vorteil von Wärmepumpen besteht darin, dass sie grundsätzlich flexibel eingesetzt werden können. Ob als Außen- oder Innenaufstellung, im Keller, Dachgeschoss oder auf dem Dach – für jeden Ort gibt es Lösungen, um eine Wärmepumpe zu installieren. Bei der Standortwahl sollte man sich frühzeitig über die folgenden Aspekte Gedanken machen – und natürlich die in der jeweiligen Installationsanleitung genannten Punkte berücksichtigen:

Insbesondere im Bestand, aber auch beim Neubau, sind die Einbringmaße wichtig. Im Bestand sollten Sie besonders auf die vorhandene Raumhöhe und die geringste Türbreite achten, damit sich nicht zu spät herausstellt, dass die geplante Wärmepumpe gar nicht in den vorgesehenen Raum passt. Prüfen Sie rechtzeitig, ob eine Mindestraumgröße (beispielsweise nach Art und Menge des Kältemittels) vorgeschrieben ist! Bedenken Sie auch eventuelle spätere bauliche Veränderungen.

Je nach Typ und Leistungsgröße kann das Gewicht der Wärmepumpe und der Speicher mehrere Hundert Kilogramm betragen. Es muss gewährleistet sein, dass der vorgesehene Untergrund tragfähig ist.

Insbesondere bei einer Außenaufstellung, aber auch bei der Aufstellung im eigenen Haus, müssen eventuelle Schallemissionen berücksichtigt werden (siehe Seite 102). Außen aufgestellte Luft-Wärmepumpen brauchen einen Anfahrschutz. Bei Luft-Wärmepumpen muss zudem ein frostfreier Kondensatablauf garantiert sein.

In der unmittelbaren Umgebung der Wärmepumpe muss genug Platz für eine komfortabele Bedienung und für Wartungsarbeiten bleiben, eventuelle Schutzbereiche und Sicherheitsabstände (zum Beispiel bei brennbaren Kältemitteln) sind zu berücksichtigen.

Gegebenenfalls ist eine bestimmte Entfernung zu Medienanschlüssen zu gewährleisten, Sole/Wasser-Wärmepumpen müssen wegen der Gefahr der Tauwasserbildung nahe am Eingang der Soleleitungen platziert werden.

→ **Kennzahlen verstehen:** Um einschätzen zu können, welche Wärmepumpe für den eigenen Bedarf am besten geeignet ist, ist das Wissen um die wichtigsten Kennzahlen elementar.

WAS ERFAHRE ICH?

Leistungszahl/Coefficient of Performance (COP)

Um Wärmepumpen miteinander vergleichen zu können, muss man die Leistungszahl COP (Coefficient of Performance) – bisweilen auch nur als Leistungszahl bezeichnet – unter definierten Betriebspunkten kennen und verstehen. Um die Leistungszahlen zu garantieren, lassen Hersteller ihre Wärmepumpen in unabhängigen Testzentren (TÜV, VDE Prüf- und Zertifizierungsinstitut, Wärmepumpentestzentrum Chur/Schweiz …) nach gültigen Prüfbedingungen (früher EN 255, heute DIN EN 14511) im Labor testen. Die **PRÜFSTELLE** kontrolliert die vom Hersteller angegebenen COP-Werte und die Schallleistung. Erfüllt die Wärmepumpe die Anforderungen bezüglich der Effizienz und der geforderten Dokumentationen, wird ein entsprechendes Gütesiegel erteilt.

Neben dem Europäischen Gütesiegel gibt es das Keymark-Gütesiegel als freiwilliges, unabhängiges europäisches Zertifizierungszeichen (ISO Typ 5) für Wärmepumpen, welches unter den Anwendungsbereich der Ökodesignverordnung der Europäischen Kommission fällt.

Die Leistungszahl (LZ) ist der Quotient aus erzeugter Wärmeleistung (kW) und der aufgenommenen elektrischen Leistung (kW) als Momentaufnahme. Als Faustregel kann man sich merken: Je höher die Leistungszahl (oder der COP), desto effizienter arbeitet die Wärmepumpe.

$\varepsilon = QWP : P\ el.$

QWP = erzeugte Wärmeleistung

P el. = elektrische Leistungsaufnahme der Wärmepumpe

Die Leistungszahl wird je nach Wärmepumpentyp unter folgenden Rahmenbedingungen ermittelt:

- → Sole/Wasser-Wärmepumpe bei B 0/W 35: B 0 steht für 0 Grad Celsius Soletemperatur und W 35 für eine Vorlauftemperatur von 35 Grad Celsius.
- → Wasser/Wasser-Wärmepumpe bei W 10/W 35: W 10 entspricht einer Wassertemperatur von 10 Grad Celsius und W 35

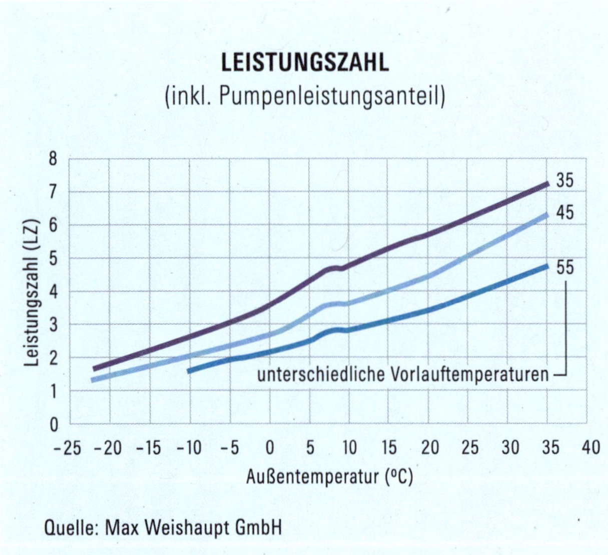

Leistungszahl in Abhängigkeit von Vorlauftemperatur und Außentemperatur,

steht für 35 Grad Celsius Vorlauftemperatur.

→ Luft/Wasser-Wärmepumpe bei A 2/W 35: Dabei steht A 2 für eine Lufttemperatur von plus 2 Grad Celsius und W 35 für eine Vorlauftemperatur von 35 Grad Celsius.

Mit Inkrafttreten der Energy-related-Product-Richtlinie (ErP) wurde zusätzlich zu der auf nur einen Punkt ausgerichteten Leistungszahl COP die **SAISONALE LEISTUNGSZAHL SCOP** eingeführt.

VORSICHT BEIM VERGLEICH DER LEISTUNGSZAHL!

Die Leistungszahlen bei Luft-Wärmepumpen werden normalerweise beim Arbeitspunkt A 2/W 35 verglichen. Bei entsprechenden Vergleichen ist jedoch besondere Aufmerksamkeit geboten, da manche Hersteller in ihren Prospekten nur die Leistungszahl für A 7/W 35 angeben.

Mit der Leistungsmessung bei vier unterschiedlichen Temperaturen können leistungsgeregelte Inverter-Wärmepumpen auch im Teillastbetrieb entsprechend bewertet werden. Während die Leistungszahl von On/off-Wärmepumpen nur auf einen Betriebspunkt bezogen ist (bei Luft-Wärmepumpen auf A 2/W 35), wird sie bei Inverter-Wärmepumpen hingegen aus mehreren Betriebspunkten ermittelt. Luft-Wärmepumpen werden bei den festgelegten Arbeitspunkten A 7/W 35; A 2/W 35; A -7/W 35 und A -10/W 35 getestet. Außerdem wird beim SCOP die Leistung der elektrischen Zusatzheizung mit erfasst.

Bei einigen Herstellern kann man den Verlauf der Leistungszahl in Abhängigkeit von der Quellen- und Senkentemperatur (Quellentemperatur = Temperatur der Wärmequelle Luft, Wasser, Sole; Senkentemperatur = Vorlauftemperatur der Heizfläche/Wärmesenke) in Leistungsdiagrammen aus den Planungsunterlagen einsehen (siehe Abbildung links). Die leichte und übersichtliche Transparenz von Leistungsdaten in den Planungsunterlagen und Installationsanleitungen ist ein vertrauensbildendes Merkmal eines seriösen Herstellers.

Interessant an dieser Stelle ist bei Luft-Wärmepumpen der Verlauf der Leistungszahl bei Außentemperaturen mit Minusgraden. Hier lässt sich ablesen, dass bei den meisten Luft-Wärmepumpen in diesem Bereich die Leistungszahlen mit abnehmender Lufttemperatur relativ stark nachlassen. Ebenso verschlechtern sich die Leistungszahlen mit steigender Vorlauftemperatur. Je geringer der Temperaturhub von der Wärmequelle zur Wärmesenke ist, umso besser ist die Leistungszahl.

Die Leistungszahl ist jedoch nur eine Momentaufnahme unter definierten Arbeitspunkten und beschreibt die Effizienz der Wärmepumpe unter den Bedingungen am Prüfstand. Sie kann deshalb von einem Laien in der Praxis kaum exakt nachgeprüft werden.

Die Jahresarbeitszahl

Maßgeblich für die Bewertung der Effizienz einer Wärmepumpenanlage ist die Jahresarbeitszahl (JAZ). Sie bezeichnet das Verhältnis der über das Jahr von der Wärmepumpenanlage erzeugten Wärmemenge zur Menge der von der Anlage verbrauchten Elektroenergie. Beispiel: Wird in einem gut gedämmten Eigenheim viel warmes Wasser von 50 Grad Celsius verbraucht, sinkt die Gesamt-Jahresarbeitszahl, auch wenn sich für die Heizung mit maximal 35 Grad Celsius Vorlauf eine gute Arbeitszahl von über 4 ergibt.

Die Jahresarbeitszahl wird im Unterschied zum Coefficient of Performance (COP) nicht im Labor, sondern **INDIVIDUELL UNTER REALEN BEDINGUNGEN** ermittelt. Sie berücksichtigt im Unterschied zum COP je nach Bilanzgrenze (siehe nächste Seite und Abbildung unten) – also unter Einbeziehung der aufgewendeten Hilfsenergien für außen liegende Umwälzpumpen, Mischer und ähnliches – weitere Systemkomponenten und wird durch eine Reihe von Faktoren wie zum Beispiel das Nutzerverhalten, die Klimazone und die Warmwasserbereitung beeinflusst. Daher kann sie auch erst nach Kauf und Einbau der Wärmepumpe bestimmt werden und ist abhängig vom Betrachtungszeitraum. Im Wärmepumpenregler wird sie permanent fortgeschrieben, deshalb steht dort im Display „Arbeitszahl Heizbetrieb", „Arbeitszahl Warmwasserbetrieb", „Gesamt-Arbeitszahl". Beläuft sich der Betrachtungszeitraum auf ein Jahr, erhält man die Jahresarbeitszahl (JAZ).

Sie wird wie folgt berechnet:

β = Q WP/a : W el/a

β = Jahresarbeitszahl

Q wp/a = erzeugte Wärmemenge im Jahr

W el/a = benötigte elektrische Arbeit im Jahr

Beispiel: Werden mit der Wärmepumpe 20 000 kWh/a Wärmeenergie erzeugt und am Stromzähler eine elektrische Arbeit von 5 000 kWh/a abgelesen, dann ergibt sich eine Jahresarbeitszahl von 4.

Die erzeugte Wärmemenge wird meist im Wärmepumpenregler angezeigt, für den Stromverbrauch gibt es einen Sonderstromzähler. Falls kein separater Stromzähler für die Wärmepumpe vorhanden ist, sollte man unbedingt einen geeichten Unterzähler ein-

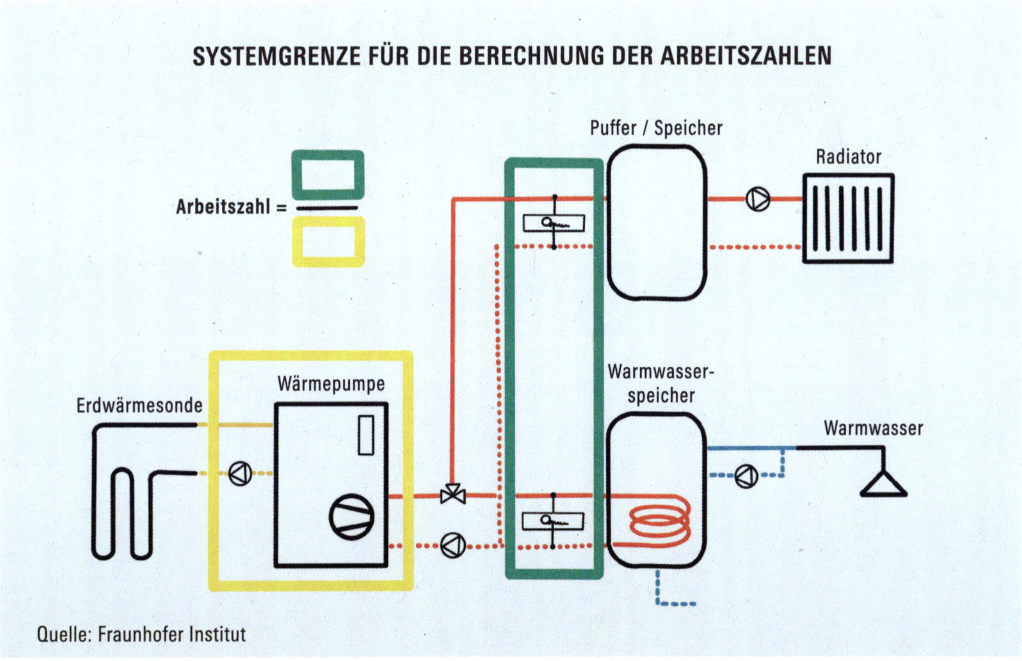

Bilanzgrenzen zur Berechnung der Arbeitszahl

MINDESTEFFIZIENZWERTE
der Wärmepumpenarten

Typ	SCOP
Sole/Wasser	4,1
Wasser/Wasser	4,1
Luft/Wasser	3,5
Luft/Luft	3,4
Direktverdampfung/ Wasser	4,1

Die Mindesteffizienzwerte beziehen sich auf Average-Climate- und Niedrig-Temperatur-Anwendungen. Für Brauchwasserwärmepumpen gibt es keine Mindesteffizienzanforderungen.

bauen lassen. Wichtig dabei ist, dass alle weiteren Verbraucher, etwa Heizstäbe und Ähnliches, mit erfasst werden. Manchmal sind die Elektroheizeinsätze auch an andere Stromzähler angeklemmt. Bei Vergleichen gilt es deshalb, die **BILANZGRENZEN** mit zu beachten.

Die Grafik auf der vorhergehenden Seite zeigt im gelben Rahmen die Wärmepumpe inklusive der Solepumpe. Hier wird der Stromverbrauch des Verdichters, des Wärmepumpenreglers und der Soleumwälzpumpe über den Stromzähler erfasst. Im grünen Rahmen werden über Wärmemengenzähler die erzeugten Wärmemengen für Heizung und Warmwasser gemessen und erfasst. Die Zubringerpumpe, die Heizungsumwälzpumpe und die Zirkulationspumpen werden somit bei dieser Bilanzgrenze nicht mit in die Berechnung der Arbeitszahl einbezogen. Bei Vergleichen müssen deshalb genau diese Bilanzgrenzen berücksichtigt werden.

Separate Wärmemengen- und Stromzähler sind übrigens genauso eine Voraussetzung für die **WÄRMEPUMPENFÖRDERUNG** durch das Bundesamt für Wirtschaft und Ausfuhrkontrolle (Bafa) wie die Tatsache, dass die zu fördernde Wärmepumpe in der Liste der förderfähigen Wärmepumpen des Bafa enthalten sein muss.

In vielen Wärmepumpenreglern werden die Arbeitszahlen für die Heizung, die Warmwasserbereitung und die Gesamtarbeitszahl direkt ausgewiesen.

ACHTUNG: Die Leistungszahl und die Jahresarbeitszahl werden relativ häufig verwechselt. So passiert es des Öfteren, dass, wenn beispielsweise für eine Sole/Wasser-Wärmepumpe die Leistungszahl bei B0/W35 mit 4,8 angegeben ist, automatisch angenommen wird, dass auch die Jahresarbeitszahl 4,8 beträgt. Das ist zwar theoretisch möglich, aber eher unwahrscheinlich. Möglich wäre es zum Beispiel nur, wenn die Quellentemperatur wesentlich höher als üblich ist, was bei stark von fließendem Wasser umströmten Erdsonden vorkommen kann.

Jahresarbeitszahl ermitteln und überwachen

Es empfiehlt sich, die Arbeitszahlen für Heizung und Warmwasser über bestimmte Zeiträume, zum Beispiel monatlich, zu ermitteln beziehungsweise abzulesen und mit den Vorjahreswerten zu vergleichen. Dabei ist zu beachten, dass die Gesamtarbeitszahlen je nach Jahreszeit und Warmwasserbedarf variieren. So ist es vollkommen normal, dass die Arbeitszahl in den Sommermonaten schlechter ist als in der Heizperiode, da bei steigender Vorlauftemperatur für die Warmwasserbereitung die Leistungszahl und folglich die Arbeitszahl sinkt. Für die Warmwasserbereitung fährt die Wärmepumpe bei Warmwassertemperaturen von 50 Grad Celsius immer mindestens mit 55 Grad Celsius Vorlauf oder ihrer maximalen Vorlauftemperatur von 62 oder 65 Grad Celsius. Dadurch wird die Arbeitszahl schlechter. Bei Vergleichen muss deshalb die erzeugte Menge warmes Wasser mit herangezogen werden.

Mit der regelmäßigen Ermittlung und Kontrolle der Arbeitszahl kann man bösen Überraschungen vorbeugen, wie folgendes Beispiel verdeutlichen soll:

Tritt im Kältekreis ein kleines Leck auf, durch das ein wenig Kältemittel kontinuierlich entweicht, so kann die Wärmepumpe unter

Umständen trotzdem noch einige Monate weiterarbeiten, bevor sie auf Niederdruckstörung geht. Sie arbeitet dann bei schleichendem Kältemittelverlust mit weniger Heizleistung weiter, ohne dass der Betreiber dies unmittelbar registriert. Der Stromverbrauch der Wärmepumpe steigt, und bei der Energieabrechnung fällt auf, dass der Verbrauch gegenüber dem Vorjahr wesentlich höher liegt. Erst dann läuten die Alarmglocken, also reichlich spät. Hätte der Betreiber dieser Anlage die Arbeitszahl regelmäßig überprüft und mit den Vorjahresergebnissen verglichen, wäre ihm schon viel eher aufgefallen, dass sich die Arbeitszahl verschlechtert und mit der Anlage irgendetwas nicht stimmt.

Die Jahresarbeitszahl lässt sich nach dem Verfahren der VDI 4650 Blatt 1: 2019–03 mit verschiedenen Softwareprogrammen unter bestimmten Kriterien (wie Wärmepumpentyp, Vorlauf-/Rücklauftemperatur, Warmwassertemperatur, Warmwassermenge, Betriebsweise …) für eine Wärmepumpenanlage vorausberechnen. Leicht handhabbar ist hier etwa der

JAHRESARBEITSZAHLEN (JAZ) DER WÄRMEPUMPENARTEN IM VERGLEICH

Variante	Neubau Anteil 30 % WW			Bestandsgebäude Anteil 18 % WW		
WW 50 °C	JAZ Heizung	JAZ WW	JAZ Gesamt	JAZ Heizung	JAZ WW	JAZ Gesamt
1. Erdsonden-Wärmepumpe						
VL 35 / RL 28	5,7	3,9	5,0			
VL 45 / RL 38				5,2	3,9	4,9
VL 55 / RL 45				4,7	3,9	4,5
2. Luft-Split-Wärmepumpe						
VL 35 / RL 28	4,3	3,4	4,1			
VL 45 / RL 38				4,1	3,4	3,9
VL 55 / RL 45				3,5	3,4	3,5
3. Hochtemperatur-Luft-Kompakt-Wärmepumpe 70 °C						
VL 55 / RL 45				4,4	3,8	4,3
WW 60 °C VL 55 / RL 45				3,9	3,6	3,8
4. Wasser/Wasser-Wärmepumpe						
– ohne ZWT – VL 35 / RL 28	6,1	3,9	5,2			
– mit ZWT – VL 35 / RL 28	5,2	3,7	4,7			
– ohne ZWT – VL 45 / RL 38				5,4	3,9	5,1
– mit ZWT – VL 55 / RL 45				4,4	3,7	4,3

WW = Warmwasser; VL = Vorlauftemperatur; RL = Rücklauftemperatur; ZWT = Zwischenwärmeübertrager

Jahresarbeitszahlrechner des Bundesverbandes Wärmepumpe. Im Ergebnis werden die Jahresarbeitszahlen für den Heizbetrieb, die Warmwasserbereitung und die Gesamtarbeitszahl ausgewiesen.

→ Die im Praxisbetrieb gemessene Arbeitszahl liegt in der Regel niedriger als die berechnete Arbeitszahl.

Mit der im Voraus ermittelten rechnerischen Jahresarbeitszahl kann man Unterschiede bei den Wärmepumpentypen und Anlagenkonzeptionen ermitteln. Da sich in der Praxis entsprechend dem Nutzungsverhalten (Raumtemperatur, Warmwassermenge, Lüftungsverhalten etc.) unterschiedliche tatsächliche Bedingungen ergeben, weicht die in der Praxis ermittelte Jahresarbeitszahl in der Regel von der **RECHNERISCHEN JAHRESARBEITSZAHL** ab.

Welche Jahresarbeitszahl kann erreicht werden?

Der Tabelle auf Seite 23 können Sie mit dem Jahresarbeitszahlrechner des Bundesverbandes Wärmepumpe ermittelte Jahresarbeitszahlen für bestimmte Wärmepumpenarten und verschiedene Vorlauftemperaturen entnehmen.

Die Tabelle zeigt, welche Jahresarbeitszahlen mit den verschiedenen Wärmequellen rein rechnerisch erreicht werden können. Sie dient als **ENTSCHEIDUNGSHILFE** für die Auswahl der Wärmequelle und der Heizflächen mit den entsprechenden Vorlauftemperaturen. Klar zu erkennen ist, dass mit Wasser/Wasser-Wärmepumpen und Sole/Wasser-Wärmepumpen (Erdwärme) rein rechnerisch die besseren Ergebnisse erzielt werden können.

Bei der Berechnung wurde im Bestand von der gesamten Wärmeerzeugung ein üblicher Warmwasseranteil von 18 Prozent angesetzt. Da sich im Neubau durch die geringe spezifische Heizlast das Verhältnis von Wärmebedarf für die Heizung und Wärmebedarf für die Warmwasserbereitung je nach Art des Gebäudes um bis zu 50 Prozent verschieben kann, wurde hier mit einem Warmwasseranteil von 30 Prozent gerechnet.

Für die Warmwassertemperatur wurden überall 50 Grad Celsius angesetzt, da 60 Grad Celsius nur unter Hinzunahme des Elektroheizstabes oder wie unter 3. mit Hochtemperatur-Wärmepumpen erreicht werden können. Bei der Wasser/Wasser-Wärmepumpe wurde jede Variante mit und ohne **ZWISCHEN-WÄRMEÜBERTRAGER** (im alltäglichen Sprachgebrauch auch Zwischen-Wärmetauscher, ZWT, genannt) gerechnet. Hier ist deutlich zu erkennen, dass die Effizienz durch den Einsatz eines Zwischen-Wärmeübertragers deutlich sinkt. Grundsätzlich gilt hier: Werden die Anforderungen an die Wasserqualität für eine Wasser/Wasser-Wärmepumpe nicht erfüllt, ist es gegebenenfalls besser, eine Wärmepumpe mit Erdkollektor einzusetzen.

Das Ergebnis in der Tabelle wird nur in den wenigsten Fällen mit den im Praxisbetrieb der Anlage gemessenen Werten übereinstimmen oder besser sein, da bestimmte Einflussfaktoren wie das Nutzerverhalten, die Jahresmitteltemperatur, die entnommene Warmwassermenge und andere Parameter im Alltag von den Eingabewerten abweichen können.

MERKE: Die im Praxisbetrieb gemessene Arbeitszahl liegt in der Regel niedriger als die berechnete Arbeitszahl mit angenommenen Eingabewerten. Der Hersteller gibt keine Arbeitszahlen an, sondern nur Leistungszahlen oder saisonale Leistungszahlen. Er kann keine Arbeitszahlen garantieren, weil sie zu großen Teilen vom Betreiber beeinflussbar sind.

HIER GEHT ES WEITER: → WAERMEPUMPE.DE/JAZRECHNER

→ Energetische Vorgaben zu Neubau und Bestand: Bei der Planung einer Wärmepumpe müssen gesetzliche Vorgaben zur Energieeffizienz beachtet werden.

WAS ERFAHRE ICH?

Mit dem am 1. November 2021 in Kraft getretenen Gebäudeenergiegesetz (GEG) wurden die bislang geltenden Anforderungen an den Energiebedarf von Gebäuden vereinheitlicht und vereinfacht.

Nach § 86 GEG werden Wohngebäude in Energieeffizienzklassen eingeteilt. Das Kriterium dafür ist die vom Gebäude verbrauchte Endenergie in Kilowattstunden (kWh) pro Quadratmeter Gebäudenutzfläche und Jahr. Die beste Energieeffizienzklasse, also diejenige mit dem niedrigsten Energieverbrauch, ist A+. Gebäude mit dieser Energieeffizienzklasse verbrauchen maximal 25 kWh pro Quadratmeter Gebäudenutzfläche und Jahr. Die schlechteste Energieeffizienzklasse bildet H – mit einem Verbrauch von über 250 kWh pro Quadratmeter und Jahr.

Vorschriften für Neubauten

Neu zu errichtende Gebäude müssen nach dem Gebäudeenergiegesetz grundsätzlich als **NIEDRIGSTENERGIEGEBÄUDE** geplant und errichtet werden. Das bedeutet:

- → Der Jahresbedarf darf nicht höher sein als 75 Prozent des Jahresprimärenergiebedarfs des entsprechenden Referenzgebäudes.
- → Der Wärmeverlust durch die Gebäudehülle über Transmission darf nicht größer sein als der des Referenzgebäudes.
- → Die Gebäudehülle muss dauerhaft luftundurchlässig und dicht sein, wobei ein Mindestluftwechsel erlaubt ist. Je nach Wärmeschutzvariante werden Höchstwerte für die Wärmedurchgangskoeffizienten vorgegeben.
- → Ein bestimmter Teil des benötigten Wärmebedarfs muss über Quellen aus erneuerbaren Energien gedeckt werden.

Zwei Begriffe sind in diesem Zusammenhang besonders wichtig: Der **JAHRESPRIMÄRENERGIEBEDARF** berücksichtigt die gesamte Prozesskette des Energieverbrauchs von der Gewinnung über den Transport bis zum Verbrauch. Neu ist, dass gebäudenah erzeugter und vorrangig selbst genutzter Strom auf den Primärenergiebedarf angerechnet werden darf.

Der **ENDENERGIEBEDARF** stellt die Energieform dar, die beim Endverbraucher (am Hausanschluss) ankommt und die Energiekosten bestimmt. Die Endenergie beschreibt den restlichen Anteil der Primärenergie ohne Umwandlungs- und Transportverluste.

Als Bauherrin oder Bauherr sollten Sie sich unbedingt mit dem **ENERGIEAUSWEIS** Ihres Hauses vertraut machen, insbesondere mit der darin enthaltenen Bauteileliste und den ausgewiesenen U-Werten. Denn nur damit können Sie kontrollieren, ob die tatsächlich verwendeten Bauteile den U-Werten der Berechnung entsprechen. Schließlich müssen Sie als Bauherr oder Bauherrin nach Fertigstellung des Gebäudes der zuständigen Baubehörde erklären, dass der Neubau die Anforderungen des GEG erfüllt. Neu am Energieausweis ist, dass dort auch die CO_2-Emissionen des Gebäudes aufgeführt werden.

Vorschriften für Bestandsgebäude

Bei Bestandsimmobilien wurden die energetischen Anforderungen im Gebäudeenergiegesetz im Vergleich zu den vorherigen Bestimmungen nicht angehoben. Es ist jedoch nicht ausgeschlossen, dass nach der für 2023 geplanten Überprüfung des GEG die Vorgaben für die energetische Sanierung von Bestandsgebäuden und für den Neubau verschärft werden.

Für Bestandsgebäude ist seit 2006 oder bei Verkauf und Vermietung sowie bei einer umfassenden energetischen Sanierung ein Energieausweis Pflicht. Zulässig sind dabei der Verbrauchs- und der Bedarfsausweis. Da der Verbrauchsausweis auf Jahresenergieabrechnungen mit schwankenden Verbrauchswerten basiert, ist er nur bedingt aussagekräftig. Deshalb wird Ausstellern eines solchen Ausweises eine größere Sorgfaltspflicht auferlegt: Sie müssen das betreffende Gebäude vor Ort besichtigen oder anhand geeigneter Fotos bewerten . Die Eigentümer von Bestandsgebäuden müssen bestimmte Austausch- und Nachrüstpflichten erfüllen. So dürfen Öl- und Kohleheizungen ab 2026 bis auf bestimmte Ausnahmen nur noch in Kombination mit erneuerbaren Energiequellen eingebaut und betrieben werden.

ENERGIEAUSWEIS für Wohngebäude

gemäß den §§ 16 ff. Energieeinsparverordnung (EnEV) vom[1] 18.11.2013

Erfasster Energieverbrauch des Gebäudes Registriernummer[2]: 123456789 3

Energieverbrauch

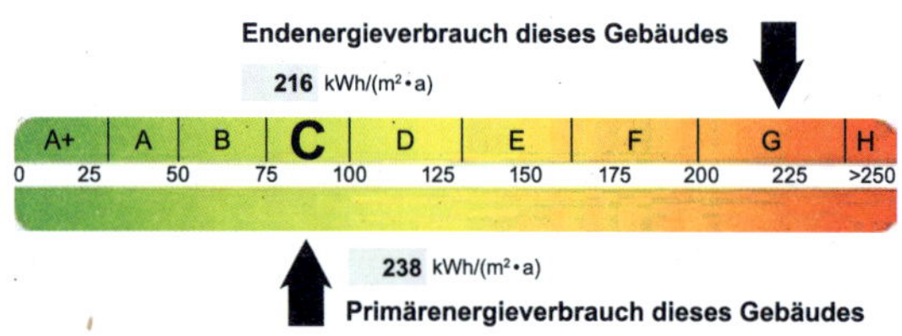

Endenergieverbrauch dieses Gebäudes (Pflichtangaben für Immobilienanzeigen) **216** kWh/(m²•a)

Verbrauchserfassung – Heizung und Warmwasser

Zeitraum von	Zeitraum bis	Energieträger[3]	Primärenergiefaktor	Energieverbrauch Wärme [kWh]	Anteil Warmwasser [kWh]	Anteil Heizung [kWh]	Klimafaktor
01.01.2011	31.12.2011	Erdgas H	1,10	106268	19128	87140	1,16
01.01.2012	31.12.2012	Erdgas H	1,10	114826	20669	94157	1,07
01.01.2013	31.12.2013	Erdgas H	1,10	109422	19696	89726	1,03

Vergleichswerte Endenergie

Im Bandtacho zeigt der untere Pfeil an, wie viel Primärenergie das Gebäude pro Quadratmeter Nutzfläche pro Jahr in Kilowattstunden benötigt. Danach richtet sich die Einstufung der Energieklassen A+ bis H.

So lassen sich Wärmeverluste vermeiden

Hilfreich bei der Betrachtung ist zunächst, wie sich die thermische Güte der Gebäudehülle in den letzten Jahrzehnten entwickelt hat. Maßgeblich hierbei war die gezielte Entwicklung der Bauteile hinsichtlich des Wärmedurchgangskoeffizienten, des U-Werts, früher auch als k-Wert bezeichnet. Mithilfe des U-Wertes lässt sich der Wärmedurchgang durch ein Bauteil genau berechnen:

$$\dot{Q} = U \times A \times \Delta t$$

$\dot{Q}$ = Wärmestrom in W
U = U-Wert in W/m²K
A = Austauschfläche
Δt = Temperaturdifferenz zum Beispiel zwischen Raumtemperatur und Außentemperatur in K (Kelvin)

Je kleiner der U-Wert, umso geringer ist der Wärmedurchgang beziehungsweise der Wärmeverlust.

Wie sehr die Wärmeverluste durch Außenbauteile in den letzten Jahrzehnten reduziert wurden, lässt sich am Beispiel eines Fensters gut veranschaulichen: Fenster mit einfacher Verglasung, also mit genau einer Glasscheibe, wie sie bis in die Mitte des 20. Jahrhunderts in Gebrauch waren, hatten einen U-Wert von 5. Mit Doppelfenstern sinkt der U-Wert auf 3, das daraufhin entwickelte Thermofenster hatte anfangs einen U-Wert von etwa 2,5. Mit der Verbesserung des Randverbundes und des Rahmens mit Mehrkammerprofilen sank der U-Wert Schritt für Schritt auf unter 2,0. Im Jahr 1995 gab es bereits Fenster mit U-Werten von 1,8. Die ständigen konstruktiven Verbesserungen und die Einführung einer Dreischeibenverglasung machten es möglich, dass heute Fenster mit einem Gesamt-U-Wert von 0,7 standardmäßig verbaut werden. Bei der Änderung von Außenbauteilen im Bestand wird im GEG für die Fenster ein Mindest-U-Wert von 1,3 gefordert.

Bei den anderen Bauteilen werden im GEG ebenfalls bestimmte Mindest-U-Werte gefordert:

- → Außenwände, Dachschrägen, Steildächer: 0,24
- → Flachdächer 0,20
- → Decken gegen ungeheizte Keller und Bodenplatte 0,30

Damit wurde es im Lauf der Jahre möglich, den spezifischen Energiebedarf für ein Gebäude von 300 Watt pro Quadratmeter auf unter 20 Watt pro Quadratmeter zu senken. In der Übersicht auf Seite 28 kann man die Entwicklung nach dem Baujahr eines Gebäudes einigermaßen nachvollziehen und überschlägig beurteilen.

> → Je kleiner der U-Wert, umso geringer ist der Wärmedurchgang beziehungsweise der Wärmeverlust.

Maßnahmen zur energetischen Verbesserung der Gebäudehülle in Bestandsgebäuden

TRANSMISSIONSWÄRMEVERLUSTE

Dieser Verlust bezeichnet einen Wärmestrom, also eine Verlustleistung (in Watt) oder eine Wärmemenge in Form von Arbeit (in Wattstunden), die einem beheizten Gebäude nach außen verloren geht. Dabei wird Energie an die kältere Umgebung abgegeben. Der für die meisten Baustoffe angegebene Wärmedurchgangskoeffizient (U-Wert, früher auch als k-Wert bekannt) ist eine Kennzahl für die Materialzusammensetzung eines Bauteils. Er definiert das Maß der Wärmeleitfähigkeit und wird in der Einheit W/m^2K angegeben. Der U-Wert kann auch als Maß für den Wärmestromdurchgang bezeichnet werden. Benötigt wird der U-Wert zur Berechnung der Wärmeverluste eines Hauses.

ENDENERGIEVERBRAUCH BEI UNTERSCHIEDLICHEN BAUALTERSKLASSEN
(grober Richtwert)

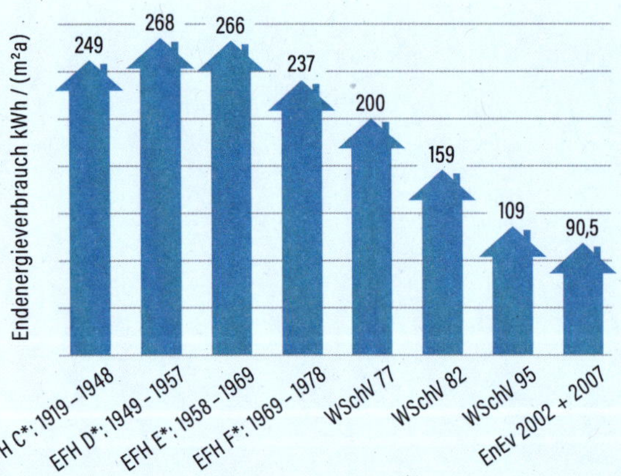

*) Beispiel EFH (Einfamilienhäuser) nach IWU (Institut Wohnen und Umwelt), Deutsche Wohngebäudetypologie / 2015
WSchV = Wärmeschutzverordnung; EnEV = Energieeinsparverordnung

Quelle: Bundesverband Wärmepumpe e. V. (BWP)

Die Grafik zeigt die Entwicklung des spezifischen Energiebedarfs.

wirken sich in mehrfacher Hinsicht positiv auf die Planung einer Wärmepumpenanlage aus:
→ Sinkt die Heizlast, fällt die notwendige Heizleistung der Wärmepumpe kleiner aus.
→ Bei Erdwärmeanlagen reduziert sich die erforderliche Größe des Erdwärmekollektors.
→ Durch die Senkung der Heizlast können vorhandene Heizflächen die Räume mit niedrigeren Vorlauftemperaturen beheizen.
→ Durch eine Reduzierung der Heizlast wird der Jahreswärmebedarf generell reduziert.
→ Kosten für die energetische Ertüchtigung führen unmittelbar zur Senkung der Investitionskosten für die Wärmepumpenheizungsanlage.

In Streitfällen um einen zu hohen Energieverbrauch mit der Wärmepumpe wird von den Beklagten oft als Gegenargument ins Spiel gebracht, dass das Gebäude nicht so gebaut beziehungsweise saniert wurde, wie es im Energieausweis festgelegt wurde oder dass die verwendeten Baumaterialien nicht die in der Bauteileliste des Energieausweises angegebenen U-Werte aufweisen. Das Gericht wird in solchen Fällen den Kläger auffordern nachzuweisen, dass das Gebäude entsprechend dem Energieausweis gebaut beziehungsweise saniert wurde. Heben Sie deshalb alle Lieferscheine und Rechnungen während der Baumaßnahme auf, in denen die U -Werte der verwendeten Baumaterialien aufgeführt sind.

FAZIT: Die energetische Ertüchtigung der Gebäudehülle hat Vorrang vor allen anderen Maßnahmen beim Einsatz einer Wärmepumpenanlage, weil sich damit die Investitionskosten für die gesamte Wärmepumpenanlage reduzieren und sich die Senkung der Heizlast generell positiv auf den Jahresenergieverbrauch und die CO_2-Bilanz auswirken.

ENERGETISCHE BEWERTUNG DER GEBÄUDEHÜLLE

Beziehen Sie bei der energetischen Bewertung der Gebäudehülle eine erfahrene Fachperson (bei der KfW gelisteter Bauingenieur, Bausachverständiger oder zertifizierte Energieberaterin) mit ein. Er oder sie kann aufzeigen, welche Schwachstellen Ihr Gebäude bezüglich der Wärmeverluste aufweist, wo und wie Wärmedämmmaßnahmen sinnvoll und rentabel sind. Zum Beispiel bringt die Dämmung der Außenwand mit Styrodur über 15 Zentimeter Dicke dann im Verhältnis zu den Investitionskosten nur noch wenig Einsparung.

→ **Wann lohnt sich der Umstieg?** Nicht in allen Fällen ist der Wechsel zur Heizung über eine Wärmepumpenanlage im Bestand die rentabelste Lösung. Bestimmte Voraussetzungen müssen erfüllt sein.

WAS ERFAHRE ICH?

Während im **NEUBAU** die Wärmepumpe inzwischen etabliert und zum Standard geworden ist, können bei der Installation in **BESTANDSGEBÄUDEN** und bei der **SANIERUNG** noch häufiger Probleme auftreten. Deshalb sollen an dieser Stelle noch einmal die wichtigsten Kriterien beim Umstieg auf eine Wärmepumpenanlage schwerpunktmäßig zusammengefasst werden.

Voraussetzungen

Wenn Sie sich an den folgenden Punkten orientieren, sind Sie auf einem guten Weg für einen möglichst problemlosen Austausch Ihres bisherigen Heizungssystems:

WÄRMEDÄMMMASSNAHMEN haben beim Umstieg auf eine Wärmepumpe immer Vorrang vor heizungstechnischen Maßnahmen. Allein durch richtige Dämmung lassen sich der Energieverbrauch und somit die benötigte Vorlauftemperatur senken. Dämmmaßnahmen bei der Kellerdecke, der Decke zum Dachboden, bei Fenstern und Türen sowie um die Rohrleitungen bringen im Verhältnis von Aufwand und Nutzen den höchsten Erfolg. In schlecht gedämmten Gebäude lassen sich keine guten Arbeitszahlen erzielen!

Scheuen Sie sich nicht vor Maßnahmen zur **SENKUNG DER VORLAUFTEMPERATUR**. Meist betrifft das nur wenige Räume, und der Austausch einiger konventioneller Heizkörper gegen Tieftemperaturheizkörper oder Heizkörper aus Aluminium ist nicht sehr aufwendig. Selbst die Umrüstung von zwei oder drei Räumen auf Fußbodenheizung mit 27 Millimetern Gesamtaufbauhöhe oder das Einfräsen von Fußbodenheizungsrohren in den bestehenden Estrich werden Sie im Nachhinein nicht bereuen. Im Gegenteil: So manche Hausbesitzer haben schließlich das ganze Haus auf Fußbodenheizung umgestellt. Zu kleine Heizkörper in nur wenigen Räumen sorgen für einen hohen Stromverbrauch der Wärmepumpe.

HOCHTEMPERATUR-WÄRMEPUMPEN mit um ein- bis dreitausend Euro höheren Investitionskosten ermöglichen allen Eigenheimbesitzern die Umstellung auf Wärmepumpen ohne große Eingriffe in die bestehenden Heizflächen. Werden die Mehraufwendungen in die Absenkung der Vorlauftemperatur durch den Austausch von Heizflächen investiert, ist dies auf lange Sicht jedoch die effizientere Variante, da damit die Betriebskosten signifikant gesenkt werden können.

Förderungen für Wärmepumpen sind generell an die Durchführung eines **HYDRAULISCHEN ABGLEICHS** gebunden. Bei älteren Heizflächen sind die erforderlichen Möglichkeiten (Thermostatventil mit Voreinstellung oder regulierbare Rücklaufverschraubungen) meist nicht vorhanden. Eine Nachrüstung ist ziemlich aufwendig und kostenintensiv. Hier ist es wesentlich sinnvoller, gleich in Heizkörper mit höherer Heizleistung bei niedrigen Vorlauftemperaturen und voreinstellbaren Thermostatventilen zu investieren, zumal solche Umrüstungen mit zu den förderfähigen Kosten gezählt werden.

Bei **UNTERKELLERTEN EIGENHEIMEN** ist zu überlegen, ob die Warmwasserbereitung mit einer Warmwasser-Wärmepumpe nicht die bessere Lösung ist. Folgende Gründe sprechen dafür: Erstens ist die Warmwasser-Wärmepumpe aufgrund ihrer geringen elektrischen Anschlussleistung um die 500 Watt für eine Photovoltaiknutzung bestens geeignet. Zweitens werden eventuell feuchte Kellerräume gleichzeitig mit entfeuchtet, und drittens kann bei einer Erdwärmenutzung die Wärmequelle etwas geringer ausgelegt werden. Der etwas höhere Geräuschpegel spielt im Keller meist eine untergeordnete Rolle.

Was gilt es zu beachten?

Suchen Sie sich einen **INSTALLATEUR MIT MÖGLICHST VIEL ERFAHRUNG** beim Einbau von Wärmepumpen in Bestandsgebäuden.Nützlich dabei ist die Internetseite des Bundesverbands Wärmepumpe (**WAERMEPUMPE.DE**). Zumindest sollte der Installateur einige Referenzen und eine Qualifizierung zur Planung und Installation von Wärmepumpen vorweisen können.

ORIENTIEREN SIE SICH NICHT AM PREISWERTESTEN ANGEBOT. Gut und billig passen in diesem Kontext selten zusammen. Häufig stellt sich erst bei der Realisierung heraus, dass das scheinbar günstigste Angebot letztendlich teurer und qualitativ weniger wertig ist als das Angebot eines seriösen Anbieters. Lassen Sie sicherheitshalber die Angebote durch einen unabhängigen Experten prüfen!

Bei der **AUSWAHL DES WÄRMEPUMPENHERSTELLERS** ist nicht allein ein hoher COP zielführend. Mitunter wird mit Spitzenwerten geworben, die Sie allerdings nicht nachprüfen können und die manchmal auch im Nachhinein korrigiert werden. Bei der Auswahl sind Merkmale wie Produktqualität, Service, Reklamationsverhalten, Garantiezeitraum, Energieeffizienzklasse und Produktlabel, Kältemittel und Nachhaltigkeit von höherer Bedeutung. Es werden nur Wärmepumpen gefördert, die über ein Europäisches Zertifikat verfügen und in der Liste der Bafa für förderfähige Wärmepumpen enthalten und gelistet sind (siehe Seite 172). Wärmepumpen erreichen problemlos die besten Effizienzlabel von A+ bis A+++.

VORSICHT: Eine hohe Energieeffizienzklasse ist nicht automatisch ein Garant für geringe Betriebskosten. Entscheidend ist die Einbindung in das Anlagenkonzept!

Bei **ERD-WÄRMEPUMPEN UND WASSER/WASSER-WÄRMEPUMPEN** ist es günstig, wenn Sie die Leistungen für die Erschließung der Wärmequelle, der Wärmepumpenanlage und der Heizflächen möglichst aus einer Hand erhalten. Das hat den Vorteil, dass Sie bei eventuellen Problemen nur einen Ansprechpartner haben und Mängel nicht zwischen den Unternehmen hin und her geschoben werden können.

Clever kombinieren

Wie alle Energiepreise steigen, wird auch der Strompreis dies in den nächsten Jahren weiter tun. Planen Sie, wenn möglich, eine **PHOTOVOLTAIKANLAGE MIT BATTERIESPEICHER** in Ihre Umstellung der Wärmeerzeugeranlage mit ein. Ein Batteriespeicher kann eventuell auch nachgerüstet werden, wenn die Preise dafür günstiger geworden sind. Auch in diesem Fall ist es vorteilhaft, wenn Sie die Wärmepumpenanlage, die Photovoltaikanlage und den Batteriespeicher von einem Hersteller beziehen. Damit ist eine Vernetzung der Komponenten auf alle Fälle unkomplizierter, und Sie haben im Störfall oder bei mangelnder Effizienz nur einen Ansprechpartner.

Nutzen Sie Ihren frei gewordenen Schornstein, um einen **KAMIN** (besser ohne Wassertasche) anzuschließen. Damit haben Sie im Störfall die Möglichkeit, Ihr Haus warm zu halten. Wenn bei extrem niedrigen Außentemperaturen die Heizleistung der Wärmepumpe nicht ausreicht, können Sie damit auch zuheizen und bei Stromausfall das Gebäude frostfrei halten.

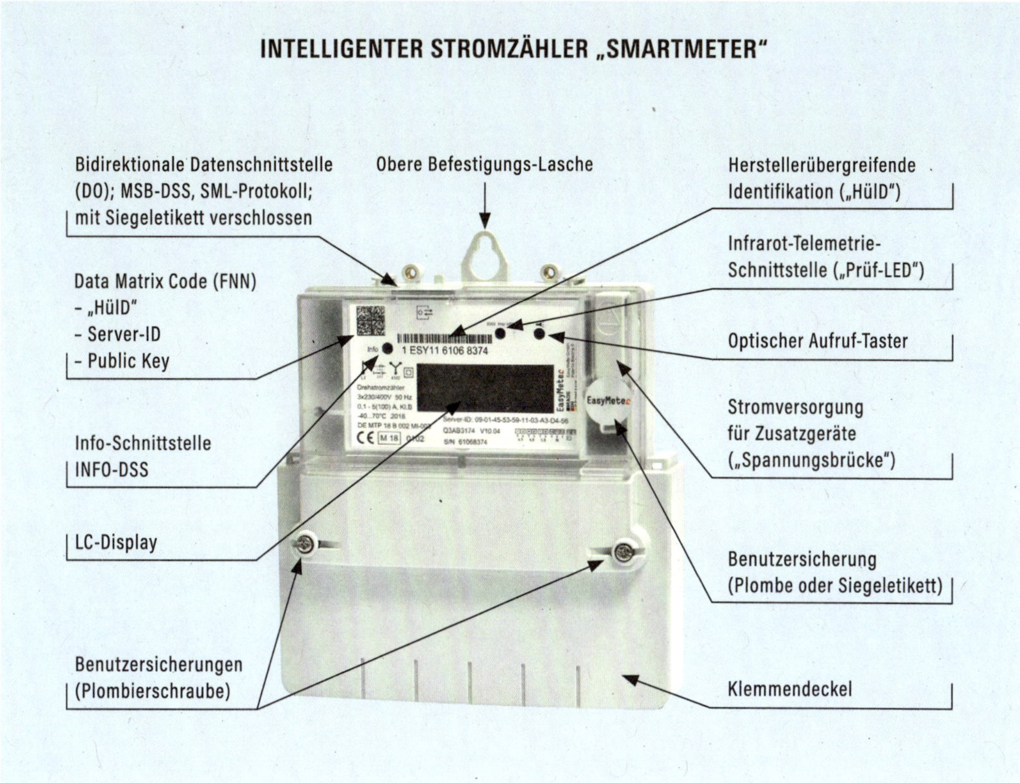

Produktbeschreibung aus der Betriebsanleitung eines Smartmeters

Bei **INTELLIGENTEN STROMZÄHLERN (SMARTMETERN)** können Messfehler auftreten, und sie können auch gehackt werden. Lassen Sie sich sicherheitshalber einen geeichten Stromunterzähler installieren. Bei Kombispeichern sollte zusätzlich ein Warmwasserzähler eingebaut werden. Damit lässt sich der Energieverbrauch für den Warmwasserbedarf besser kontrollieren. Smartmeter haben auch Vorteile. So kann man etwa die momentane Leistungsaufnahme ablesen und seine Verbraucher besser kontrollieren, Einsparpotenziale erkennen und optimieren. So können Sie beispielsweise kontrollieren, ob bei Ihrer Wärmepumpenanlage die im Datenblatt angegebene elektrische Leistungsaufnahme der tatsächlichen (momentanen) Leistungsaufnahme entspricht. Hierbei müssen Sie die anderen im Haus befindlichen elektrischen Geräte abschalten, zur angegebenen Leistungsaufnahme der Wärmepumpe eventuell noch angeschlossene Umwälzpumpen hinzuzählen und die Betriebspunkte der Wärmepumpe beachten. Ob der Smartmeter richtig zählt, können Sie freilich auch herausfinden, indem Sie nur einen elektrischen Verbraucher zuschalten, dessen elektrische Leistungsaufnahme genau bekannt ist, und den Verbrauch über eine Stunde erfassen. Die Aktivierung von Sonderfunktionen mithilfe einer Taschenlampe als „optischem Taster“ ist etwas gewöhnungsbedürftig. Im Internet finden Sie die Betriebsanleitung und Kurzbedienungsanleitung für den bei Ihnen installierten Typ (zum Beispiel Zweirichtungszähler EasyMeter Q3A V10.9). So können Sie in der Historie Bezugs- oder Lieferdaten der letzten sieben, 30 oder 365 Tage aufrufen und Ihren Energieverbrauch kontrollieren.

2

Die Angebotsvielfalt der Hersteller kann einen zunächst schlicht überfordern. Und natürlich verspricht Ihnen jeder Anbieter, dass seine Technik die beste ist. Wir sortieren hier die verschiedenen Systeme und beschreiben, was sie leisten und wie Wärmepumpen zum Heizen und Kühlen eingesetzt werden können.

→ **Single-Varianten:** Um die Vielzahl von Wärmepumpenarten und -typen zielgerichtet unterscheiden zu können, ist die Trennung nach Arbeitsverfahren und Arbeitsweise, nach Art der Wärmequelle und der Betriebsweise charakteristisch und hilfreich.

WAS ERFAHRE ICH?

In Ein- und Zweifamilienhäusern werden in der Regel elektrisch angetriebene **KOMPRESSIONSWÄRMEPUMPEN** installiert. Als Antrieb kommen dabei entweder Elektro- oder Verbrennungsmotoren zum Einsatz. Gasmotor-Wärmepumpen spielen derzeit im Ein- und Mehrfamilienhaus eine sehr untergeordnete Rolle.

Neben dem Kompressionsverfahren gibt es, ähnlich wie bei Kühlgeräten, auch Wärmepumpen, die nach dem Absorptionsprinzip arbeiten. Der wesentliche Unterschied besteht darin, dass bei **ABSORPTIONSWÄRMEPUMPEN** zur Erhöhung des Temperaturniveaus keine mechanische Energie, sondern eine Wärmequelle eingesetzt wird. Auf eine genaue Beschreibung dieser relativ aufwendigen Verfahrenstechnik und weiterer Varianten wie der **ADSORPTIONSWÄRMEPUMPE** soll hier jedoch verzichtet werden, da diese Ausführungen im Ein- und Mehrfamilienhaus praktisch kaum von Bedeutung sind (siehe auch Seite 12).

Die Unterscheidung der Wärmepumpen nach den Wärmequellen Erde, Wasser und Luft erscheint auf den ersten Blick recht simpel. Am Beispiel der Erdwärmeanlagen wird jedoch schnell deutlich, dass es eine große Anzahl verschiedener Absorber gibt, deren Vor- und Nachteile nicht so einfach zu erkennen sind.

Sole/Wasser-Erdwärmepumpe

Diese Wärmepumpenart gewinnt die Wärme über einen Absorber mittels eines flüssigen Mediums (Sole) aus dem Erdreich. Man unterscheidet zunächst zwischen geschlossenen und offenen Absorbern. Die Erdsonde (siehe Grafik rechts unten) und der Flächenkollektor mittels Solekreislauf (siehe Grafik rechts oben) sind die am weitesten verbreiteten und bekanntesten geschlossenen Absorber bei erdgekoppelten Wärmepumpenanlagen. Die Auslegung und Planung derartiger Ausführungen sind in der VDI 4640, Blatt 1–6, „Richtlinie zur thermischen Nutzung des Untergrunds" geregelt, wobei die Planungsunterlagen der jeweiligen Hersteller zu beachten sind.

Bei dieser Technik gibt es drei verschiedene Medienkreisläufe. Die Schnittpunkte der Kreisläufe sind der Verdampfer und der Verflüssiger.

Im **SOLEKREISLAUF** zirkuliert mithilfe einer Soleumwälzpumpe ein Wasser/Glykol-Gemisch mit einem Gefrierpunkt bis minus 15 Grad Celsius (allgemein als Sole oder Soleflüssigkeit bezeichnet) zwischen dem Absorber (hier die Erdsonden) und dem Verdampfer im geschlossenen Kreis. In der Erdsonde wird die Sole über den Untergrund um 3 bis 4 Kelvin erwärmt. Zu Beginn der Heizperiode liegt die Sole-Eintrittstemperatur je nach Standort und Absorberart in der Regel zwischen 7 und 10 Grad Celsius. Nachdem die Sole ihre Wär-

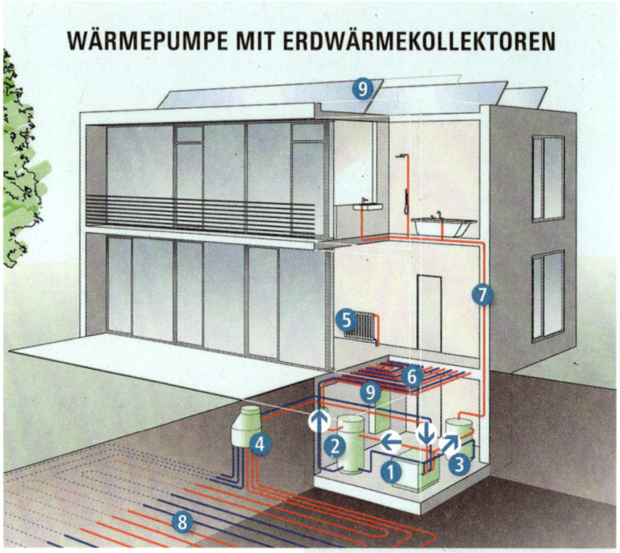

1 Wärmepumpe
2 Pufferspeicher
3 Trinkwarmwasserspeicher
4 Verteil-/Sammelstation
5 Radiator
6 Flächenheizung
7 Warmwasserleitung
8 Erdwärmekollektoren
9 Photovoltaik-Anlage mit Wechselrichter
→ Umwälzpumpe

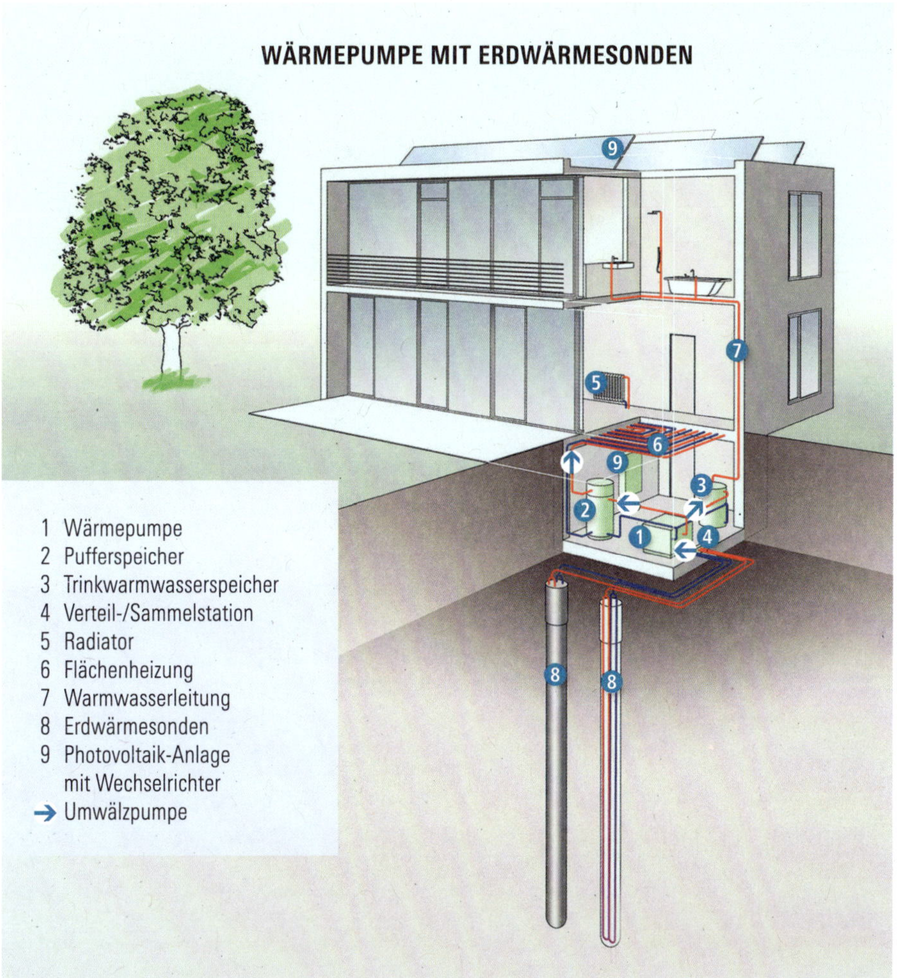

1 Wärmepumpe
2 Pufferspeicher
3 Trinkwarmwasserspeicher
4 Verteil-/Sammelstation
5 Radiator
6 Flächenheizung
7 Warmwasserleitung
8 Erdwärmesonden
9 Photovoltaik-Anlage mit Wechselrichter
→ Umwälzpumpe

Funktionsprinzip einer Wärmepumpe mit Erdsonden (links) und mit einem Flächenkollektor (oben)

meenergie im Verdampfer an das Kältemittel abgegeben hat, tritt sie mit 3 bis 4 Kelvin weniger aus der Wärmepumpe aus und in die Erdsonde ein.

Bei intensivem Betrieb in der Heizperiode sinkt die **SOLE-EINTRITTSTEMPERATUR** durch permanenten Wärmeentzug bis zum Gefrierpunkt und bei zu knapp dimensionierten Anlagen auch darunter ab. Wenn die Soletemperatur von Jahr zu Jahr abnimmt, kommt es schließlich zur Abschaltung der Wärmepumpe (Niederdruckstörung). Die Sole-Ein- und Austrittstemperaturen der Wärmepumpe sollten deshalb in monatlichen Abständen kontrolliert und mit dem Vorjahr verglichen werden. In manchen Wärmepumpenreglern werden sie über mehrere Wochen registriert, in anderen können sie aufgezeichnet werden. Über die Kontrolle der Quellentemperaturen kann man somit nachvollziehen, ob der Solekreislauf richtig zirkuliert und die Wärmequelle ausreichend dimensioniert ist.

Der zweite in sich hermetisch abgeschlossene Kreislauf ist der **KÄLTEKREISLAUF**, in dem das Kältemittel mithilfe des Kompressors (siehe Seite 11) ständig seinen Aggregatzustand ändert. Wärmeenergie aus der Sole wird bei niedrigem Druck über den Verdampfer aufgenommen und bei hohem Druck über den Verflüssiger wieder abgegeben.

Sole und Kältemittel werden von Laien relativ häufig verwechselt und falsch interpretiert. Dies kann etwa bei der Anforderung eines Servicetechnikers zu großen Missverständnissen führen. Es bedeutet einen immensen Unterschied, ob der Heizungsinstallateur „Sole" nachfüllen oder ob der Kältetechniker „Kältemittel" neu auffüllen muss.

Der dritte geschlossene Kreislauf in einer Erdwärmeanlage ist der **HEIZKREISLAUF**, in dem nach VDI 2035 („Vermeidung von Schäden in Warmwasser-Heizungsanlagen") aufbereitetes Wasser durch eine Heizungsumwälzpumpe umgewälzt wird. Die vom Verflüssiger übertragene Wärmeenergie wird dabei den Heizflächen zugeführt. Je nachdem, welche Heizflächen angeschlossen sind, betragen die Vorlauftemperaturen bis zu 55 Grad Celsius (bei Hochtemperatur-Wärmepumpen auch bis 70 Grad Celsius), zum Rücklauf ergeben sich Temperaturspreizungen von 5 bis 20 Kelvin.

Die drei eigenständigen Kreisläufe machen die Installation und Wartung einer derartigen Wärmepumpenanlage sehr komplex. Während für den Solekreislauf Fachkenntnisse aus Geothermie und Hydraulik erforderlich sind, benötigt man für den Kältekreislauf eine solide Ausbildung und praktische Erfahrungen als Kältetechniker. Im dritten Kreislauf werden spezielle Fachkenntnisse im Heizungsbau benötigt. Um das alles zum Laufen zu bringen, muss schließlich ein Elektriker/Regelungstechniker die ganze Technik noch verkabeln und einstellen.

Da es für Bauherren oder Sanierer in der Praxis äußerst schwierig ist, vier verschiedene Gewerke unter einen Hut zu bringen, ist es ratsam, die Installation durch ein Installationsunternehmen mit Zertifizierungen für Wärmepumpenanlagen und Kälteanlagen und versierte Kundendienst-Allrounder vornehmen zu lassen.

Sonderformen der Erdwärmeabsorber

Außer der Erdsonde und dem Flächenkollektor gibt es eine ganze Reihe von Sonderformen an Erdwärmeabsorbern (EWA) mit geschlossenen Solekreisläufen. Das sind zum Beispiel Kollektormatten: vorgefertigte Bauteile, bei denen das relativ dünne Rohr engmaschig als Matte verschweißt ist, die überwiegend in Gruben eingebracht werden. Grabenkollektoren gibt es als an den Grabenwänden vertikal verlegte Rohre oder als Ringgrabenkollektoren oder in Form von Erdwärmekörbe. Eine ebenso günstige Möglichkeit, Erdwärme zu erschließen, ist der Einsatz von Wärmeübertragern in Gründungspfählen. Diese kommen vorwiegend dort zur Anwendung, wo der Baugrund für Ein- und Zweifamilienhäuser nur über 10 bis 15 Meter tiefe Bohrpfähle erschlossen wird. Sie werden auch als Energiepfähle bezeichnet. Ähnlich funktionieren kurze, vorgefertigte spiralförmige Erdsonden, welche vorwiegend bei Tiefenbegrenzungen eingebracht werden. Noch relativ jung sind spezielle Absorbermodule (siehe Abbildung rechts). Dabei werden die einen Meter langen Absorber miteinander verschweißt und in 5 Meter langen und 1,5 bis 1,8 Meter tiefen Gräben strangweise verlegt.

Andere Sonderformen sind Energiezäune, Erdraketen und mit Kunststoffrohren bestückte Bauteile aus Beton.

Solche Sonderformen sind vor allem dann geeignet, wenn die Bohrkapazitäten der Bohrfirmen nicht ausreichen, genehmigungsrechtliche Einschränkungen bestehen, der verfügbare Platz beziehungsweise vorgeschriebene Abstände nicht ausreichen, die Bohrtiefe beschränkt ist oder etwa die Zufahrt zum Grundstück nicht oder nur unter erschwerten Bedingungen möglich ist. Beworben werden diese Bauformen oft mit den Attributen „genehmigungsfrei", „platzsparend" und „kostengünstig". Obwohl alle Bauformen ihre Daseinsberechtigung haben und bei richtiger Planung und Optimierung interessante Alternativen bieten, ist eine gewisse Aufmerksamkeit geboten, wenn es sich um eine vermeintlich preiswerte Alternative handelt. Probleme mit allen Bauarten, einschließlich Erdsonden und Flächenkollektoren, kann es vor allem dann geben, wenn sie zu knapp dimensioniert sind. Allgemein gilt der Grundsatz, dass die Wärmequelle niemals zu groß dimensioniert sein kann, allenfalls zu teuer. Die Auslegung und Errichtung dieser Anlagen sollte in enger Absprache mit dem jeweiligen Hersteller erfolgen. Noch besser ist es, wenn der Wärmepumpenhersteller diese Bauform in seinem Lieferprogramm hat und die Wärmepumpe und der Grabenkollektor aus einer Hand geplant und geliefert werden.

Direktverdampfer – Sonden und Flächenkollektoren

Eine eher seltene Sonderform der geschlossenen Erdwärmeabsorber sind die Direktverdampfersonden und Flächenkollektoren. Bei dieser Bauart wird der Verdampfer in den Untergrund verlagert. Dabei werden ein Wärmeübertrager und eine Umwälzpumpe eingespart, wodurch sich die Effizienz der Anlage erhöht. Das Kältemittel wird direkt in die Erdsonde oder in den Flächenkollektor eingebracht und dort verdampft. Im Kältekreis ist für die Schmierung des Verdichters Kältemittelöl mit eingebracht. Die Rückführung des Kältemittelöls aus der Direktverdampfersonde oder aus dem Direktverdampferkollektor ist jedoch nicht immer unproblematisch und stellt an die Verlegung der Kältemittelleitung besonders hohe Anforderungen. Außerdem wird bei dieser Ausführung wesentlich mehr inzwischen sehr teures Kältemittel benötigt, auch die Gefahr von Kältemittelverlusten ist größer.

Konkrete Einbringsituation eines Grabenkollektors – auch so kann Energie aus dem Erdreich „gesammelt" werden.

Es gibt Hersteller, die den Verflüssiger in die Heizflächen verlegt und somit einen weiteren Wärmeübertrager und eine Umwälzpumpe eingespart haben. Diese Systeme werden als Direktverdampfer- oder Direktkondensations-Wärmepumpenanlagen bezeichnet. Trotz ihrer besseren Effizienz haben sich diese Anlagen nicht dauerhaft am Markt durchgesetzt.

Solche Anlagen lassen sich auch nicht ohne Weiteres durch konventionelle Wärmepumpenanlagen ersetzen, sollte der Wunsch wegen des hohen Kältemittelbedarfs (höhere Anfälligkeit für Leckagen) und der Umweltschädlichkeit vieler Kältemittel irgendwann entstehen. Meistens müssen die Anlagen dann vollkommen neu errichtet werden. Das bedeutet, dass hohe Summen in eine neue mit Sole durchströmte Sonden- oder Kollektoranlage, eine neue konventionelle Wärmepumpe und gegebenenfalls neue Heizflächen (Flächenheizung oder Tieftemperaturheizkörper) investiert werden müssen.

Offene Systeme

Neben den geschlossenen Erdwärmeabsorbern gibt es die offenen Systeme, deren bekanntester Vertreter die **BRUNNENANLAGE** für die Wasser/Wasser-Wärmepumpenanlage ist.

Dabei wird aus einem Entnahmebrunnen Wasser mit einer Temperatur zwischen 7 und 10 Grad Celsius mithilfe einer Tauchpumpe zum Verdampfer der Wärmepumpe gefördert. Von dort fließt es mit 3 bis 4 Kelvin weniger zurück zum Schluckbrunnen. Zur Orientierung: Pro Kilowatt Heizleistung werden etwa 250 Liter Wasser pro Stunde benötigt. Für eine Heizleistung von 10 Kilowatt sind ca. 2,5 Kubikmeter Wasser pro Stunde mit einer Temperatur von mindestens 7 Grad Celsius erforderlich. Um sich nicht gegenseitig zu beeinflussen, müssen Saug- und Schluckbrunnen mindestens zehn Meter entgegengesetzt der Grundwasserströmung voneinander entfernt sein. Werden die Fließrichtung und die Entfernung nicht beachtet, kann es passieren, dass der Entnahmebrunnen durch Wasser aus dem Schluckbrunnen unter die Mindesttemperatur von 7 Grad Celsius abgekühlt wird. Zudem muss das Brunnenwasser sauber, neutral und frei von Eisen und Mangan sein, die **WASSERQUALITÄT** muss mindestens den in der Installationsanleitung geforderten Werten entsprechen. Allerdings kostet die Einholung eines hydrogeologischen Gutachtens mehrere Tausend Euro.

Außerdem ist darauf zu achten, dass die Brunnenpumpe nicht viel tiefer als sechs Meter im Saugbrunnen hängt, da ansonsten die Effizienz der Wasser/Wasser-Wärmepumpenanlage durch eine zu starke elektrische Leistungsaufnahme der Förderpumpe geschmälert wird.

Wasser/Wasser-Wärmepumpe mit Entnahme- und Schluckbrunnen

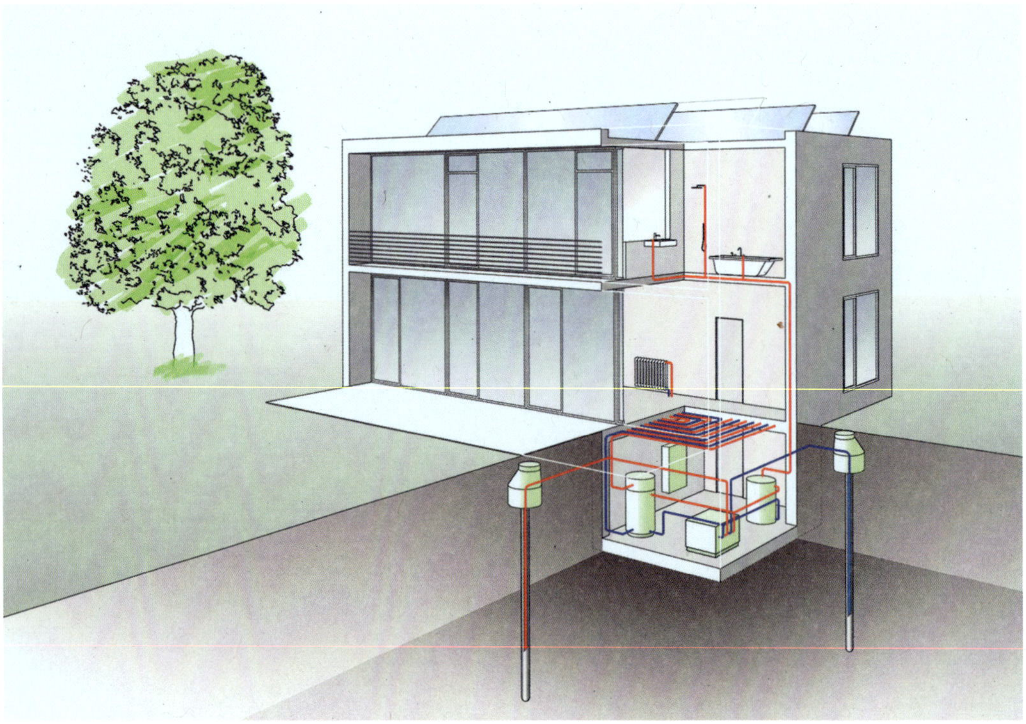

Eisspeicher

Eine relativ neue Wärmequelle für die Sole/Wasser-Wärmepumpe ist der Eisspeicher. Dabei handelt es sich um eine kombinierte Erschließung der Wärmequellen Luft, Erdreich und solare Einstrahlung: Einem großen, mit Wasser gefüllten Betonbehälter, dem Eisspeicher, in dem sich Wärmeübertrager für die Wärmezufuhr und für die Wärmeentnahme befinden, wird über Luft-Solar-Kollektoren (Luft-Solar-Absorber) oder Hybrid-Solarkollektoren (PVT-Kollektoren aus Photovoltaik- und thermischen Modulen) und aus dem angrenzenden Erdreich Wärmeenergie zugeführt. Dem Wasser wird über eine Sole/Wasser-Wärmepumpe Wärmeenergie entzogen. Ist das Wasser im Verlauf der Heizperiode bis zum Gefrierpunkt abgekühlt, kann dem Eisspeicher latente Wärme entzogen werden, bis das Wasser vollständig gefroren ist. An Tagen mit Außentemperaturen über dem Gefrierpunkt und an Sonnentagen wird wieder Wärmeenergie über den Luft-Solar-Kollektor und über das an den Speicher angrenzende Erdreich in den Speicher eingetragen, sodass das Eis schmilzt und sich der Speicher regeneriert.

Der größte Vorteil des Eisspeichers besteht darin, dass er **GENEHMIGUNGSFREI** errichtet werden kann. Damit können zum Beispiel auch in Trinkwasserschutzgebieten Sole/Wasser-Wämepumpenanlagen entstehen.

Obwohl für die Eisspeicheranlagen laut Hersteller sehr gute Jahresarbeitszahlen prognostiziert werden, hat sich diese relativ kostenintensive Lösung am Markt noch nicht breit durchgesetzt. Es gibt unterschiedliche Erfahrungen mit bestehenden Anlagen, wobei die Rückmeldungen von euphorisch bis zu einer wenig positiven Bilanz reichen.

Luft-Wärmepumpen

Bei Luft-Wärmepumpen wird die Außenluft mithilfe eines Ventilators über einen Lamellen-Wärmeübertrager geführt, wobei die in der

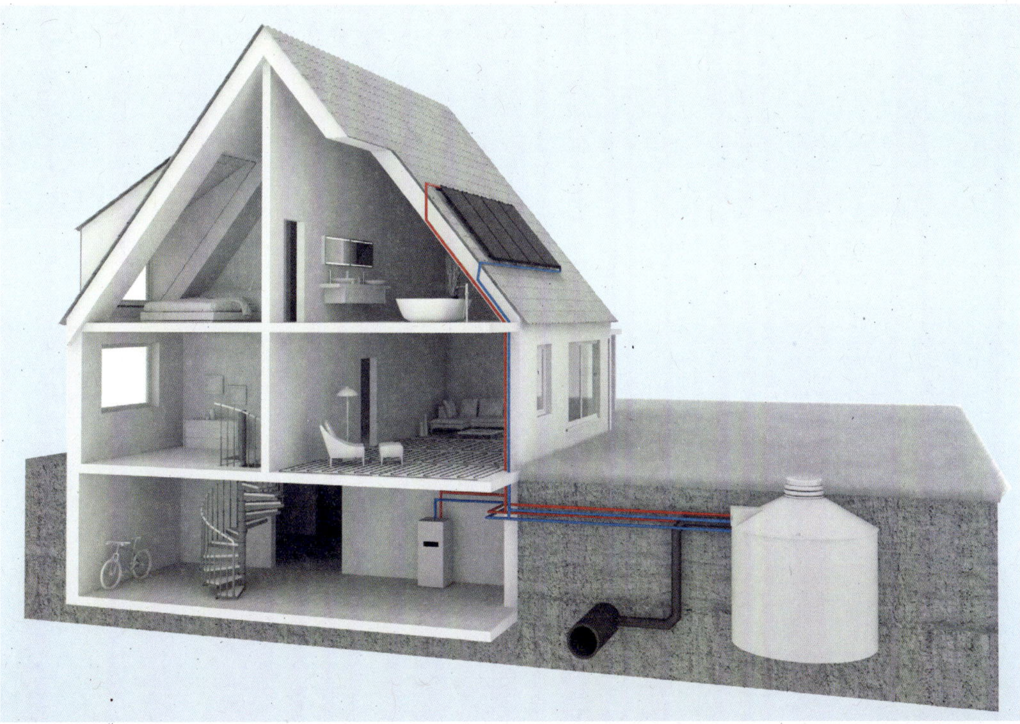

Eisspeichersystem aus Sole/Wasser-Wärmepumpe und dem im Untergrund befindlichen Eisspeicher

Außenluft enthaltene Wärmeenergie das im Kältekreislauf enthaltene Kältemittel zum Verdampfen bringt. Deshalb wird dieser Wärmeübertrager auch als Verdampfer bezeichnet. Dabei wird die Außenluft um 3 bis 5 Kelvin abgekühlt. Wenn Sie eine Hand vor die Zuluftöffnung und die andere Hand vor die Abluftöffnung halten, können Sie deutlich den Temperaturunterschied spüren, egal ob gerade Plusgrade oder Minusgrade herrschen.

Grundsätzlich unterscheidet man zwischen außen und innen aufgestellten Luft-Wärmepumpen. Bei den innen aufgestellten Anlagen erfolgt die Luftführung in der Regel über Luftkanäle, außen aufgestellte Geräte besitzen ein Zuluft- und ein Abluft-Wetterschutzgitter. Dabei ist darauf zu achten, dass die abgekühlte Außenluft wegen Eisbildung nicht auf Gehwege oder Bauteile geblasen wird.

Die Luft-Wärmepumpe hat in den letzten Jahren den größten Aufschwung erfahren, obwohl sie bezüglich der Quellentemperatur nicht die besten Voraussetzungen bietet. Sie ist auch die Wärmepumpe mit den vielfältigsten Ausführungsvarianten, wie an den folgenden Beispielen zu sehen ist.

KOMPAKT-LUFT/WASSER-WÄRMEPUMPE

Diese Ausführung kann im Haus oder im Außenbereich aufgestellt werden, was jeweils spezifische Vor- und Nachteile mit sich bringt. Eine Zertifizierung für Kälteanlagen ist nicht erforderlich. Als reversible Ausführung kann sie auch zur aktiven Kühlung genutzt werden.

Wird eine Kompakt-Luft/Wasser-Wärmepumpe im **INNENBEREICH** aufgestellt, sind je nach Leistungsstärke große Öffnungen (1000 mal 1000 Millimeter oder größer) in der Außenwand erforderlich, was im Neubau bei der Errichtung vorab geplant werden kann. Im Bestand sind nachträgliche große Wanddurchbrüche schwierig, da sie einen Sturz erfordern. Wird die Wärmepumpe im Keller aufgestellt, kann die Zu- und Abluftführung über Lichtschächte mit den erforderlichen Querschnitten erfolgen.

Kompakt-Luft/ Wasser-Wärmepumpe, Innenaufstellung

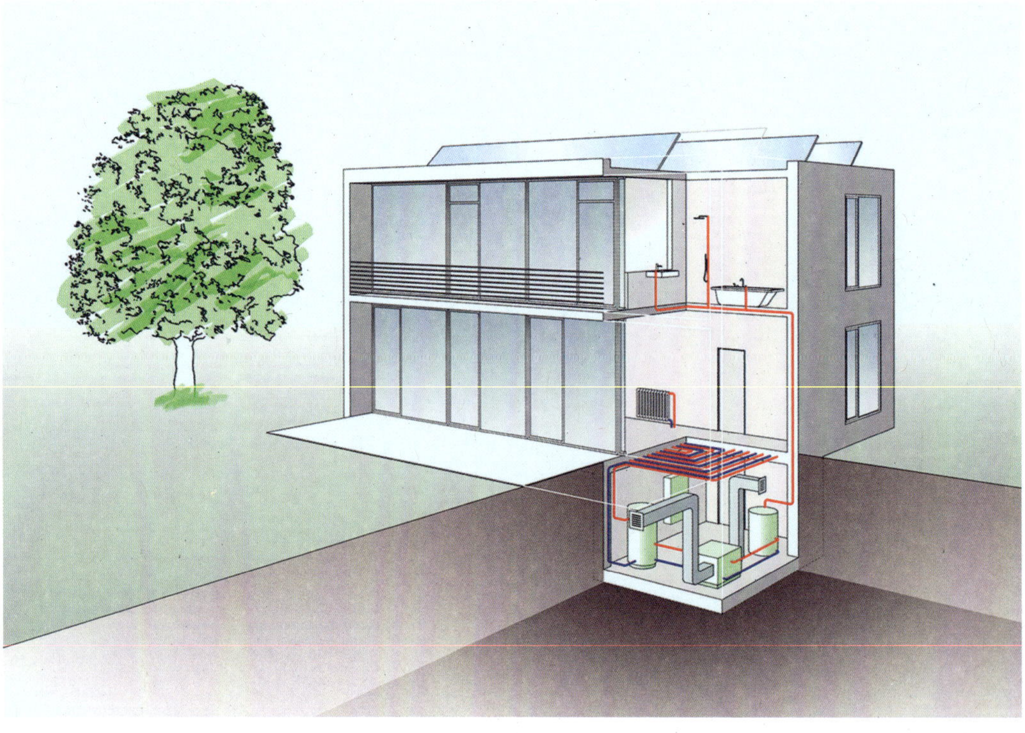

Die Vorteile dieser Variante sind, dass keine Frostgefahr für wasserführende Teile besteht, und auch ein geringerer Schallpegel zu Nachbargebäuden und die einfache Kondensatabführung über die Gebäudeentwässerung sprechen dafür. Bei Kompaktgeräten ist der Kältemittelkreislauf in sich geschlossen und funktionsbereit. Es müssen keine Kältemittelleitungen verlegt, evakuiert und mit Kältemittel gefüllt werden, was in der Regel durch Kältemonteure erfolgt.

Allerdings sollte beachtet werden, dass der Platzbedarf größer ist und die Möglichkeit gegeben sein muss, das Gerät in den Keller zu transportieren. Als Nachteil könnte auch gewertet werden, dass die Schallemissionen im Gebäude entstehen.

Für die **AUSSENAUFSTELLUNG** der kompakten Luft/Wasser-Wärmepumpe sind ein Fundament mit frostfreier Kondensatabführung, gut isolierter Rohrverbindung für Vor- und Rücklauf, Elektro- und Steuerkabel und entsprechender Wanddurchführung erforderlich. Bei dieser Variante entstehen im Gebäude keine Schallemissionen, dafür können gegebenenfalls Nachbarn durch den Schall gestört werden. Im Heizraum wird weniger Platz benötigt.

Nachteilig bei der Außenaufstellung kann eine mögliche Beeinträchtigung der Optik des Gebäudes sein, zudem kann im Winter bei Stromausfall Frostgefahr für wasserführende Bauteile bestehen. Es ist daher ratsam, Außengeräte extra gegen Frostschäden zu versichern.

TIPP: Sicherheitshalber sollten automatische Entleerungsventile eingebaut werden, damit die Frostgefahr weitestgehend gebannt wird. Bei einem längeren Stromausfall bei Minusgraden besteht nämlich die Gefahr, dass das sich im Verflüssiger befindliche Heizungswasser gefriert und der Wärmeübertrager beschädigt wird. Falls Wasser in den Kältekreis gelangt, liegt ein Totalschaden vor. Da in so einer Situation kaum Fachpersonal kurzfristig überall verfügbar ist, sind automatische Entleerungsventile eine Option, das Gerät vor Zerstörung zu schützen.

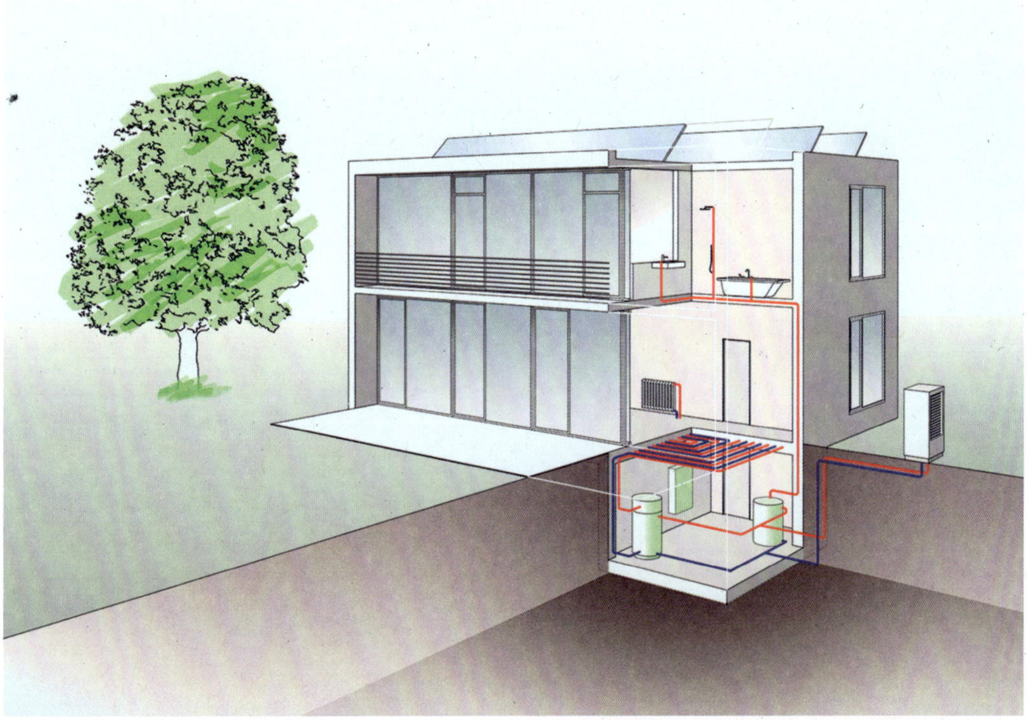

Kompakt-Luft/Wasser-Wärmepumpe, Außenaufstellung

Neben der Ausführung als Kompaktanlage lassen sich Luft-Wärmepumpen auch als **SPLIT-VARIANTE** realisieren. Das bedeutet, dass der Kältekreis so weit gesplittet (getrennt) wird, dass sich in der Außeneinheit keine wassergeführten Bauteile befinden und die Verbindungsleitung zwischen Außen- und Inneneinheit anstatt Wasser Kältemittel enthält. Bei solchen Anlagen können Verdampfer und Verdichter sowohl in der Außen- als auch in der Inneneinheit untergebracht werden.

Befinden sich Verdampfer und Verdichter in der Außeneinheit, kann das Außengerät an der Wand oder auf einem Fundament mit Gestell installiert werden. Die Verbindung zur Inneneinheit erfolgt über isolierte Kältemittelleitungen, Elektrokabel und Steuerkabel. Ein frostfreier Kondensatablauf oder ein Kiesbett sind erforderlich. Auch mit Split-Varianten sind sowohl Heizen als auch aktives Kühlen möglich.

Das Außengerät kann wie ein **TISCH** aufgestellt werden. Es gibt auch Außeneinheiten, die an der Wand oder auf einem Fundament mit Gestell installiert werden. Die Verbindung zwischen Außen- und Inneneinheit erfolgt über isolierte Kältemittelleitungen, Elektrokabel und Steuerkabel. Ein frostfreier Kondensatablauf oder ein Kiesbett sind erforderlich.

Die Vorteile von Split-Varianten sind, dass im Gebäude keine Schallemissionen durch den Verdichter entstehen, die Tischverdampfer sind sehr leise und ermöglichen größere Leistungen (zunehmende Tendenz im Markt); auch wasserführende Teile, die einfrieren könnten, befinden sich nicht im Außenbereich.

Entweder wird die Inbetriebnahme des Kältekreises über einen zu ordernden Kältemonteur vorgenommen, oder der Heizungsmonteur hat die erforderliche kältetechnische Qualifizierung, was in der Praxis aber eher seltener vorkommt. Zudem ist mehr Kältemittel erforderlich, und die Wärmeverluste der Kältemittelleitungen können höher ausfallen.

TIPP: Bei der Aufstellung der Außeneinheit ist in schneereichen Gegenden auf genügend Bodenfreiheit zu achten.

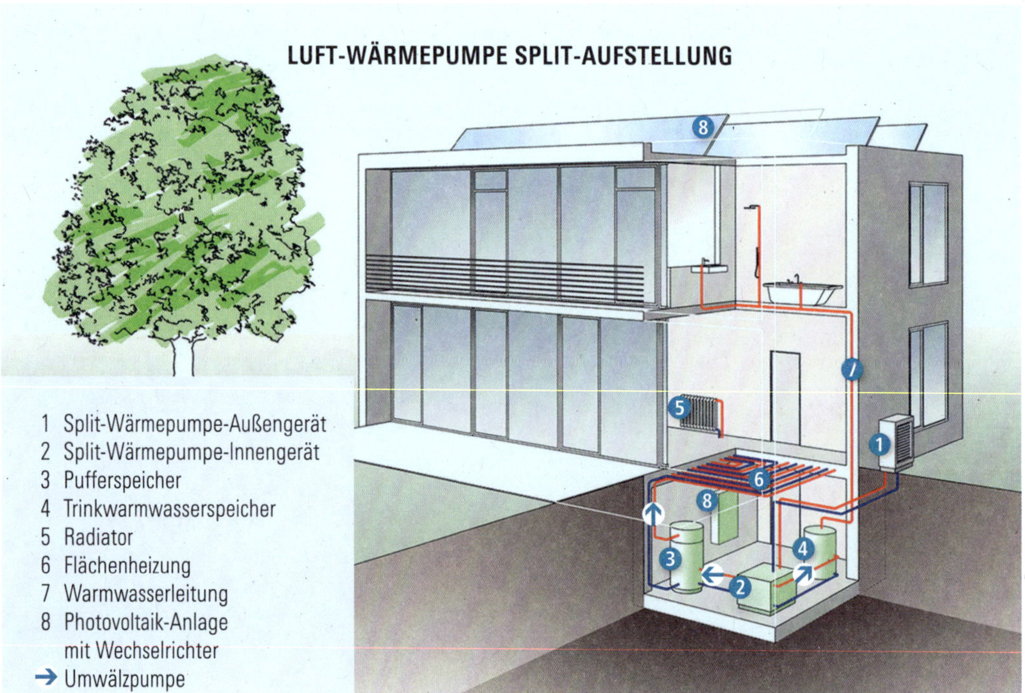

Kältemittel-Split-Wärmepumpe mit Verdampfer und Verdichter in der Außeneinheit

SOLE/LUFT-WÄRMEÜBERTRAGER

Eine Luft-Wärmepumpe kann auch mit einem Sole/Luft-Wärmeübertrager gekoppelt werden. Bei dieser Bauart in Kompaktbauweise befinden sich alle Bauteile im Technikraum. Nur der Verdampfer ist über Soleleitungen mit einem Luft/Sole-Wärmeübertrager verbunden. Die Wärmeenergie der Außenluft wird über den Luft/Sole-Wärmeübertrager auf den Sole-Zwischenkreis übertragen. Die Sole wird in der Inneneinheit über den Verdampfer der Wärmepumpe geführt, welche ab hier wie eine Sole/Wasser-Wärmepumpe arbeitet. Dabei übernimmt der Sole/Luft-Wärmeübertrager die Funktion des Erdkollektors.

Für die Außeneinheit werden ein Fundament mit frostfreiem Kondensatablauf, Elektrokabel und Steuerkabel benötigt. Für schneereiche Gegenden gibt es Zusatzrahmen als Unter-bau. Die Solekonzentration ist auf minus 20 Grad Celsius eingestellt, wodurch kaum Frostgefahr für die Außeneinheit besteht.

Die Vorteile dieser Variante: Der Sole/Luftwärmetauscher kann bis zu 15 Meter vom Gebäude entfernt aufgestellt werden. Damit ergeben sich große Gestaltungsspielräume, eventuelle Geräusche durch den Lüfter sind weniger störend. Sole-Vor- und Rücklauf wirken bei entsprechender Entfernung zusätzlich wie ein Erdkollektor. Ein Kälteschein ist nicht erforderlich. Der Sole/Luft-Wärmetauscher kann mit Erdsonden oder Erdkollektoren kombiniert werden. Dadurch ist es möglich, den Kollektoren bei definierten Außentemperaturen Wärmeenergie aus der Außenluft zuzuführen und diese zu regenerieren.

Als Nachteile sind zu nennen: Es sind zusätzliche Lüfter und Wärmeübertrager erforderlich, dadurch ist die Anlage teurer. Die Einsatzgrenze ist auf minus 20 Grad Celsius beschränkt. Zum Abtauen der Außeneinheit ist eine zusätzliche Elektroheizung erforderlich. Der Kompressor kann im Haus Schallemissionen erzeugen. Außerdem ist mit dieser Variante keine Kühlung möglich.

Kältemittel-Split-Wärmepumpe mit Tisch-Verdampfer, Verdichter und Verflüssiger befinden sich in der Inneneinheit

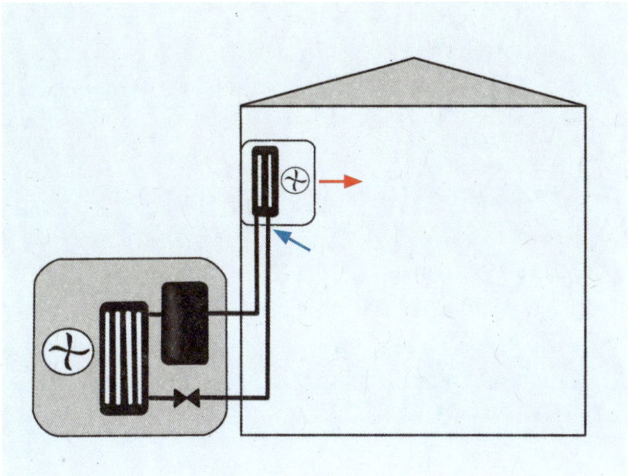

Schema einer Luft/Luft-Wärmepumpe

LUFT/LUFT-WÄRMEPUMPEN

Während bei Luft/Wasser-Wärmepumpen die Wärmeübergabe an die Räume über wassergeführte Heizflächen (Heizkörper, Flächenheizung) erfolgt, ist in den Luft/Luft-Wärmepumpen kein Wasser enthalten. Die Wärmeenergie wird über das dampfförmige Kältemittel zu den Heizflächen (Konvektoren), welche als Verflüssiger fungieren, geführt. Das kondensierte Kältemittel wird danach über die Kältemittelleitung zurück zum Expansionsventil und Verdampfer geführt.

Eine relativ einfache Variante von Luft-Wärmepumpen sind die Luft/Luft-Wärmepumpen –

bekannt durch die Klimageräte, die zum Beispiel in Hotels und Büros zu finden sind.

Die Außeneinheit wird in der Regel an der Außenwand angebracht und über Kältemittelleitungen, Strom- und Steuerkabel mit einem oder mehreren Luft-Wärmeübertragern mit Gebläse verbunden.

Diese Geräte sind als **KLIMAGERÄTE** zum Heizen und Kühlen geeignet. Wenn sie auch zum Kühlen eingesetzt werden, müssen die Innengeräte mit einem Kondensatablauf versehen werden. Für eine solche Anlage spricht, dass mit einem Außengerät mehrere Innengeräte betrieben werden können. Wasser als Wärmeträgermedium ist nicht erforderlich. Die Geräte sind recht preiswert in der Anschaffung und mit wenig Aufwand zu installieren.

Es gibt allerdings auch Nachteile: Für derartige Geräte ist ein Kälteschein erforderlich. Wie jeder weiß, der schon einmal in einem Hotel übernachtet hat, sind die Innengeräte bei höherer Leistung nicht geräuschlos. Da die Wärmeabgabe hauptsächlich über die Luft erfolgt (Konvektion), kann der zirkulierende Luftstrom als unbehaglich empfunden werden.

HINWEIS: Mitunter werden kontrollierte Wärmerückgewinnungsanlagen auch als Luft/Luft-Wärmepumpen bezeichnet, obwohl bei diesen Geräten kein Kältemittel eingesetzt und verdichtet (auf einen höheren Druck gepumpt) wird. Hier werden Zu- und Abluft meistens in Plattenwärmeübertragern aneinander vorbeigeführt, wobei ein großer Teil der Wärmeenergie der Abluft an die Zuluft ohne Wärmeträgermedium übertragen wird.

ABLUFT-WÄRMEPUMPEN

Bei Abluft-Wärmepumpen wird die über automatische Lufteinlässe in der Außenwand zuströmende Luft über Lüftungsdurchlässe oder Türschlitze zu Räumen mit inneren Wärmequellen oder hoher relativer Feuchte (Küche, Bad) geführt. Von dort wird die Abluft der innen aufgestellten Luft-Wärmepumpe als Zuluft zugeführt. Die von der Wärmepumpe abgekühlte Luft wird dann nach außen geführt.

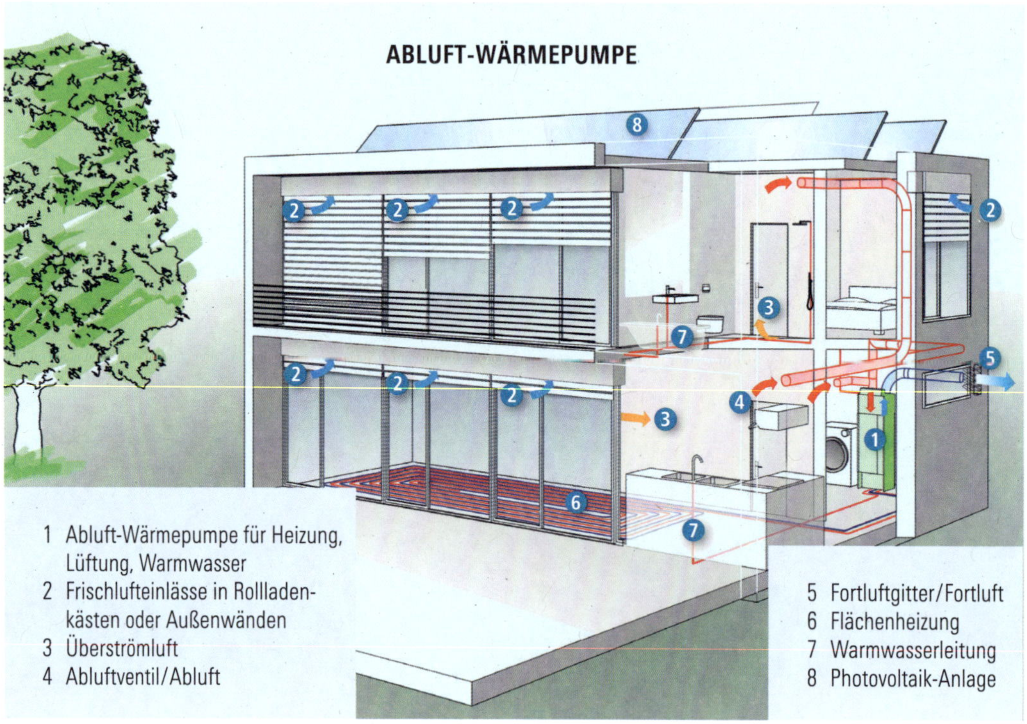

VERSCHIEDENE ARTEN VON LUFT-WÄRMEPUMPEN

Bauart	Medium in Verbindungsleitung	Vorteile	Nachteile	Bemerkungen
Luft/Wasser-Kompakt-WP Innenaufstellung	– Wasser	– Frostsicher – Nach außen geräuscharm – Kein Kältetechniker erforderlich	– Große Öffnungen in der Außenwand – höherer Platzbedarf im Heizraum	– Pufferspeicher für Mindest-Volumenstrom 3–5 l/kW Heizleistung erforderlich
Luft/Wasser-Kompakt-WP Außenaufstellung	– Wasser	– Wenig Platzbedarf im Technikraum – Hohe Heizleistungen möglich – Kein Kältetechniker erforderlich	– Beeinträchtigung der Gebäudeoptik – Frostfreier Kondensatablauf – Fundament – Geräusche außen eventuell hörbar	– Extra Gebäudeversicherung erforderlich – Eventuell automatische thermische Entleerungsventile einbauen lassen
Kältemittel-Split-WP, Verdichter in der Außeneinheit	– Kältemittel	– Frostsicher – Geringer Platzbedarf im Technikraum – Keine Geräusche im Haus	– Kältetechniker erforderlich – Höhere Kältemittelmenge – Geräusche außen eventuell hörbar	– Wand- oder Bodenaufstellung möglich
Kältemittel-Split-WP, Verdichter in der Inneneinheit	– Kältemittel	– Frostsicher – Geringer Platzbedarf – Außen kaum Geräusche	– Kältetechniker erforderlich – Höhere Kühlmittelmenge – Geräusche innen eventuell hörbar	– Wand- oder Bodenaufstellung möglich
Luft/Wasser-WP mit Sole/ Luft-Wärmeübertrager	– Sole –20 °C	– Frostsicher – Außeneinheit bis 15 Meter entfernt aufstellbar – Kein Kältetechniker erforderlich	– Höhere Anschaffungskosten – Verdichter im Hausanschlussraum	– Sole/Luft-Wärmeübertrager mit anderen Erdkollektoren kombinierbar
Luft/Luft-Wärmepumpe	– Kältemittel	– Geringe Anschaffungskosten – Kein Heizungsmonteur erforderlich	– Geräusche im Innengerät bei hohen Drehzahlen möglich	– Keine Strahlungswärme
Abluft-Wärmepumpe	– Im Gerät	– Nutzung innerer Wärmequellen	– Hohe Anschaffungskosten – hohes Gewicht	– Eventuell schwierige Einbringung – Zugerscheinungen an den Tellerventilen möglich

Hinweis: Die Effizienz bezüglich Monoblock- und Kältemittel-Split-Bauweise unterscheidet sich nur geringfügig.

Abluft-Wärmepumpen nutzen die Wärmeenergie der Luft und der inneren Wärmequellen, wie elektrischer Geräte und Beleuchtung, für die Heizung und Trinkwassererwärmung (siehe Abbildung links). Die abgekühlte Abluft wird über eine Öffnung in der Außenwand ins Freie geführt. Die Zuluft gelangt über sich regelnde Zuluftventile in die Wohnräume.

Die Nutzung der Abwärme von Haushaltgeräten, Beleuchtung und Personen sowie solarer Erträge und die Abführung von Feuchtigkeit mit der Abluft sind Vorteile dieser Variante. Allerdings können die Zuluftventile in den Außenwänden zu Zugerscheinungen führen, was die Behaglichkeit beeinträchtigt. Nicht genutzte Abwärme wird zum Teil an die Umwelt abgegeben.

→ **Hybridmodelle:** Grundsätzlich können verschiedene Wärmequellen, Wärmepumpen und Wärmeerzeuger mit fossilen Brennstoffen untereinander kombiniert werden – soweit sinnvoll, wirtschaftlich und zulässig.

WAS ERFAHRE ICH?

Stand der Entwicklung

Bei der Kombination verschiedener Wärmequellen gab es bereits eine Reihe guter Ansätze. Ein Beispiel dafür ist die Entwicklung einer Wärmepumpe mit jeweils einem Verdampfer für den Erdkollektor und einem Verdampfer für die Außenluft. In einem anderen Fall wurden Erdsonden mit Solarkollektoren kombiniert. Leider haben sich diese Systeme wegen der relativ hohen Anschaffungskosten bisher noch nicht am Markt etablieren können. Unternehmen aus den verschiedensten Bereichen im Verbund mit Bildungs- und Forschungseinrichtungen, unter anderen dem Fraunhofer-Institut, arbeiten derzeit in mehreren Forschungsprojekten an weiteren Kombinationsmöglichkeiten. Dies betrifft jedoch hauptsächlich Lösungen mit Wärmepumpen für Mehrfamilienhäuser im Bestand. Für Ein- und Zweifamilienhäuser bieten verschiedene Hersteller schon länger Lösungen für Hybrid-Wärmepumpen und hybride Wärmepumpensysteme an.

Bei Hybrid-Wärmepumpenanlagen wird unterschieden zwischen Hybrid-Kompaktgeräten (komplette Geräte) und getrennten Hybridsystemen (bestehende Wärmeerzeuger nachträglich kombiniert mit einer Wärmepumpe), auch als bivalente Wärmepumpenanlagen bekannt. Die bekanntesten Hybrid-Kompaktgeräte sind eine Gas-Brennwertanlage und eine Luft/Wasser-Wärmepumpe in einem Gerät.

Kompakte Hybrid-Wärmepumpen

Kompakte Hybrid-Wärmepumpen nutzen zur Wärmeerzeugung regenerative Wärmequellen und fossile Brennstoffe in einem Gerät. Die geläufigste Ausführung ist die Kombination aus einer Luft-Split-Wärmepumpe mit einem Gas-Brennwertgerät. Hybrid-Wärmepumpen werden bevorzugt dort eingesetzt, wo höhere Vorlauftemperaturen für die Heizflächen oder den Warmwasserbedarf benötigt werden. Der Punkt, an dem von der Wärmepumpe zum Gasgerät und umgekehrt umgeschaltet wird, kann nach ökologischen oder ökonomischen Kriterien bestimmt werden. So kann die Umschaltung beispielsweise über die Eingabe der

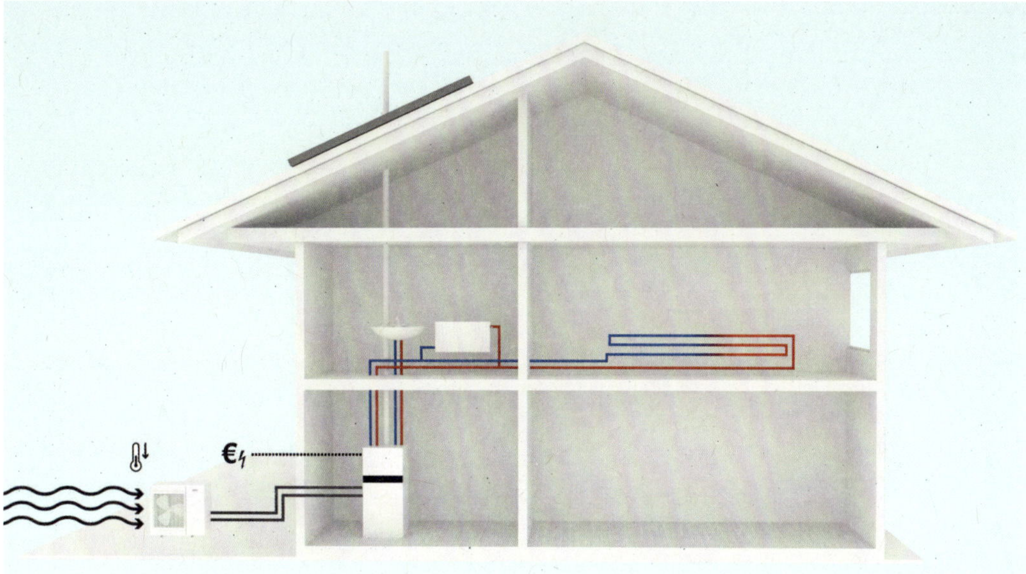

Im Bild sieht man die Außeneinheit der Wärmepumpe links nahe der Außenwand. Im Erdgeschoss wurde die Inneneinheit samt Gasbrennwertgerät und Warmwasserspeicher untergebracht.

Preise für die Energieträger oder über die niedrigsten CO_2-Emissionen laufen. Das bedeutet, dass jeweils das Gerät zugeschaltet wird, das die geringsten Heizkosten oder die geringsten CO_2-Emissionen verursacht. Da diese Geräte aber in der Anschaffung relativ teuer sind (zuzüglich der Kosten für eine Schornsteinsanierung, Stichwort: Feuchtedichtigkeit) und höhere Nebenkosten für Wartung und Gaszähler mit sich bringen, ist der Absatz regional unterschiedlich.

Getrennte Hybrid-Wärmepumpenanlagen

Werden eine Wärmepumpe und ein Wärmeerzeuger mit fossilen Brennstoffen jeweils getrennt errichtet und hydraulisch und regelungstechnisch zusammengeschaltet, spricht man von hybriden beziehungsweise bivalenten Wärmepumpenanlagen. Solche Kombinationen werden zum Beispiel häufig in Ein- und Zweifamilienhäusern mit Heizkörpern, welche hohe Vorlauftemperaturen benötigen, und bei der Warmwasserbereitung für Großanlagen mit Warmwassertemperaturen von 60 Grad Celsius oder mehr angewendet. Die ganzjährig zentrale Warmwasserbereitung mit Temperaturen ab 60 Grad Celsius ist mit der Wärmepumpe allein zurzeit wirtschaftlich nur schwer oder nur über Sonderlösungen möglich. Steigen die Kosten für Gas und Heizöl weiter an beziehungsweise sinken sie nicht gleich wieder, ergibt sich eine neue Konstellation, bei der allein mit der Wärmepumpe und elektrischer Zusatzheizung ein wirtschaftlicher Betrieb möglich wird (monoenergetischer Betrieb).

Bei der **WIRTSCHAFTLICHEN BETRACHTUNG** sind immer die jeweiligen Preisentwicklungen von Wärmepumpenstrom, Gas und/oder Öl zu berücksichtigen. Je weiter sich Strom- sowie Gas- und Ölpreise voneinander entfernen, umso lohnenswerter wird der Einsatz einer Wärmepumpe.

Hybrid-Wärmepumpenanlagen werden zukünftig vor allem bei älteren Mehrfamilienhäusern verstärkt zum Einsatz kommen. Dabei werden außen aufgestellte Luft/Wasser-Wärmepumpen größerer Leistung mit den vorhandenen Wärmeerzeugern gemeinsam die Wärmeversorgung übernehmen. Wichtig hierbei ist, dass die Anlage so ausgelegt wird, dass der Bivalenzpunkt (der Punkt, wo der zweite Wärmeerzeuger zugeschaltet wird) nicht zu früh erfolgt, etwa bei minus 5 anstatt bei plus 5 Grad Celsius.

VOR- UND NACHTEILE VON HYBRID-KOMPAKTGERÄTEN

- → optimale Regelung nach ökologischen (relativ hohe Anschaffungskosten) oder ökonomischen Wünschen (zusätzliche Wartungskosten für den zweiten Wärmeerzeuger)
- → geringer Platzbedarf – Gebühr für Gaszähler und Kaminkehrer
- → für hohe Vorlauftemperaturen geeignet
- → geringer Montageaufwand
- → sichere Wärmeversorgung durch zweiten Wärmeerzeuger
- → im Neu- und Altbau einsetzbar
- → geringere Heizkosten
- → umweltfreundlich
- → hoher Warmwasserkomfort
- → förderfähig

Zusätzlicher Vorteil gegenüber Kompaktgeräten: Der vorhandene Kessel und Speicher können genutzt werden. Nachteilig wirkt sich aus, dass es keine gemeinsame Regelung gibt, sondern die Anlagen aufeinander abgestimmt werden müssen.

Kombination mit Photovoltaik- und thermischen Solaranlagen

Photovoltaikmodule werden auch als Solarmodule bezeichnet. Deshalb werden thermische Solaranlagen und Photovoltaikanlagen oft verwechselt.

THERMISCHE SOLARANLAGEN bestehen meist aus Flach- oder Röhrenkollektoren, die von einer Solarflüssigkeit (Wasser/Glykol-Gemisch mit einem Gefrierpunkt von minus 25 Grad Celsius) direkt oder indirekt durchströmt werden. Sie werden für die Warmwasserbereitung und als Heizungsunterstützung installiert.

Um nutzbare Temperaturen der Solarflüssigkeit zu erreichen, müssen die Kollektoren

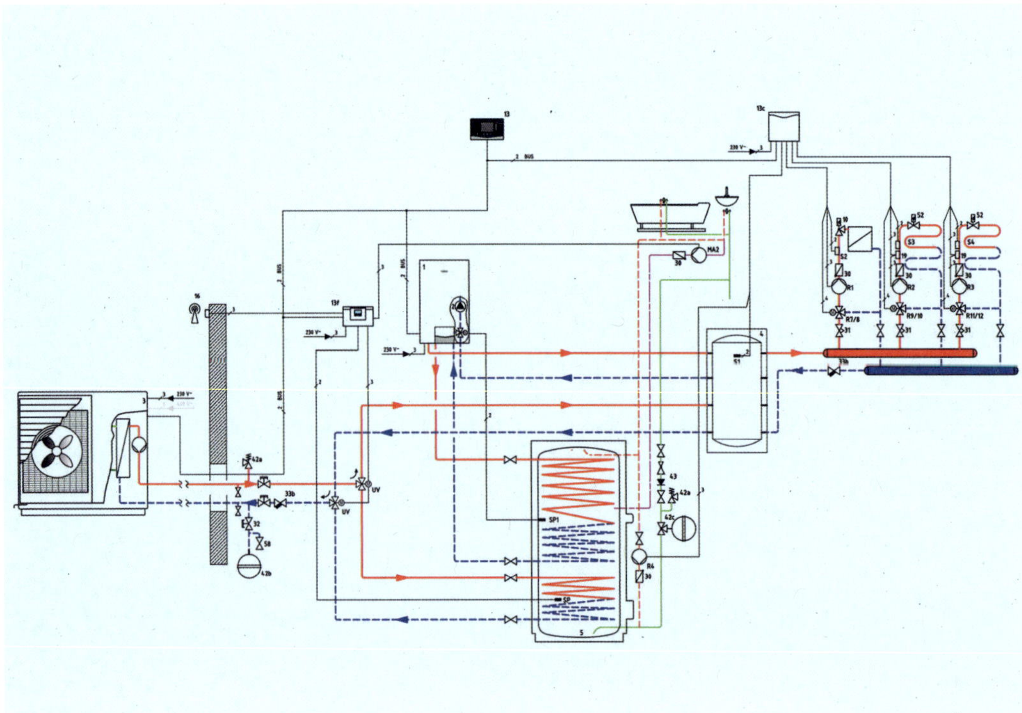

Anlagenschema einer Wärmepumpen-Hybrid-Anlage aus Kombination von Erdwärme, Gas-Brennwerttechnik und Solaranlage

DIE STROM-CLOUD

Eine relativ neue Möglichkeit ist die Kombination des Batteriespeichers mit einer „Strom-Cloud". Die Anbieter versprechen die Lösung dafür, dass Besitzer von PV-Anlagen Reststrom aus dem Netz beziehen müssen, wenn ihre Anlage nachts oder im Winter keinen Strom erzeugt. Dabei ist häufig die Rede von einem „virtuellen Speicher" oder einer „virtuellen Cloud". Anlagenbesitzer verpflichten sich, **ÜBERSCHÜSSIGEN STROM** dem Cloud-Anbieter zur Verfügung zu stellen. Dieser könne dann in Zeiten geringerer Stromproduktion zu bestimmten Bedingungen abgerufen werden. Im Gegenzug müssen Anlagenbesitzer meist eine Grundgebühr bezahlen oder einen Teil ihrer Speicherkapazität zur Verfügung stellen.

Doch der Strom, den man zu einem späteren Zeitpunkt aus der „Cloud" bezieht, wurde anderswo produziert. Und: Die Anlagenbetreiber bekommen **WENIGER STROM** zurück, als sie eingespeist haben. Weiterer Strom kostet extra. Die Einspeisevergütung müssen die Betreiber an den Cloud-Anbieter abtreten. Die Kunden müssen sich an einen Stromversorger binden und sind oft verpflichtet, die Batterie eines bestimmten Herstellers einzubauen. Bevor Sie einen Vertrag mit einem Cloud-Anbieter eingehen, sollten Sie sich unbedingt beraten lassen, etwa bei der Energieberatung der Verbraucherzentralen. Denn Cloud-Tarife sind so **KOMPLIZIERT**, dass ein Preisvergleich für Laien so gut wie unmöglich ist.

bei einer Neigung von 45 bis 60 Grad ausgerichtet sein. Die von der Sonnenstrahlung erwärmte Solarflüssigkeit wird den Wärmeübertragern im Warmwasserspeicher und/oder im Heizwasserpufferspeicher mittels einer Solarumwälzpumpe zugeführt. Die Solarumwälzpumpe schaltet sich mit Erreichen der Solltemperatur durch den Solarregler zu und ab.

Sind die Speicher geladen, stagniert die Solarflüssigkeit, und die Temperatur in den Solarkollektoren steigt auf bis über 200 Grad Celsius an. Das ist vor allem für zu große thermische Solaranlagen oft problematisch. Störungen durch Vercrackung der Solarflüssigkeit, verbrannte Isolation und geborstene Rohrleitungen traten nicht selten auf. Die richtige Dimensionierung der Kollektoren und der dazugehörigen Komponenten ist von großer Bedeutung. Thermische Solaranlagen erfordern große Speicher und müssen gewartet werden. Die besten Erträge werden im Hochsommer erzielt, wo sie aber nur für die Warmwasserbereitung benötigt werden. In der Heizperiode werden oft lediglich für Flächenheizungen geeignete Temperaturen erreicht.

Starre **PHOTOVOLTAIKMODULE (PV-MODULE)** sehen Solarkollektoren oft ähnlich, sind aber grundsätzlich anders aufgebaut. Bei Photovoltaikmodulen handelt es sich üblicherweise um sich unter einem Einscheibensicherheitsglas (ESG) befindliche Halbleiterelemente aus siliziumbasierten Solarzellen, welche das Licht der Sonne direkt in elektrische Energie umwandeln (Photoeffekt). Der erzeugte elektrische Gleichstrom wird im Wechselrichter in Wechselstrom umgewandelt und in das Stromnetz eingespeist. Je nach Bauart der Module (Dünnschicht- oder Dickschichtmodul, monokristalline, polykristalline oder amorphe Solarzellen) beträgt die elektrische Leistung zwischen 50 und 400 Watt je Modul. Die Spitzenleistung eines Moduls wird unter Standard-Testbedingungen (STC) ermittelt, gemessen und in Wp (Watt Peak) angegeben.

Photovoltaikanlagen dienen also nicht unmittelbar der Warmwassergewinnung oder der Heizungsunterstützung, können aber als zusätzliche Stromquelle zum Betrieb der Wärmepumpenanlage eingesetzt werden.

Während thermische Solaranlagen im Hochsommer bei voller Sonneneinstrahlung ihre höchsten Erträge erzielen, kann es bei Photovoltaikanlagen in dieser Jahreszeit zu Effizienzeinbußen durch zu starke Erwärmung kommen. Deshalb müssen Indach-Anlagen unbedingt hinterlüftet werden.

Sowohl bei thermischen Solar- als auch bei Photovoltaikanlagen wirken sich Standort, Himmelsrichtung und Neigung entsprechend auf den Ertrag aus, wobei Photovoltaikanlagenn auch bei Ost/West-Ausrichtung sinnvoll sein können. Verschattungen durch Bäume, Schornsteine, Nachbargebäude und Ähnliches sollten grundsätzlich vermieden werden.

Während zu Beginn des PV-Anlagenbaus in der Breite der eingespeiste Strom mit bis zu 57,4 Cent pro Kilowattstunde großzügig vergütet wurde, liegt die Einspeisevergütung aktuell je nach Strompreis an der Strombörse nur noch bei 8 bis 10 Cent pro Kilowattstunde. Somit bietet die **EIGENSTROMNUTZUNG** derzeit den größtmöglichen Einspareffekt. Die Kombination mit einer Wärmepumpe, die zum Heizen und Kühlen verwendet werden kann, liegt also nahe. Viele Wärmepumpenregler bieten zur Verbesserung der Eigenstromquote Temperaturerhöhungen für Heizung, Puffer- und Warmwasserbetrieb an, wenn PV-Strom zur Verfügung steht.

→ Eine Überdimensionierung von Photovoltaikanlagen führt nicht wie bei thermischen Solaranlagen zu unerwünschten Nebeneffekten.

Detaillierte Informationen zur Wirtschaftlichkeitsberechnung von Photovoltaikanlagen finden Sie unter test.de/solarstromrendite (kostenpflichtig). Kosten, Erträge und Rendite Ihrer Photovoltaikanlage können Sie mit dem kostenlosen Solarstromrechner unter der URL test.de/solarrechner ermitteln.

TIPP: Es ist unbedingt zu beachten, dass vom Wechselrichter oder einem separaten Energiezähler ein Signal an die Wärmepumpe gesendet wird, wenn ausreichende Photovoltaikleistung anliegt. Invertergeführte Wärmepumpen sind effektiver als On/Off-Wärmepumpen, da die elektrische Leistung im unteren Modulationsbereich der Wärmepumpe bei invertergeführten Anlagen meistens geringer ist und somit eine Nutzung von Photovoltaikstrom eher einsetzen kann. Wer nur eine kleine geeignete Dachfläche für die Solarnutzung hat und dennoch Photovoltaik- und thermische Kollektoren möchte, für den ist der Einsatz von Hybridkollektoren möglich. Hierbei sind Photovoltaikmodul und thermischer Kollektor in einer Platte vereint.

Eine **ÜBERDIMENSIONIERUNG** von Photovoltaikanlagen führt nicht wie bei thermischen Solaranlagen zu unerwünschten Nebeneffekten. Der Stromüberschuss kann entweder in einen Batteriespeicher oder in das Stromnetz eingespeist werden, sofern es keine Einschränkungen durch den Netzbetreiber gibt. Durch einen Batteriespeicher kann man bis zu 70 Prozent des mit der Photovoltaikanlage erzeugten Stroms selbst nutzen.

Viele Anbieter von Photovoltaikanlagen bieten kostenlos eine Ertragssimulation an, was vollauf angebracht ist. Meistens übernehmen sie sogar die komplette Planung auf Kulanz beziehungsweise schreiben die Kosten für die Planung beim Kauf der Anlage gut. Online findet sich unter photovoltaik.one ein Vergleich zu PV-Simulationssoftware mit zum Teil kostenlosen Programmen. Wer es sich zutraut, kann hier eine Wirtschaftlichkeitsbetrachtung oder eine Verschattungssimulation zunächst selbst durchführen. Verschiedene Hersteller bieten Apps für Planung, Simulation und Controlling von Photovoltaik- und Solaranlagen an. Vor der Ausführung sollte jedoch ein Fachbetrieb die Ergebnisse prüfen und eine fachgerechte Planung durchführen.

Nähere Informationen zu diesem Thema finden Sie überdies im Ratgeber „Photovoltaik und Batteriespeicher" der Stiftung Warentest.

Energiemanagementsystem nutzen

Die nebenstehende Abbildung verdeutlicht, wie über ein Energiemanagementsystem

(EMS) alle elektrischen Geräte im Eigenheim mit der Photovoltaikanlage und dem öffentlichen Netz koordiniert werden können. Das Energiemanagementsystem sorgt für eine optimale Verteilung, Steuerung und effiziente Nutzung der Energie aus der eigenen Photovoltaikanlage für die Wärmepumpe und die anderen elektrischen Geräte im Haus. So lässt sich etwa der Eigenverbrauch des Photovoltaikstroms optimieren, indem die Warmwassertemperatur oder die Temperatur im Heizwasserpufferspeicher bei PV-Überschuss automatisch überhöht wird beziehungsweise der Batteriespeicher oder die Batterie des Autos perfekt geladen werden. Über eine einheitliche Kommunikationsschnittstelle EEBUS können nicht nur Daten zwischen PV-Anlage, Wärmepumpe und Batteriespeicher, sondern auch von Lüftungssystemen, Waschmaschinen und anderen Haushaltsgeräten ausgetauscht und zielgerichtet koordiniert werden. Achten Sie deshalb bei Angeboten für Photovoltaikanlagen, Wärmepumpen und andere angeschlossene elektrische Geräte darauf, dass sie EEBUS-fähig sind.

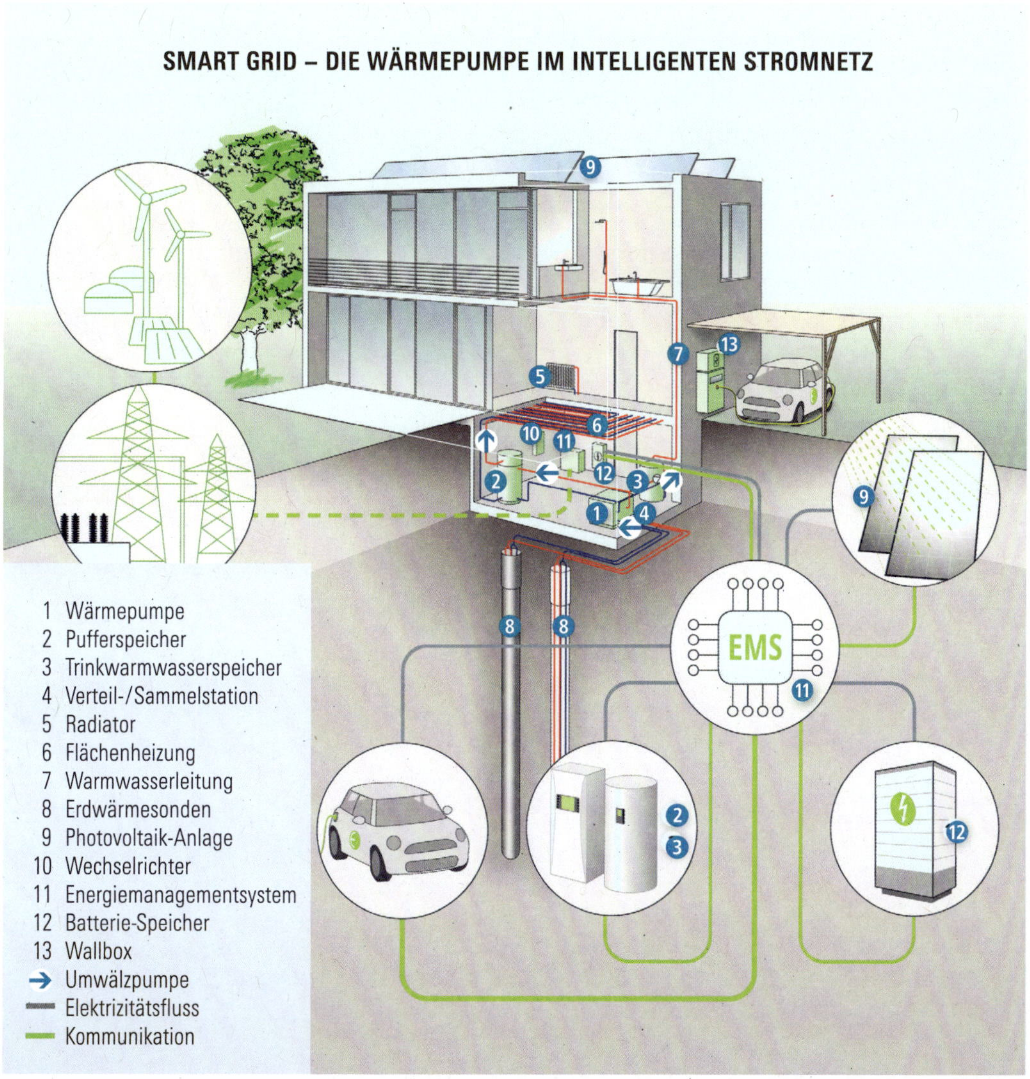

Wärmepumpe und Photovoltaik – eine optimale Ergänzung

→ **Heizflächen für Wärmepumpen:** Je geringer die Temperaturdifferenz zwischen Wärmequelle und Wärmesenke, desto effizienter arbeitet die Wärmepumpe. Flächenheizungen mit niedrigen Vor- und Rücklauftemperaturen sind besonders geeignet.

WAS ERFAHRE ICH?

Flächenheizungen

Bei Gas- und Ölheizungen wurden Flächenheizungen früher mit Vor- und Rücklauftemperaturen (VL/RL) von 45/38 Grad Celsius geplant, bei Wärmepumpen im Neubau werden meist Vor- und Rücklauftemperaturen von 35/28 Grad Celsius vorgesehen. Wenn Gebäude im Bestand mit Flächenheizungen nachgerüstet werden, kann es sein, dass Vor- und Rücklauftemperaturen von 35/28 Grad Celsius nicht ausreichen, um den Wärmebedarf einzelner Räume abzudecken. Dann besteht die Möglichkeit, den restlichen Wärmebedarf durch zusätzliche Heizflächen abzudecken oder die Auslegungstemperaturen auf 40/30 Grad Celsius, notfalls auf 45/38 Grad Celsius zu erhöhen. Wirtschaftlicher ist auf alle Fälle die Vergrößerung der Heizflächen.

Welche Heizflächen sich für eine Wärmepumpenanlage besonders eignen, ist eine der am häufigsten gestellten Fragen. Die einfachste Antwort darauf wäre, dass sämtliche mit niedrigen Vorlauftemperaturen arbeitenden Heizflächen besonders prädestiniert sind. Besser ist es jedoch, die Vor- und Nachteile der einzelnen Arten zu kennen und abzuwägen, welche Vorzüge für den Benutzer am vorteilhaftesten sind.

FUSSBODENHEIZUNG

Die konventionelle Fußbodenheizung ist die wohl bekannteste Flächenheizung und hat Gesamtaufbauhöhen, die je nach Angrenzung an das Erdreich, beheizte oder unbeheizte Räume im Durchschnitt zwischen 100 und 160 Millimetern liegen. Sie wird vorrangig im Neubau eingesetzt und sollte möglichst auf Vor- und Rücklauftemperaturen von 35/28 Grad Celsius ausgelegt werden.

Bevor jedoch die Vor- und Nachteile dieses Systems erläutert werden, gilt es, einen großen Irrtum, dem viele Menschen unterliegen, aufzuklären: Der Begriff Fußbodenheizung führt häufig zu der Annahme, dass der Fußboden immer warm sein muss. Dabei ist das Hauptkriterium auch einer Fußbodenheizung die Einhaltung der gewünschten Raumtemperatur. Das bedeutet: Wird die Raumsolltemperatur erreicht, gibt der Raumregler den elektromagnetischen Stellantrieben das Signal zum Zufahren. Das Heizwasser in den Heizkreisen der Fußbodenheizung hört auf zu zirkulieren, und die Fußbodentemperatur beginnt zu fallen. Sinkt die Raumtemperatur unter die sogenannte Schalthysterese (Differenz zwischen Ein- und Ausschaltpunkt sich annähernder beziehungsweise wieder entfernender Werte, die den Schaltvorgang auslösen), erfolgt das Signal, elektrische oder thermische Stellantriebe aufzufahren, und die Heizkreise werden wieder durchströmt.

Nach Paragraf 63 GEG müssen Räume mit Fußbodenheizung über 6 Quadratmeter mit einer **EINZELRAUMREGELUNG (EER)** ausgerüstet werden. Da ständige Ein- und Ausschaltvorgänge bei Wärmepumpen kontraproduktiv sein können, ist im Einzelfall zu prüfen, ob dafür beim Bauamt ein begründeter Antrag für eine Ausnahmeregelung gestellt werden sollte. Bei einer konventionellen Fußbodenheizung mit 65 Millimetern Heizestrich reagiert das ganze System jedoch relativ träge, und man bekommt diese Vorgänge kaum mit. Wird dem Raum in der Zeit geschlossener Heizkreise anderweitig Wärme zugeführt (Sonnenstrahlung, Kamin, Licht oder andere innere Wärmequellen), so bleiben die Heizkreise weiter geschlossen und der Fußboden kühlt aus, obwohl die Raumsolltemperatur erreicht oder sogar überschritten ist. Dies veranlasst manch einen Betreiber, den Heizungsbauer anzurufen und einen Mangel anzuzeigen, den es eigentlich gar nicht gibt. Aber auch dafür gibt es Lösungen, die Abhilfe schaffen oder zumindest das Problem ein wenig abmildern. Die einfachste: einen oder mehrere Heizkreise ungeregelt zu lassen. Das kann allerdings zu einer Übertemperierung und zu höheren Heizkosten führen. Eine andere Alternative kann im Einsatz von Stetigreglern oder Regelsystemen mit Bypässen für die Erhaltung einer Grundtemperatur im Fußboden liegen.

Eine konventionelle Fußbodenheizung besteht meistens aus der Unter- respektive Zusatzdämmung von 20 bis 80 Millimetern, einer Tacker- oder Noppenplatte – zur sicheren Verlegung der Leitungen – von 20 bis 35 Millimetern Höhe, dem zwischen 14 und 17 Millimetern hohen Heizrohr selbst, dem Heizestrich von 65 Millimetern Höhe und dem 10 bis 15 Millimeter hohen Belag. Die gesamte Aufbauhöhe kann unter Umständen also an die 20 Zentimeter heranreichen.

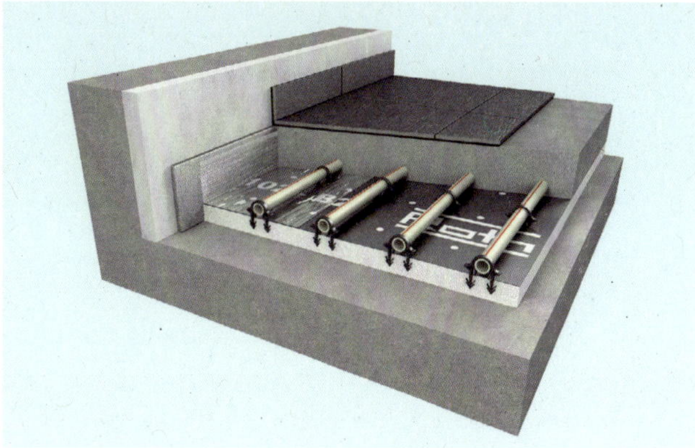

Der Aufbau eines sogenannten Nasssystems für eine Fußbodenheizung

Bei der Verlegung der Dämmung ist darauf zu achten, dass Rohre oder Kabel auf dem Fußboden mit gebundener Schüttung ausgeglichen werden. Wichtig ist außerdem, dass bei hoher Zusatzdämmung die Druckfestigkeit der Materialien beachtet wird, damit es später nicht zu Setzungserscheinungen mit Abriss der Fugen kommt. Darüber hinaus sollte berücksichtigt werden, dass Dämm- und Trägerplatten die laut Bauteileliste ausgewiesenen Lambda-Werte haben und gut untereinander und mit dem Randdämmstreifen verklebt werden. Wird hier nicht umsichtig gearbeitet, kann es passieren, dass Fließestrich unter die Dämmung beziehungsweise durch die Decke dringt.

Um eine gleichmäßige Temperaturverteilung zu erzielen, sollten die Heizrohre als Schnecke im Gegenstromprinzip verlegt werden. Grundsätzlich sind die Heizkreise mit einer entsprechenden Planungssoftware auszulegen. Dabei sind unbedingt die geplanten Fußbodenbeläge zu berücksichtigen, wobei möglichst solche mit einer guten Wärmeleitfähigkeit verwendet werden sollten. Alle Beläge müssen zudem für die Fußbodenheizung geeignet sein, wobei auf die maximal zulässige Oberflächentemperatur des Belages zu achten ist.

Beim Einsatz von **PARKETT** kann es passieren, dass die Wärmeabgabe mit VL/RL 35/28 Grad Celsius nicht ausreicht, um den Wärmebedarf abzudecken, wenn das Parkett zu dick

Fußbodenheizung mit minimaler Aufbauhöhe von 15 Millimetern ohne Vergussmasse und Belag

ist und einen schlechten Wärmeleitfähigkeitskoeffizienten hat. Eine Erhöhung der Vorlauftemperatur ist in diesem Fall nicht zu empfehlen, da bei der Wärmepumpe je Grad Temperaturerhöhung mit einer Effizienzeinbuße von bis zu 2,5 Prozent gerechnet werden muss. Besser ist es, entweder auf andere Beläge auszuweichen oder zusätzliche Heizflächen an Wand oder Decke anzubringen. Die Einbringung großer, dicker Teppiche ist ebenfalls bei der Planung der Fußbodenheizung zu berücksichtigen. Die Hinweise hinsichtlich der Beläge gelten bei der Auslegung sowohl für Neubauten als auch für Bestandsgebäude.

Für eine **NACHRÜSTUNG IM BESTAND** auf vorhandenen Fußböden gibt es viele verschiedene Sanierungssysteme mit niedrigem Gesamtaufbau. Besonders niedrige Lösungen können einschließlich Vergussmasse und Flie-

PLANUNGSRICHTWERTE

für vollflächig geklebte Bodenbeläge auf Flächenheizungen

Bodenbelagsmaterial	Dicke in mm	Wärmeleitfähigkeit in W/(mK)	Wärmedurchlasswiderstand R,B in m²K/W
Keramische Fliesen	13	1,05	0,012
Marmor	12	2,81	0,0042
Natursteinplatten	12	1,2	0,01
Betonwerkstein	12	2,1	0,0057
Teppichböden			0,05–0,15
Nadelvlies	6,5	0,54	0,012
Linoleum	2,5	0,17	0,015
VinylClick-Belag	5	0,25	0,02
PVC-Beläge oder Träger	2	0,2	0,01
Mosaikparkett (Eiche)	8	0,21	0,038
Stab-Parkett (Eiche)	16	0,21	0,08
	22	0,21	0,11
Mehrschichtparkett	11–14	0,09–0,12	0,09–0,15
Laminat	9	0,17	0,05

Quelle: Bundesverband Flächenheizungen und Flächenkühlungen e. V. (BVF)

senbelag mit einer Aufbauhöhe von nur 27 Millimetern aufwarten (siehe Abbildung Seite 54). Meistens sind Sanierungslösungen etwas teurer als konventionelle Systeme. Bei Vergleichen müssen die Estricharten und -höhen sowie die Aufheiz- und Austrocknungszeiten einbezogen werden. Während Zementestrich erst nach 21 Tagen aufgeheizt werden kann, sind bestimmte Vergussmassen am nächsten Tag begeh- und innerhalb weniger Tage aufheizbar.

DECKENHEIZUNG

Zunehmender Beliebtheit erfreuen sich Deckensysteme zum Heizen und Kühlen, vor allem bei reversiblen Wärmepumpen und passiver Kühlung über Erdsonden. Die Kühlung über die Decke hat den Vorteil, dass eine höhere Kühlleistung übertragen werden kann, zudem reagiert sie flexibler und ist wesentlich behaglicher als über den Fußboden. Im Neubau kommen in erster Linie Systeme zum Einsatz, die verputzt werden. Für Bestandsgebäude eignen sich eher Trockenbausysteme, bei denen die Rohrleitungen beispielsweise in Gipskartonplatten eingebettet sind (Abbildung rechts). Bei der Kopplung mit Photovoltaikanlagen kann an heißen Tagen besonders preisgünstig gekühlt werden.

WANDHEIZUNG

Wandheizungen stehen Fußboden- und Deckenheizungen in Effektivität und Behaglichkeit nicht nach. Allerdings dürfen die Heizflächen nicht durch Möbel oder andere Gegenstände verstellt werden. Das wirkt sich natürlich auf die Einrichtung der Zimmer aus. Bei der Planung sollte daher genau bedacht werden, wie viel freie Wandfläche, also Heizfläche im jeweiligen Raum tatsächlich zur Verfügung steht.

Prinzipiell können alle Flächenheizungen beliebig kombiniert werden.

Heizkörper

Gemeinhin herrscht die Auffassung, Heizkörper seien generell nicht in Verbindung mit Wärmepumpen geeignet. Doch so pauschal lässt sich das nicht sagen. Ein entscheidendes Kriterium für die Effizienz einer Wärmepumpenanlage ist der Temperaturhub zwischen Wärmequelle und Wärmesenke – sprich den Heizflächen. Als **WÄRMESENKE** versteht man also einen Körper oder Bereich, welcher thermische Energie aufnimmt. Da das Temperaturniveau der Wärmesenke in der Regel niedriger als das der Wärmequelle ist, erfolgt der Wärmestrom ohne Hilfsenergie zur Wärmesenke. Eine Ausnahme stellt hier die Wärmepumpe dar, bei der beispielsweise die Temperatur einer Erdsonde von 2 Grad Celsius mithilfe des Kältekreislaufs auf eine Senkentemperatur von 35 Grad Celsius angehoben wird.

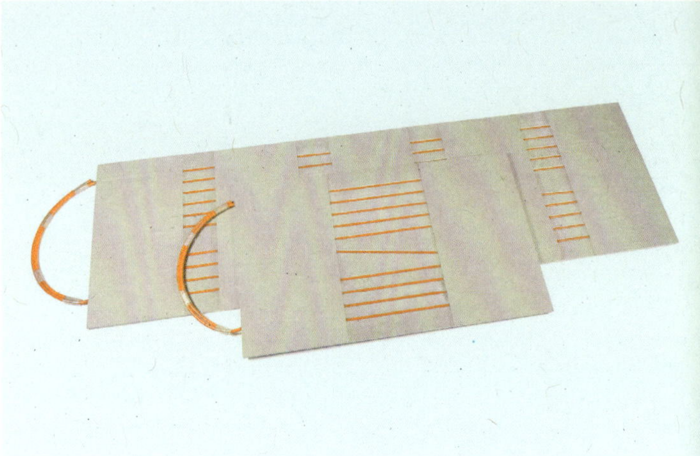

Trockenbausystemplatte zum Heizen und Kühlen für Wand und Decke

Während bei Flächenheizungen die Auslegungstemperaturen zwischen Vor- und Rücklauf im Neubau wie schon erwähnt 35/28 Grad Celsius und im Bestand 45/38 Grad Celsius betragen, wurden Heizkörper bei älteren Anlagen etwa mit Festbrennstoffkesseln auf 90/70 Grad Celsius ausgelegt. Mit der Einführung von Niedertemperaturheizkesseln wurde mit Vor- und Rücklauftemperaturen von 70/55 Grad Celsius geplant, Heizflächen für Brennwertgeräte legte man auf 55/45 oder 50/40 Grad Celsius aus. Letztere Werte kommen der Auslegung einer Fußbodenheizung im Bestand schon sehr nahe.

Im Feldtest des Fraunhofer-Instituts (ISE) für Bestandsgebäude wurden Wärmepumpenanlagen in Einfamilienhäusern mit verschiedenen Heizflächen (nur Fußbodenheizung, Fußbodenheizung kombiniert mit Heizkörpern, nur Heizkörper) näher untersucht. Dabei zeigte sich, dass bei einer mittleren Heizkreistemperatur von 40 Grad Celsius die Jahresarbeitszahlen bei Sole/Wasser-Wärmepumpen bei 3,8

→ Am effizientesten arbeiten Wärmepumpenheizungsanlagen mit Flächenheizungen.

und bei Luft-Wärmepumpen bei 2,8 lagen. Bei einer mittleren Heizkreistemperatur von 50 Grad Celsius wurden bei Sole/Wasser-Wärmepumpen Arbeitszahlen von 3 und bei Luft-Wärmepumpen von 2 registriert.

Jahresarbeitszahlen von mindestens 3,5 waren bei Luft-Wärmepumpen lange eine Förderbedingung des Bafa. Bei höheren Vorlauftemperaturen werden diese Mindestwerte nicht erreicht. Inzwischen wurden die Förderbedingungen so geändert, dass keine rechnerische Jahresarbeitszahl mehr nachgewiesen werden muss, sondern nur noch die Wärmepumpen gefördert werden, die in der Bafa-Liste für effiziente Wärmepumpen enthalten sind.

Als Ergebnis dieser Untersuchungen wurde festgestellt, dass Wärmepumpen mit Vorlauftemperaturen bis 48 Grad Celsius wirtschaftlich arbeiten. Der **WIRTSCHAFTLICHE BETRIEB** einer Wärmepumpe hängt in erster Linie von der Jahresarbeitszahl und der Differenz zwischen dem Strompreis und dem Preis für die anderen Energieträger ab. Bei den bisherigen Energiepreisen lag die Grenze für einen wirtschaftlichen Betrieb bei einer Vorlauftemperatur laut dieser Studie bei 48 Grad Celsius. Durch die ungleiche Preiserhöhung für Strom, Öl und Gas verschiebt sich die Wirtschaftlichkeit einer Anlage auf 55 Grad Celsius und darüber, trotz der schlechteren Arbeitszahlen. Sollten sich die Energiepreise doch wieder einpendeln, wären Wärmepumpenanlagen mit hohen Vorlauftemperaturen wieder unwirtschaftlich. Bei Vorlauftemperaturen bis 55 Grad Celsius sind sie Öl- und Gasheizungen ökologisch immer noch überlegen. Diese Ergebnisse verschieben sich jedoch auf noch höhere Vor- und Rücklauftemperaturen, wenn die Schere zwischen den Kosten für den Wärmepumpenstrom und den Kosten für fossile Energieträger weiter auseinandergeht.

FAZIT: Auch Wärmepumpenheizungen mit Heizkörpern oder Mischsystemen können wirtschaftlich sein. Die Ergebnisse lassen sich weiter **OPTIMIEREN**, wenn Heizkörper mit zu geringer Heizleistung bei niedrigem Vorlauf gezielt entweder vergrößert oder durch Tieftemperaturheizkörper ersetzt werden.

TIEFTEMPERATURHEIZKÖRPER

Tieftemperaturheizkörper haben Lüfter mit geringster Stromaufnahme und einer Temperaturregelung integriert, sodass sie bei etwa gleicher Baugröße wie Plattenheizkörper schon bei sehr niedrigen Vorlauftemperaturen beachtliche Heizleistungen erzielen. Durch die in diesen Heizkörpern enthaltenen Lüfter kann die Wärmeabgabe des Heizkörpers so weit erhöht werden, dass auch mit einer ungefähr 10 Grad Celsius niedrigeren Vorlauftemperatur die gleiche Heizleistung erreicht werden kann. Dies ist jedoch von der Bauart des Heizkörpers und der jeweiligen Lüfterstufe abhängig. Sie sind in Ausführungen zum Heizen und Kühlen erhältlich.

GEBLÄSEKONVEKTOREN

Auch Gebläsekonvektoren können zum Heizen und Kühlen eingesetzt werden. Gebläsekonvektoren geben den überwiegenden Anteil der Wärmeenergie über die Konvektion ab, wobei die Luft als Wärmeträger dient. Hierdurch ist eine schnelle Aufheizung der betreffenden Räume möglich, die Investitionskosten sind relativ gering. Fußboden, Wand- und Deckenheizungen geben die Wärmeenergie weitestgehend in Form von Strahlungswärme ab, was als wesentlich angenehmer empfunden wird (man denke an Kachelöfen oder Heizstrahler), aber teurer ist. Gebläsekonvektoren werden in Wand- oder Decken-, Vor- und Hinterwandausführung angeboten, wozu ein Stroman-

Tieftemperaturheizkörper sind Gebläsekonvektoren zum Heizen oder zum Heizen und Kühlen

schluss von 220 Volt benötigt wird. In der höchsten Lüfterstufe sind die Lüfter allerdings akustisch wahrnehmbar.

WÄRMEÜBERTRAGER

Wärmeübertrager in Lüftungsanlagen und Lufterhitzer, die so ausgelegt sind, dass sie bei niedrigen Vor- und Rücklauftemperaturen ausreichend Wärmeenergie abgeben, sind für den Einsatz bei Wärmepumpen ebenfalls geeignet.

Eine weitere Alternative stellen **ALUMINIUMHEIZKÖRPER** dar, da diese durch die bessere Wärmeleitfähigkeit des Metalls auch bei niedrigen Vorlauftemperaturen eine höhere Wärmeleistung besitzen. In Werkhallen bietet sich alternativ zu Industriefußbodenheizungen die Deckenstrahlplatte an. Hier können schon bei Auslegungstemperaturen von 50/40 Grad Celsius sehr ordentliche Wärmeleistungen erzielt werden.

FAZIT: Alle Heizflächen, Heizkörper, Gebläsekonvektoren, Lufterhitzer und Wärmeübertrager, die auf niedrige Vor- und Rücklauftemperaturen ausgelegt sind, können in Verbindung mit Wärmepumpen Verwendung finden. Am effizientesten arbeiten Wärmepumpenheizungsanlagen mit Flächenheizungen, die auf die tiefstmögliche Vorlauftemperatur ausgelegt sind. Wenn Heizkörper mit niedrigen Vor-/Rücklauftemperaturen eingesetzt werden, sind sie wesentlich größer und/oder wesentlich teurer als etwa Tieftemperaturheizkörper mit Ventilatoren.

Je weiter die Schere zwischen den Kosten für den Wärmepumpenstrom und den fossilen Energieträgern auseinandergeht, umso eher rechnet sich die Wärmepumpe auch bei höheren erforderlichen Vorlauftemperaturen im Bestandsgebäude und geringeren Jahresarbeitszahlen. Trotzdem sollte versucht werden, durch gezielte Maßnahmen **NIEDRIGE VORLAUFTEMPERATUREN** zu erreichen.

Gezielte Maßnahmen können die Vergrößerung von Heizkörpern, der Tausch gegen Tieftemperaturheizkörper oder die Nachrüstung von Flächenheizungen sein. Meistens reicht es, solche Maßnahmen nur für wenige Räume zu (Wohnzimmer, Küche, Bad) durchzuführen.

→ **Kühlen mit Wärmepumpen:** Das kann sonst keine Heizung: an heißen Sommertagen die Wohnung kühlen. Dafür lässt sich die Funktion einfach „umdrehen" – die Kosten sind in der Regel überschaubar.

WAS ERFAHRE ICH?

Um Missverständnissen vorzubeugen, sollen im Folgenden zunächst ein paar grundsätzliche Punkte zum Thema erläutert werden. An Kühlung und Klimatisierung werden in vielen Fällen die gleichen Erwartungen gestellt. Dabei bedeutet die Kühlung mit Wärmepumpen lediglich das Absenken der Raumtemperatur, ohne dabei die Luftfeuchtigkeit auf einem konstanten Niveau zu halten. Mit Klimaanlagen hingegen lassen sich die Raumtemperatur und die Luftfeuchtigkeit in den gewünschten Grenzen halten.

Die Begriffe passive und aktive Kühlung beziehen sich dabei auf die Art und Technik, mit denen die Raumtemperatur abgesenkt wird. Die Begriffe stille und dynamische Kühlung wiederum bezeichnen die Arten der Wärmeübertragerflächen, mit denen die Temperaturabsenkung erzielt wird (Heiz- beziehungsweise Kühlflächen und Ventilatoren).

Um bezüglich der Kühlfunktion die richtige Entscheidung treffen zu können, sollte man sich mit den verschiedenen Möglichkeiten vertraut machen und Vor- und Nachteile gegeneinander abwägen.

Passive Kühlung

Die passive Kühlung, auch als Natural Cooling bezeichnet, ist die **EFFIZIENTERE ART** des Kühlens mit Wärmepumpen und nur mit Erdsonden, Grundwasser und Eisspeicher möglich. Bei der passiven Kühlung ist im Gegensatz zur aktiven Kühlung (Active Cooling) der Verdichter nicht in Betrieb. Bei der passiven Kühlung über Erdsonden wird die über die Heizflächen (Flächenheizungen oder Tieftemperaturheizköper mit Kondensatwanne) aufgenommene Wärmeenergie mithilfe eines Wärmeübertragers an den Solekreislauf übertragen und über die Erdsonde an den Untergrund abgegeben. Die Sole geht etwa mit 13 Grad Celsius in die Erde und tritt mit 10 Grad Celsius wieder aus. Dabei sind lediglich die Sole- und die Heizungspumpe in Betrieb. Da die Temperaturen der Sole oder des Brunnenwassers im Sommer meistens zwischen 7 bis 12 Grad Celsius betragen, müssen diese Bauteile und Rohre **DIFFUSIONSDICHT ISOLIERT** werden, damit sich kein Kondensat bildet.

Früher waren die Bauteile für die passive Kühlung bei vielen Herstellern in den Wärmepumpen integriert. Später ging man jedoch dazu über, **SEPARATE KÜHLSTATIONEN** zu liefern, die außen neben der Wärmepumpe installiert werden. Da diese Kühlstationen relativ groß sind, ist der erforderliche Platz bei der

Planung vorzusehen. Beim Austausch von Wärmepumpen mit integrierter Kühlung gegen neuere, effizientere Geräte kann das mitunter zum Problem werden.

Da bei der passiven Kühlung in der Regel nur Umwälzpumpen und Regler in Betrieb sind, bleiben die Stromkosten entsprechend niedrig. Bei Erdsonden trägt die passive Kühlung auch zur Regenerierung der Sonden bei. Hier muss aber unter Umständen damit gerechnet werden, dass sich bei sehr langen Hitzeperioden die Kühlleistung der Sonden oder Brunnen durch Temperaturanstieg verringern kann.

Aktive Kühlung

Die aktive Kühlung erfolgt bei Wärmepumpen in der Regel nach dem Prinzip der Kreislaufumkehrung: Über ein Vier-Wege-Umschaltventil wird der Kältekreislauf so umgekehrt, dass der Verdampfer als Verflüssiger agiert und der Verflüssiger die Funktion des Verdampfers übernimmt.

Die Luft-Wärmepumpe arbeitet somit als Kältemaschine. Luft-Wärmepumpen, die sowohl heizen als auch kühlen können, werden auch als **REVERSIBLE WÄRMEPUMPEN** bezeichnet. Beim Kühlen muss somit der Verdichter laufen, wodurch entsprechende Stromkosten anfallen. Etwas anders verhält es sich bei den Wärmepumpenanlagen, die mit einer Photovoltaikanlage kombiniert sind, weil hier durch den selbst genutzten Strom der Photovoltaikanlage keine separaten Kosten anfallen.

STILLE KÜHLUNG

Zunächst sollte man sich darüber klar werden, wie weit man die Raumtemperaturen absenken möchte und welche Räume dafür infrage kommen. Viele Menschen empfinden es schon als ausreichend, wenn im Hochsommer die Temperaturen in den Räumen gegenüber der Außentemperatur um zwei bis drei Grad abgesenkt werden. Dies wird umgangssprachlich auch als Temperierung bezeichnet. Sie lässt sich mit der sogenannten **STILLEN ODER STATISCHEN KÜHLUNG** erreichen, für die sich Flächenheizungen als Kühlflächen sehr gut eignen. Dabei muss jedoch beachtet werden, dass die Temperatur der Kühlfläche nicht unter die Taupunkttemperatur fällt, da sonst der in der Luft enthaltene Wasserdampf kondensiert und es zu Feuchteschäden kommen könnte. Mit einem **FEUCHTEFÜHLER** lässt sich dies überwachen, oder man begrenzt am Wärmepumpenregler die minimale Vorlauftemperatur so, dass der Taupunkt nicht unterschritten werden kann.

Ein kühler Fußboden ist nicht unbedingt jedermanns Sache. Die bessere Lösung sind daher zum Heizen und Kühlen geeignete

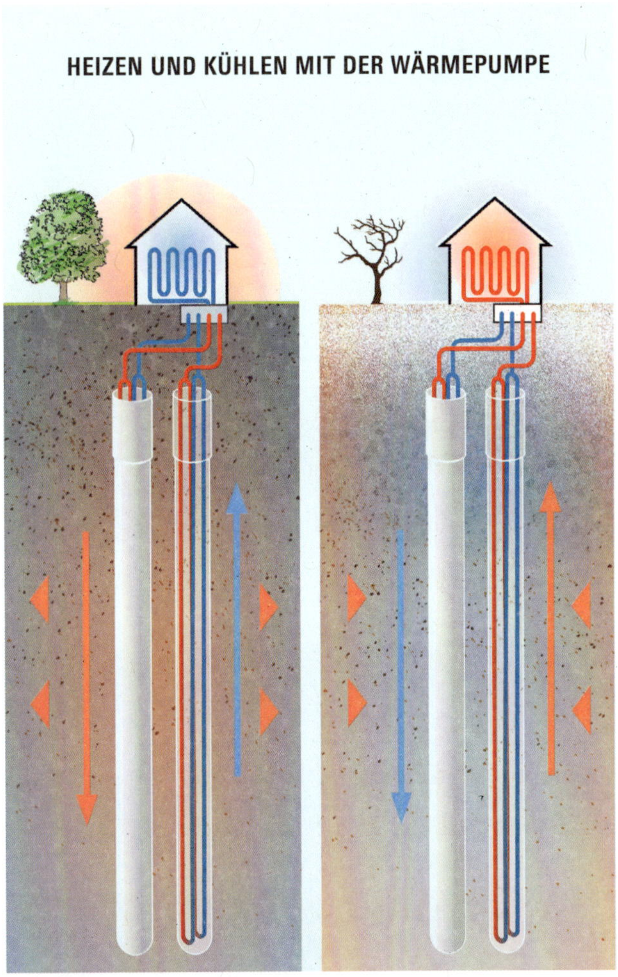

Funktionsprinzip des Heizens und der passiven Kühlung mit Erdsonden

Deckenheizungssysteme, da kalte Luft bekanntlich nach unten fällt. Ebenfalls möglich: in ein und demselben Raum eine Fußbodenheizung und eine Kühldecke zu installieren.

DYNAMISCHE KÜHLUNG

Wem eine Absenkung der Raumtemperatur um 2 bis 3 Grad Celsius nicht genügt, muss eine **DYNAMISCHE KÜHLUNG** in Betracht ziehen. Man sollte jedoch bedenken, dass eine zu große Absenkung der Temperaturen zu Unterkühlung und in der Folge zu Erkältungen führen kann. Diese Erfahrung hat bestimmt jeder schon mit der Klimaanlage im Auto, Zug oder Flugzeug gemacht. Zusätzlich gilt es zu berücksichtigen, dass Lüfter bei hohen Drehzahlen Geräusche verursachen.

Die dynamische Kühlung erfolgt mithilfe von Tieftemperaturheizkörpern zum Heizen und Kühlen, mit Gebläsekonvektoren mit Heiz- und Kühlfunktion oder mit Lüftungsgeräten. Da hier je nach Kühlleistung der aktiven oder passiven Kälteerzeugung und der Auslegung der Konvektoren und Wärmeübertrager die Raumtemperaturen auch leicht um 4 bis 6 oder mehr Grad Celsius abgesenkt werden können, benötigen alle diese Geräte neben einem Stromanschluss einen Anschluss an eine **ENTWÄSSERUNG**, über die das in der Wanne aufgefangene Kondensat abgeleitet werden kann.

Zu beachten ist ein Nebeneffekt der dynamischen Kühlung: Die Raumluft wird gleichzeitig mehr oder weniger entfeuchtet. Gegebenenfalls muss die gewünschte relative **LUFTFEUCHTIGKEIT** durch entsprechende Befeuchtungsmöglichkeiten wiederhergestellt werden.

Platzierung der Geräte

Werden Aufputzgeräte als störend empfunden, können Hinterwandgeräte zum Beispiel in Nebenräumen an Wand oder Decke installiert werden. Die Absaugung der warmen Luft und die Zuführung der abgekühlten Luft erfolgen dann über Kanäle, Wanddurchbrüche und optisch ansprechende Lüftungsgitter. Eine weitere interessante Möglichkeit zur Unterbringung dieser Geräte ist die Installation in einer abgehängten Decke im Flur. Die Lüftungsöffnungen und Gitter können dann zum Beispiel über dem Türsturz angebracht werden. Zwei zusammenhängende Räume können auch mit einem Gerät unter der Decke im Flur gekühlt werden, wenn aus einem Raum abgesaugt wird, sich in der Zwischenwand eine Überströmöffnung befindet und dem anderen Raum die abgekühlte Luft zugeführt wird. Wenn das Gerät beispielsweise im Flur unter der Decke angeordnet ist, kann eine Zuluftöffnung zu Kinderzimmer 1 und eine Abluftöffnung zum Kinderzimmer 2 ausgeführt werden. Wenn dann in der Wand zwischen den beiden Kinderzimmern eine Überströmöffnung eingebaut wird, lassen sich beide Zimmer durch einen Deckenkonvektor kühlen.

Weitere Bedingungen

Die Auswahl aller für die Kühlung benötigten Geräte sollte auf Basis einer **KÜHLLASTBERECHNUNG** erfolgen. Dabei entspricht die Kühlastberechnung nicht direkt der Wärmebedarfsberechnung. In der Kühllastberechnung werden zum Beispiel Sonnenschutzmaßnahmen wie innere oder äußere Verschattung mit Jalousien und innere thermische Lasten durch elektrische Haushaltsgeräte einbezogen. Vereinfachte Verfahren können über die Fenster und Wandflächen mithilfe von Herstellerprogrammen durchgeführt werden.

Werden reversible Luft-Wärmepumpen für die Kühlung verwendet, ist zusätzlich Schallausbreitung auf sich in der Nähe befindliche Balkone und Terrassen zu berücksichtigen.

Wird die Wärmepumpenanlage mit einem **PUFFERSPEICHER** ausgestattet, so ist entweder ein Kältespeicher einzusetzen, oder der Heizungspufferspeicher ist mithilfe von Drei-Wege-Umschaltventilen zu umfahren.

→ Warmwasserbereitung mit Wärmepumpen: Für die Warmwasserbereitung kommen verschiedene Systemvarianten infrage. In jedem Fall sind bei der Trinkwassererwärmung aus hygienischen Gründen eine Reihe von Vorschriften zu beachten.

WAS ERFAHRE ICH?

Generell müssen bei der Warmwasserbereitung mit Wärmepumpen folgende Aspekte berücksichtigt werden:

- → Erfüllung der hygienischen Anforderungen
- → Energieeffizienz
- → Komfortansprüche

Nach der Trinkwasserverordnung – TrinkwV (Verordnung über die Qualität von Wasser für den menschlichen Gebrauch) – ist der Betreiber einer Trinkwasserversorgungsanlage dafür verantwortlich, dass durch das Trinkwasser keine Krankheitserreger in schädigenden Konzentrationen verteilt werden.

Wer eine Wärmepumpenanlage mit Warmwasserbereitung betreibt, sollte wissen, dass bei Wasserversorgungsanlagen in Klein- und Großanlagen unterschieden wird. Zur Definition von Klein- und Großanlagen wird die Drei-Liter-Regel Regel und die Speichergröße ≥ 400 Liter aus dem DVGW-Arbeitsblatt W 551 (aus dem Regelwerk des Deutschen Vereins des Gas- und Wasserfaches e. V.) herangezogen. Für Ein- und Zweifamilienhäuser gilt das nicht.

KLEINANLAGEN sind Anlagen zur **EIGENVERSORGUNG** und Anlagen einschließlich der dazugehörigen Wassergewinnungsanlagen und der dazugehörigen Trinkwasserinstallation, aus denen pro Tag weniger als 10 Kubikmeter Wasser zur eigenen Nutzung entnommen werden.

Beträgt der Inhalt des Warmwasserspeichers über 400 Liter und/oder ist der Wasserinhalt der Trinkwasserleitung vom Warmwasserspeicher bis zur Zapfstelle (Armatur) größer als drei Liter, dann spricht man von einer **GROSSANLAGE**. Der Rohrinhalt von Trinkwasserleitungen pro Meter und dem entsprechenden Durchmesser der Rohrleitung wird in Tabellen angegeben.

Werden in Ein -und Zweifamilienhäusern aufgrund des Warmwasserbedarfs Trinkwarmwasserspeicher über 400 Liter Inhalt verbaut, wird empfohlen, die Anlage **NACH DEN VORGABEN FÜR EINE GROSSANLAGE** zu betreiben.

Gesetzliche Vorgaben

Für die Trinkwassererwärmung mit Wärmepumpen ist die Unterscheidung nach Klein- und Großanlagen deshalb von Bedeutung, da bei Großanlagen die Temperatur des Trinkwassers von 60 Grad Celsius dauerhaft eingehalten werden muss, die Warmwassertemperatur im gesamten Zirkulationssystem 55 Grad Celsius nicht unterschreiten darf und nach DIN 1988–200, 3.6 die Betriebstemperatur 30 Sekunden nach vollem Öffnen der Entnahmestelle mindestens 55 Grad Celsius erreichen muss. Dies stellt für die Wärmepumpenanlage eine besonders hohe Herausforderung dar und ist bei der Auswahl und Planung der Trinkwassererwärmungsanlage zu berücksichtigen. Dabei gilt es, eine hundertprozentige Erfüllung der **HYGIENEANFORDERUNGEN** und die Effizienz einer Wärmepumpenanlage mit Trinkwassererwärmung bestmöglich in Einklang zu bringen.

→ Der Temperaturhub ist bei der Warmwasserbereitung wesentlich höher als im Heizbetrieb.

Bei Kleinanlagen wird ebenfalls eine Trinkwarmwassertemperatur von 60 Grad Celsius empfohlen, jedoch nicht gefordert. Eine Trinkwarmwassertemperatur von 50 Grad Celsius sollte jedoch nicht unterschritten werden, da ansonsten ein vermehrtes Legionellenwachstum eintreten kann. Wird längere Zeit, zum Beispiel wegen Urlaubs oder anderer längerer Abwesenheiten, kein warmes Wasser entnommen werden, sollte die **LEGIONELLENSCHALTUNG** zur Erwärmung des Trinkwassers auf ≥ 60 Grad Celsius aktiviert werden.

Alle Anforderungen an die Trinkwasserqualität müssen auch bei Kleinanlagen eingehalten werden. Wenn Rohrleitungen mit einem Wasserinhalt von mehr als drei Litern zwischen dem Warmwasseraustritt aus dem Trinkwassererwärmer und der Entnahmestelle bestehen, ist eine Zirkulationsanlage einzubauen.

Zentrale und dezentrale Trinkwassererwärmung

Die Effizienz einer Wärmepumpenanlage wird hauptsächlich durch den Temperaturhub zwischen Wärmequelle und Wärmesenke (Vorlauftemperatur der Heizflüssigkeit, auf die die Wärmepumpe anheben muss) charakterisiert. Der Temperaturhub ist bei der Warmwasserbereitung wesentlich höher als im Heizbetrieb und kann mit verschiedenen Systemen erreicht werden, die im Folgenden vorgestellt werden.

Die infrage kommenden Arten werden unterschieden nach zentraler und dezentraler Warmwasserbereitung. Die **ZENTRALE WARMWASSERBEREITUNG** erfolgt über einen zentral angeordneten Warmwasserbereiter, von dem die einzelnen Entnahmestellen in der Regel über ein Verteilersystem und eine Zirkulation versorgt werden. Bei der **DEZENTRALEN WARMWASSERERWÄRMUNG** erfolgt die Aufbereitung unmittelbar vor Ort, sodass lange Leitungswege und eine Zirkulation meistens entfallen.

In den meisten Speichern ist für die Temperaturerhöhung auf 60 Grad Celsius ein **ELEKTROHEIZEINSATZ** integriert oder nachgeschaltet. Die Heizstäbe können je nach Ausführung auch für die Legionellenschaltung, für eventuelle Leistungsspitzen, für die PV-Stromnutzung oder als Störreserve verwendet werden; ehe in der heutigen Zeit bei einer Störung ein Kundendiensttechniker kommt, können Tage bis Wochen vergehen, weshalb in dieser Zeit über den Heizstab ein Notbetrieb erfolgen kann.

Da die Anwendung der Elektroheizeinsätze die Arbeitszahl drastisch reduzieren kann, ist unbedingt darauf zu achten, dass sie nicht unkontrolliert oder unnötig betrieben werden (etwa bei falscher Einstellung oder Störungen im Regler).

Für die **BEMESSUNG DER SPEICHER** sollte vom Installateur oder Haustechnikplaner eine Bedarfsermittlung vorgenommen werden. Hierbei müssen unter anderem die Anzahl der Personen, der Tagesbedarf, der Spitzenbedarf, die Sanitärausstattung, die Komfortansprüche und die zur Verfügung stehende Heizleistung berücksichtigt werden. Dabei gilt der Grundsatz, dass Trinkwassererwärmungsanlagen dem Bedarf an erwärmtem Trinkwasser entsprechend den allgemeinen anerkannten Regeln der Technik nach so klein wie möglich und so groß wie nötig auszulegen sind. Siehe auch „Entscheidungshilfe TWE", Seite 200.

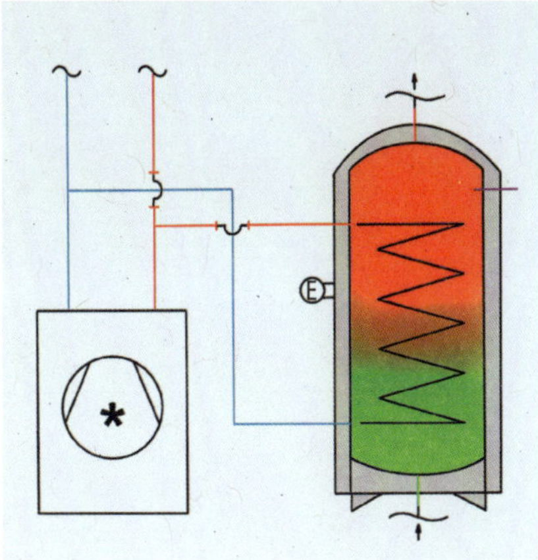

Hochtemperatur-Wärmepumpe mit nebenstehendem Trinkwarmwasserspeicher

Indirekt beheizter Warmwasserspeicher

Die Warmwassererzeugung mit einem indirekt beheizten Warmwasserspeicher ist die wohl am häufigsten eingesetzte Variante.

Bei dieser Variante kann zur Nachheizung auf 60 Grad Celsius (Legionellenschaltung) entweder ein Elektroheizstab im Warmwasserspeicher oder in der Wärmepumpe integriert werden. Die Betriebsstunden des Elektroheizstabs sind regelmäßig zu kontrollieren.

Indirekt beheizte Warmwasserspeicher gibt es in verschiedenen Bauarten. Die meisten Warmwasserspeicher werden über einen **ROHRBÜNDELWÄRMEÜBERTRAGER**, der sich im unteren Bereich des Speichers befindet, indirekt über das Heizwasser beheizt. Es gibt auch Ausführungen, bei denen der Speicher doppelwandig ausgeführt wird (Speicher im Speicher) und die Wärmeübertragung über die Außenwand des innen liegenden Speichers erfolgt. Die zur Verfügung stehende Wärmeübertragerfläche sollte so bemessen sein, dass die von der Wärmepumpe bereitgestellte Heizleistung übertragen werden kann, ansonsten kann es passieren, dass die Wärmepumpe in Hochdruckstörung (HD-Fehlermeldung) geht. Die benötigte und vorhandene Wärmeübertragerfläche kann den technischen Datenblättern entnommen werden, doch die Hersteller geben in den Planungsunterlagen an, welche Wärmepumpe zu welchen Speichern passt.

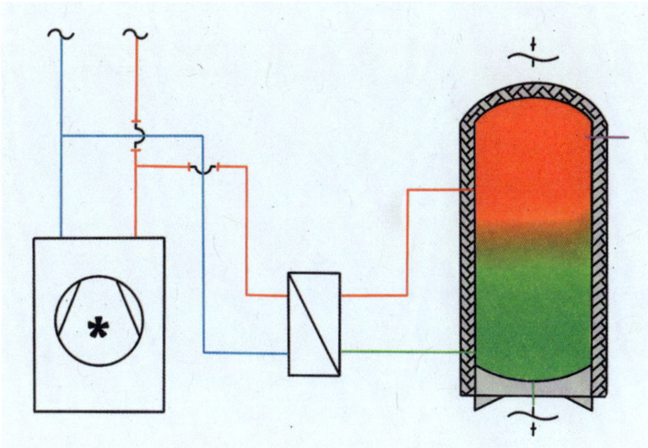

Hochtemperatur-Wärmepumpe mit Speicherladesystem

Bei **ON/OFF-WÄRMEPUMPEN** sollte deshalb generell ein neuer passender Speicher eingesetzt werden. Bei **INVERTERGEFÜHRTEN WÄRMEPUMPEN** ist die Nutzung eines vorhandenen Warmwasserspeichers bei passender Heizfläche möglich. Aufgrund etwaiger Verunreinigungen und Schlammabsetzung ist es aber auf jeden Fall besser, einen neuen, auf die Wärmepumpe abgestimmten Warmwasserspeicher einzusetzen.

WARMWASSERSPEICHER AUS EDELSTAHl sind ein ganzes Stück teurer als Speicher mit emaillierter Innenbeschichtung und Opferanode (dient dem Korrosionsschutz des Speichers und muss regelmäßig kontrolliert und nach Verbrauch erneuert werden). Dafür haben

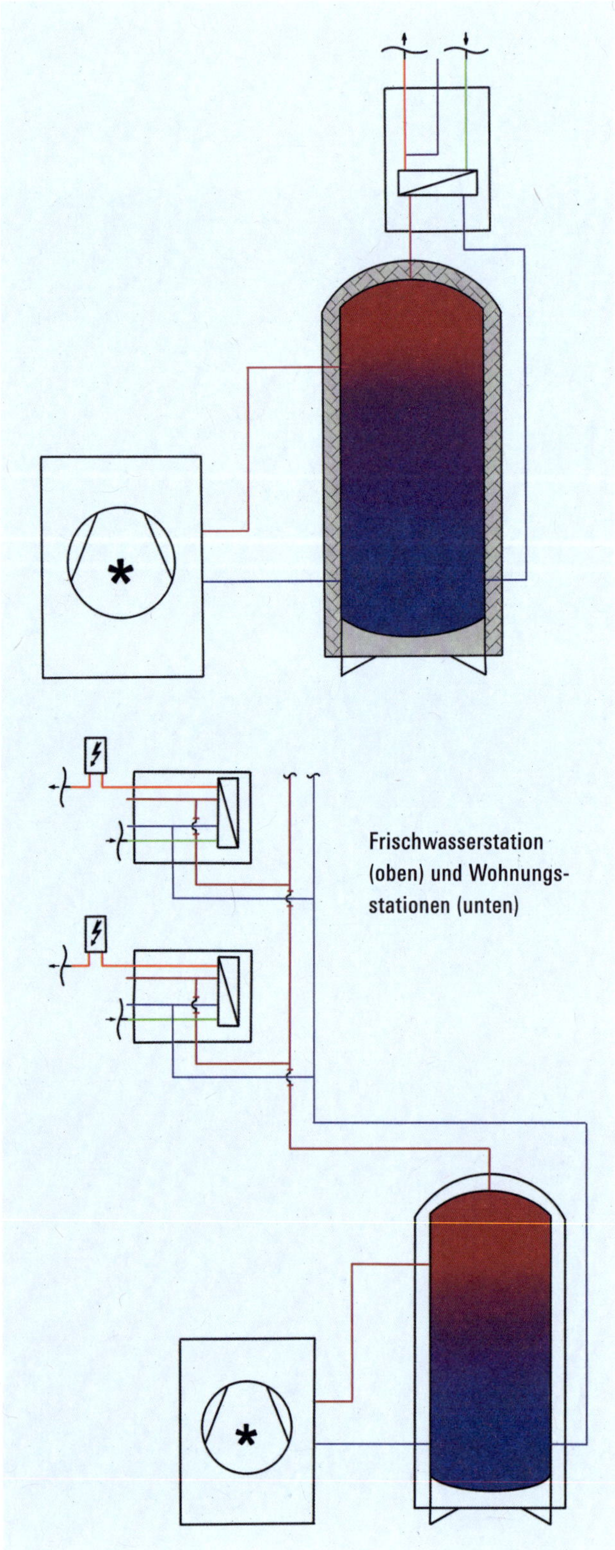

Frischwasserstation (oben) und Wohnungsstationen (unten)

sie eine höhere Lebensdauer und sind wartungsarm. Meistens sind indirekt beheizte Speicher zusätzlich mit einer Elektroheizpatrone für das Nachheizen mit der Legionellenschaltung auf 60 Grad Celsius ausgestattet. Falls bei hohen Zapfmengen die Warmwassertemperatur zu weit abfällt, können auch **ELEKTRISCHE DURCHLAUFERHITZER**, welche auf höhere Wassereintrittstemperauren ausgelegt sind, am Speicheraustritt nachgeschaltet werden. Das stellt auch unter energetischen Gesichtspunkten eine sinnvollere Variante dar, als die Wärmepumpe zu überdimensionieren.

Trinkwarmwasser – Speicherladesystem

Im Unterschied zum indirekt beheizten Speicher befindet sich beim Speicherladesystem der Wärmeübertrager außen am Speicher. Dadurch ist es möglich, den Wärmeübertrager auch auf höhere Heizleistungen auszulegen. Im mit Trinkwasser gefüllten Speicher können sich keine Ablagerungen auf einem Wärmeübertrager absetzen. Ein Nachteil ist, dass eine zusätzliche, für Trinkwasser geeignete Umwälzpumpe benötigt wird.

Pufferspeicher mit Frischwasserstation

Während der indirekt beheizte Warmwasserspeicher mit Trinkwasser befüllt ist, befindet sich im Pufferspeicher Heizungswasser. In der Frischwasserstation wird das Heizungswasser aus dem oberen Teil des Pufferspeichers in einem Plattenwärmeübertrager im Gegenstromprinzip am Trinkwasser vorbeigeführt.

Entweder wird eine zentrale Frischwasserstation unmittelbar am Pufferspeicher installiert, oder es kommt je Wohnung dezentral eine Frischwasserstation (**WOHNUNGSWASSERSTATION**) zum Einsatz. Hier ist bezüglich der Effizienz das Vierleitersystem zu bevorzugen.

Da die Warmwasserbereitung im Durchflussprinzip erfolgt, kann es vorkommen, dass bei der Entfernung einer Zapfstelle von mehr als drei Litern Rohrinhalt die Trinkwarmwassertemperatur nicht den Anforderungen entspricht. Abhilfe kann hier eine Frischwasserstation mit integriertem **ELEKTRODURCHLAUFERHITZER** schaffen.

Es gibt auch Ausführungen, bei denen im oberen Bereich des Pufferspeichers ein Trinkwassertank (Tank in Tank) oder ein Durchlauferhitzer für Trinkwasser enthalten ist.

Bivalente Trinkwarmwasserspeicher

Bivalente Speicher gibt es in mehreren Ausführungsvarianten. Der bivalente Speicher ist mit Heizungswasser gefüllt. Im Speicher sind ein oder mehrere Wärmeübertrager für verschiedene Wärmeerzeuger integriert. Es gibt aber auch Ausführungen, bei denen im oberen Bereich ein Trinkwassertank enthalten ist (Tank in Tank). Bei all diesen Ausführungen ist darauf zu achten, dass die Wärmeübertrager als Niedertemperatur-Wärmeübertrager konzipiert sind. Bivalente Speicher werden hauptsächlich dort verwendet, wo mehrere Wärmeerzeuger miteinander kombiniert werden sollen. Im oberen Bereich der **KOMBISPEICHER** befindet sich die Warmwasserzone, im unteren Bereich kann etwa eine thermische Solaranlage angeschlossen werden.

Eine besondere Art des Kombispeichers ist ein hygienischer **MULTIFUNKTIONSSPEICHER MIT FRISCHWASSERBEREITUNG**. Die Frischwasseraufbereitung erfolgt über ein Edelstahlwellrohr, das mit einem Kunststoffrohr ummantelt ist. Dabei wird das Frischwasser im Gegenstromprinzip zum aus dem oberen Bereich des Speichers entnommenen Heizungswasser geführt. Damit werden bei niedrigen Vorlauftemperaturen beachtliche Schüttleistungen für das warme Wasser erzielt. Solche Speicher gibt es in vielen Varianten, etwa als PV-Ausführung und mit Zirkulationswärmepumpe für Ein- und Mehrfamilienhäuser und in Maßanfertigung.

Warmwasser-Wärmepumpe

Zunehmender Beliebtheit erfreuen sich Warmwasser-Wärmepumpen, auch als Brauchwasser-Wärmepumpen bezeichnet.
Zwei Ausführungsarten sind erhältlich:

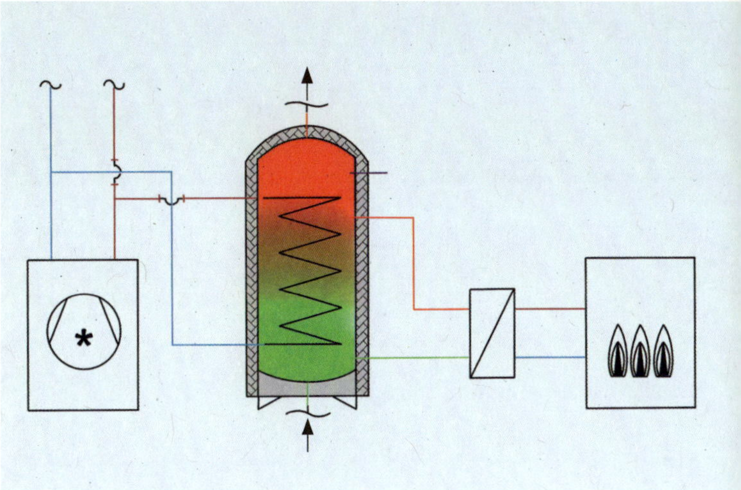

Trinkwarmwasserspeicher mit zweitem Wärmeerzeuger und externem Wärmeübertrager

- Das am meisten eingesetzte Modell besteht aus einem Warmwasserspeicher mit einer aufgesetzten kleinen Luft-Wärmepumpe. Die Warmwasser-Wärmepumpe kann mit Umluft, Außenluft oder Abluft betrieben werden. Verfügt das Gerät über die Möglichkeit, dass die Zuluft über ein Lüftungsrohr angeschlossen werden kann, ist auch eine wechselnde Nutzung der Luftquelle möglich (etwa im Sommer Außenluft, im Winter Umluft/Abluft). Bei dieser Ausführung befindet sich der Verflüssiger direkt im Warmwasserspeicher.
- Optional ist in manchen Modellen ein zusätzlicher Wärmeübertrager für die Nutzung thermischer Solarenergie sowie ein Elektrozusatzheizer integriert. Die Installation ist einfach: Kaltwasser, Warmwasser (Zirkulation) und Abfluss anschließen und den Elektrostecker an eine 220-Volt-Steckdose anschließen. Bei alleinigem Umluftbetrieb sind die vom Hersteller angegebenen Bedingungen zur Mindestraumgröße unbedingt zu beachten.

Warmwasser-Wärmepumpen werden überwiegend in Kellerräumen von Neubauten und im Bestand in Ein- und Zweifamilienhäusern

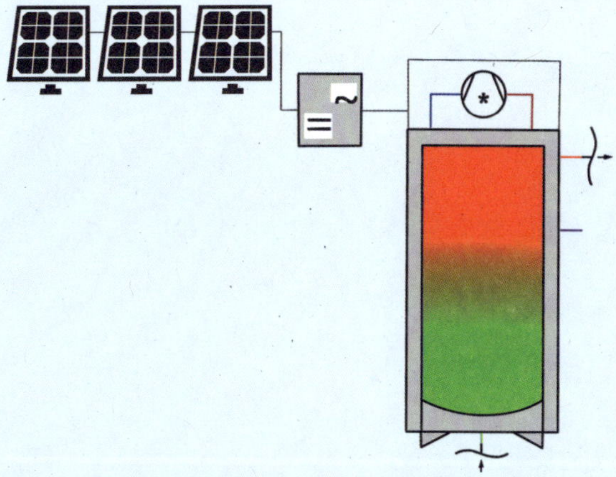

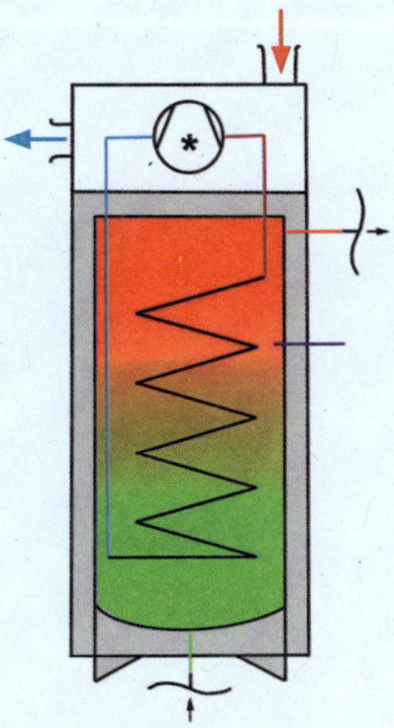

Oben: Warmwasser-Wärmepumpe mit PV-Eigenstromnutzung

Links: Warmwasser-Wärmepumpe mit Umluft (Kondensator im Warmwasserspeicher integriert)

Unten: Bivalentes System mit Vorwärmestufe

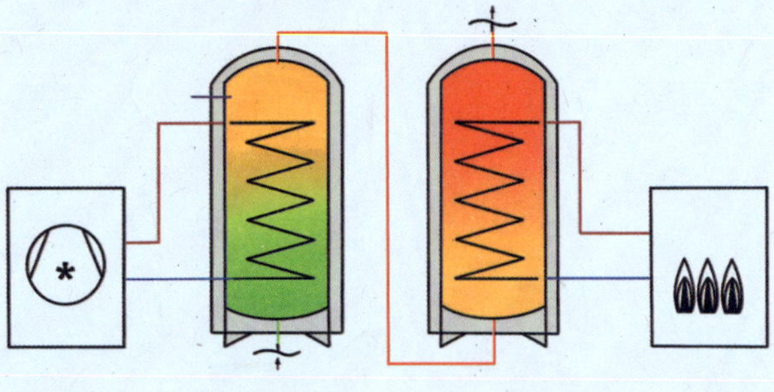

eingesetzt. Die Nutzung der Abwärme fossiler Wärmeerzeuger im Heizraum oder die gleichzeitige Nutzung zur Entfeuchtung von Kellerräumen sind beliebte Einsatzzwecke. Warmwasser-Wärmepumpen sind besonders gut zur Kombination mit einer PV-Anlage geeignet. Da die elektrische Anschlussleistung dieser Geräte mit um die 500 bis 600 Watt relativ gering ist, kann sie schon bei geringem Photovoltaikertrag mit PV-Strom betrieben werden. Die Nutzung von Abluft aus speziellen Räumen wie Küche, Bad oder Wintergarten führt zu einer weiteren Verbesserung der Arbeitszahl.

Die Ausführung als Wandmodul gibt es für die Kombination mit externen Wärmeerzeugern und bivalentem Speicherwassererwärmer oder Speicher im Bestand.

Bivalente Systeme mit Vorwärmstufe

Bivalente Systeme zur Trinkwassererwärmung werden hauptsächlich in Großanlagen mit Warmwassertemperaturen ab 60 Grad Celsius eingesetzt. Die Wärmepumpe bedient dabei einen indirekt beheizten Warmwasserspeicher oder einen Warmwasserspeicher mit Speicherladesystem auf die maximal mögliche Warmwassertemperatur von ungefähr 50 Grad Celsius. Ein trinkwasserseitig in Reihe geschalteter zweiter Warmwasserspeicher dient als Nachheizstufe und erwärmt das Trinkwasser mit einem Gas- oder Ölkessel auf 60 Grad Celsius und darüber hinaus. Hierbei ist zu beachten, dass der gesamte Speicherinhalt einschließlich Vorwärmstufe einmal pro Tag auf über 60 Grad Celsius aufgeheizt wird. Dies erfolgt mittels Trinkwasserzirkulationspumpe durch Umschichtung der Nachwärmstufe in die Vorwärmstufe (siehe Anlagenschema links unten).

Diese Variante kommt auch in Ein- und Zweifamilienhäusern mit bestehenden thermischen Solaranlagen oder vorhandenen Wärmeerzeugern in Betracht. Das Trinkwasser wird über die Solaranlage oder Wärmepumpe in der Vorwärmstufe erwärmt und in der Nachwärmstufe durch die Wärmepumpe nacherwärmt.

VARIANTEN DER TRINKWASSERERWÄRMUNG

Art Warmwassererwärmung	Vorteile	Nachteile	Bemerkungen
Indirekt beheizter nebenstehender Warmwasserspeicher	– Preisgünstige Variante – Großzügige Bevorratung (auch in Sperrzeiten) – Ladezeiten wählbar bei entsprechendem Volumen	– Legionellenschaltung erforderlich – Höherer Platzbedarf bei nebengestellter Position	– Bis zu 220 Litern auch in Kompaktgeräten erhältlich
Speicherladesystem	– Wärmeübertrager außen – Hohe Heizleistung übertragbar	– Legionellenschaltung erforderlich – Höherer Platzbedarf	– Für Fremdspeicher einsetzbar
Pufferspeicher mit Frischwasserstation	– Frischwasseraufbereitung – Keine Legionellenschaltung erforderlich	– Preisintensiv – Gute Wasserqualität erforderlich – Höhere Vorlauftemperatur erforderlich	– Spitzenleistung bei Auswahl der Frischwasserstation beachten
Bivalenter Warmwasserspeicher	– Anschluss eines zweiten Wärmeerzeugers möglich	– Preisintensiv – Höherer Platzbedarf	– Nacherwärmung über zweiten Wärmeerzeuger möglich
Multifunktionsspeicher mit Frischwassererwärmung	– Hygienische Frischwasseraufbereitung nach DLEH-Prinzip – Hohe Schüttleistung – Niedrige Vorlauftemperaturen – Maßanfertigung	– Preisintensiv – Höherer Platzbedarf – Höheres Gewicht bei Einbringung – Höherer Montageaufwand	– Individuelle Anfertigung nach Einbringmaßen und Bedarf – Hohe Effizienz zu hohem Anschaffungspreis – Bei PV-, Solar- oder Festbrennstoffkessel ist Einsatz eines Verbrühungsschutzes erforderlich!
Warmwasser-Wärmepumpe	– Gut mit PV kombinierbar – Abluft/Umluft oder Außenluft nutzbar	– Preisintensiv – Je nach Typ und Aufstellung Geräuschemissionen möglich	– Auch in PV-Ausführung erhältlich – Nebeneffekt: Entfeuchtung – Abwärmenutzung bei zweitem Wärmeerzeuger – Eventuell förderfähig
Trinkwasserseitig in Reihe geschaltete Warmwasserspeicher für Vor- und Nacherwärmung	– Kombinierbar mit Bestandsspeichern/solar beheizten – Warmwasserspeichern	– Preisintensiv – Höherer Platzbedarf – Höherer Montageaufwand	– Umschichtung wegen Hygiene erforderlich
Elektrischer Durchlauferhitzer	– Keine Legionellenbildung – Geringe Investitionskosten	– Begrenzte Zapfmengen – Hohe elektrische Anschlussleistung	– Bei zu großer Entfernung zur Zapfstelle eventuell Zirkulation erforderlich

3

Je nachdem, ob Sie Ihr Bestandsgebäude energetisch auf Vordermann bringen wollen oder einen Neubau planen und dafür die passende Heizungsanlage mit einer Wärmepumpe zusammenstellen wollen, sind unterschiedliche Rahmenbedingungen zu beachten, die wir Ihnen hier vorstellen.

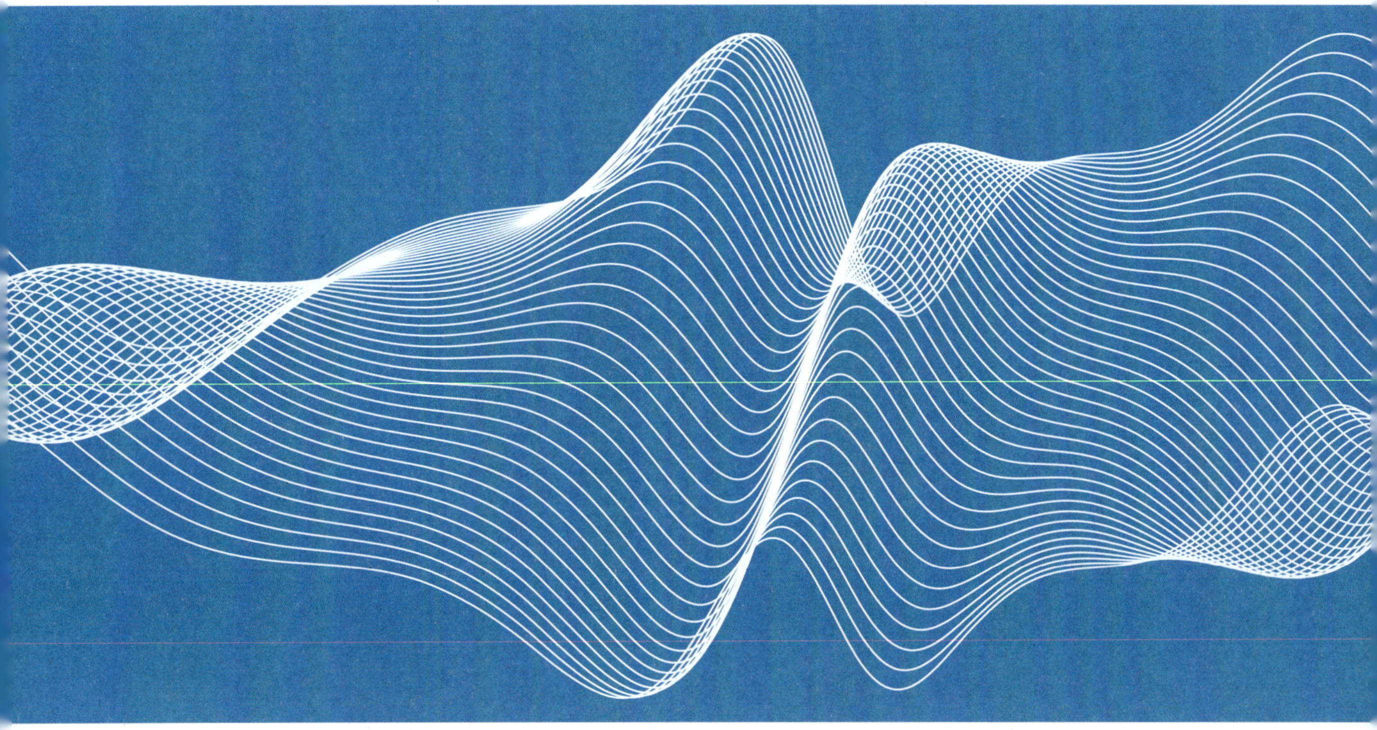

→ **Bedarf ermitteln:** Bei der Auswahl eines Wärmeerzeugers spielen Ökonomie und Ökologie eine wichtige Rolle. Je nach Perspektive können dabei ein wirtschaftlicher Betrieb oder eine umweltfreundliche Heizung im Vordergrund stehen.

WAS ERFAHRE ICH?

Aus **ÖKOLOGISCHER SICHT** sind Wärmepumpen inzwischen den Gas- und Ölkesselanlagen sowohl im Neubau als auch im Bestandsgebäude weit überlegen. Das wird beim Blick auf die entsprechenden Kennzahlen deutlich: Wird ein Primärenergiefaktor (ständig aktualisierte Werte in Anlage 4 GEG) bei Strom von 1,8 und Erdgas von 1,1 angelegt, ergibt sich ein Verhältnis von 1,64. Hierbei muss berücksichtigt werden, wie der Strom erzeugt wird und dass mit der zunehmenden Nutzung von Wind- und Photovoltaikstrom der Primärenergiefaktor für Strom weiter fällt. Anders ausgedrückt: Je grüner der Strom wird, umso weniger CO_2-Emissionen entstehen und umso ökologischer wird die Wärmepumpe.

Vergleicht man die Wärmepumpe mit einer Ölheizung, ist die Wärmepumpe bereits ab einer Arbeitszahl von 1,4 umweltfreundlicher.

Der ηs-Wert (Eta-s) gibt die jahreszeitbedingte Raumheizungsenergieeffizienz für die Förderungswürdigkeit im Rahmen des BEG einzelner Geräte an und wird berechnet, indem man den SCOP (Seasonal Coefficient of Performance, siehe Seite 140) nach EN 14825 durch 2,5 teilt. Die 2,5 ist ein angenommener Primärenergiefaktor für den europäischen Strommix. Der Eta-s-Wert drückt aus, wie viel Primärenergie für eine Kilowattstunde Wärme sinngemäß benötigt wird. Der SCOP wird bei vier verschiedenen Außentemperaturen ermittelt, damit der Jahresverlauf entsprechend gewichtet werden kann. Damit können die Effizienzvorteile einer im Teillastbetrieb laufenden Inverter-Wärmepumpe mit mehr als 90 Prozent der Betriebszeit besser dargestellt werden.

In der Grafik auf Seite 71 sind die CO_2-Emissionen einer Gas-, Öl- und Wärmepumpenanlage für ein Einfamilienhaus von 180 Quadratmetern Wohnfläche dargestellt. Die Grafik lässt deutlich erkennen, dass eine Wärmepumpe einer Ölheizung bereits ab einer Arbeitszahl von 1,2 überlegen ist.

Die **WIRTSCHAFTLICHKEIT** einer Wärmepumpenanlage hängt jedoch in erster Linie vom Unterschied zwischen Strom- und Öl- beziehungsweise Gaspreis sowie der Arbeitszahl ab.

Bei einem Gaspreis von 14 Cent pro Kilowattstunde – wobei sich eine Grundannahme bei stark schwankenden Marktpreisen denkbar schwierig gestaltet –, einem Nutzungsgrad der Gaskesselanlage von 90 Prozent und einem Strompreis mit Wärmepumpensondertarif ergeben sich gleiche Betriebskosten für beide Systeme bereits bei einer Arbeitszahl von 2,4. Da sich schon allein der Gaspreis durch die CO_2-Steuer in den nächsten Jahren sukzessive erhöhen wird, wird die Wärmepumpe auch bei einer noch geringeren Arbeitszahl wirtschaftlich die bessere Alternative sein.

Im Neubau werden allein schon durch die Flächenheizungen mit niedriger Vorlauftemperatur leicht Arbeitszahlen von 3,5 und mehr erreicht. Im Bestand wird die Wärmepumpe zukünftig auch bei Vorlauftemperaturen von 55 Grad Celsius (und mehr) Heizkosteneinspa-

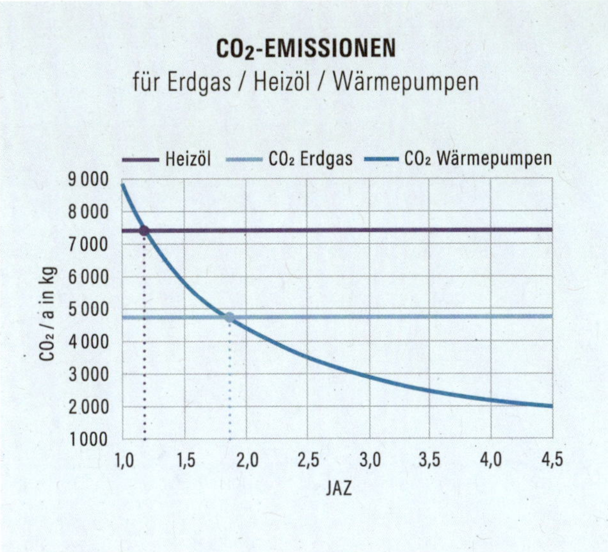

CO_2-Emissionen in Relation zur JAZ für ein Einfamilienhaus

KRITERIEN ZUR AUSWAHL DER WÄRMEQUELLE

Kriterien	Luft	Erdsonde	Erdkollektor	Wasser	Bemerkung
Einsatzgrenzen	–25 bis +35 °C	–3 bis +12 °C	–5 bis +20 °C	+7 bis +12 °C	Wärmequelle
Genehmigung	Regional in Wohngebieten eventuell erforderlich	Untere Wasserbehörde, über 100 m Bergamt	Bei unterer Wasserbehörde anzeigepflichtig	Untere Wasserbehörde	Bei Erdwärme und Wasser nicht in Wasserschutzgebieten
Aufstellungsort Wärmepumpe	Außen oder innen möglich	Innen	Innen	Innen	Bei Luft außen eventuell Geräusche beachten
Wärmeübertrager	Luft	Sole	Sole	Wasser	
Platzbedarf	Gering	Mittel, Abstände vorgeschrieben	Das Zwei- bis Dreifache der beheizten Fläche	Mittel, Abstände vorgeschrieben	Platzbedarf bei Erdabsorbern je nach Bauart
Effizienz	Gut, je nach Klimazone	Sehr gut	Sehr gut	Ausgezeichnet bei guter Wasserqualität	Bei Wasser ohne Zwischenübertrager
Investitionsaufwand	Gering	Sehr hoch	Hoch	Hoch	Bei Erdkollektoren Eigenleistung möglich
Kühlung	Aktiv	Passiv	Nicht möglich	Passiv	
Wartungsaufwand	Mittel	Gering	Gering	Unterschiedlich je nach Wasserqualität	

ENTWICKLUNG DER HEIZLAST

spezifische Heizleistung α	Gebäudeart
15 W/m²	Passivhaus
20 W/m²	KfW-Effizienzhaus 40
25 W/m²	KfW-Effizienzhaus 55
30 W/m²	KfW-Effizienzhaus 70
35 W/m²	EnEV-2016-Haus
50 W/m²	Nach Wärmeschutzverordnung 1995
80 W/m²	bei normaler Wärmedämmung des Hauses (ab ca. 1980)
120 W/m²	bei älterem Mauerwerk ohne besondere Wärmedämmung

Entwicklung der spezifischen Heizlast in den letzten Jahrzehnten

rungen gegenüber Gas- und Ölkesselanlagen erzielen können.

Trotz dieser erfreulichen Prognose wäre es aus ökologischer und wirtschaftlicher Sicht falsch, sich mit niedrigen Arbeitszahlen zufriedenzugeben. Mit jeder Verbesserung der Arbeitszahl werden eine Senkung der Heizkosten und eine Verringerung der CO_2-Emissionen erzielt. Weder ökologisch noch wirtschaftlich gibt es zur Wärmepumpenheizungsanlage aus heutiger Sicht bessere Alternativen.

Die Tabelle auf Seite 71 fasst als Entscheidungshilfe die wichtigsten Kriterien für die Auswahl der Wärmequelle zusammen. Ergänzend sei hinzugefügt, dass in besonderen Fällen die Kombination von Wärmequellen möglich, erforderlich und sinnvoll sein kann. Beispielsweise gibt es aus platztechnischen Gründen die Verknüpfung von Erdwärmesonden und Flächenkollektoren oder die Zusammenschaltung von Luft/Sole-Wärmeübertragern mit Erdabsorbern. Für solche Sonderfälle sind über die Installateure hinaus auf jeden Fall Fachplaner heranzuziehen.

Heizwärmebedarf im Neubau

Für Neubau und Bestandsgebäude kommen unterschiedliche Herangehensweisen infrage.

Die **ERMITTLUNG DES WÄRMEBEDARFS** für Heizung und Trinkwarmwasser erfolgt im Neubau relativ routinemäßig anhand des Energieausweises. Dieser wird in der Regel von einem Statiker, einer Bauingenieurin oder einem zertifizierten Energieberater erstellt. Im Energieausweis wird anhand eines Referenzgebäudes der benötigte Primär- und Endenergiebedarf für Heizung und Warmwasser getrennt ausgewiesen. Dabei müssen bestimmte **KRITERIEN** bezüglich des Heizungssystems zwischen Bauherrin oder Bauherr und Energieausweisersteller im Vorfeld klar abgestimmt werden.

Zunächst ist zu klären, welchen Effizienzgrad das zu errichtende Gebäude erfüllen soll. Daraus ergibt sich, welche Fördermittel beantragt werden können.

Mit welchen Raumtemperaturen die Räume beheizt werden sollen, muss ebenso festgelegt werden wie das gewünschte Lüftungskonzept.

Im Hinblick auf die Warmwasserbereitung muss festgelegt werden, welche Warmwassertemperatur die Grundlage der Berechnung bilden soll, für wie viele Personen die Warmwasserbereitung ausgelegt werden soll, ob eine Zirkulation für die Warmwasserbereitung gewünscht wird und welche sonstigen Komfortansprüche gestellt werden.

Bezüglich der Heizung ist zu klären, mit welchem Energieträger das Gebäude beheizt werden soll, welche Art Wärmeerzeuger zum Einsatz kommen soll und wie die Heizflächen ausgeführt werden sollen.

Die Vor- und Rücklauftemperaturen, auf die die Anlage ausgelegt werden soll, sind ebenso wichtig wie die Frage, ob die Anlage auf Heiz- und Kühlbetrieb ausgelegt werden soll.

Schließlich muss klar sein, mit welchen U-Werten der Gebäudehülle sich die Ziele erreichen lassen.

WICHTIG: Je höher die Anforderungen an die Heizung (also zum Beispiel 24 statt 22 Grad Celsius Raumtemperatur) sind, desto höher werden die Wärmeleistung (Heizlast) und der

Energieverbrauch (Strom für die Wärmepumpe) sein. Des Weiteren sollte die Anlagentechnik auch tatsächlich so ausgeführt werden, wie sie im Energieausweis festgelegt wurde.

Der nächste Schritt besteht in der **ERMITTLUNG DER HEIZLAST**. Hierzu führen im Idealfall entweder ein unabhängiger Haustechnikplaner (Fachplaner) oder der Installateur die Heizlastberechnung nach DIN/TS 12831–1 durch. Benötigt werden dazu unter anderem:

- → Ausführungspläne
- → Bauteilliste mit U-Werten aus dem Energieausweis
- → Lüftungskonzept
- → genauer Standort des zu errichtenden Gebäudes mit Postleitzahl
- → Raumtemperaturenvereinbarung zu Auslegungsinnentemperaturen.

Das Problem: Die Ausführungspläne, der Energieausweis mit Bauteilliste und das Lüftungskonzept liegen zum Zeitpunkt der Angebotserstellung noch nicht vor. Der Installateur weiß nicht, ob er den Zuschlag erhält, und geht nicht in Vorleistung zur Erstellung einer Heizlastberechnung. Selbst das vereinfachte Verfahren ist hier immer noch zu zeitaufwendig. Verständlicherweise wird in diesem Fall die Heizlast in der Regel überschlägig anhand der spezifischen Heizleistung in Watt pro Quadratmeter Wohnfläche ermittelt. Abhilfe lässt sich eventuell durch eine entsprechende Vereinbarung schaffen (siehe nebenstehenden Kasten).

In manchen Energieausweisen wird auch eine Heizlast ausgewiesen. Diese ist jedoch mit Vorsicht zu genießen, da in den entsprechenden Berechnungsprogrammen innere und solare Einträge gegengerechnet werden. Die **VEREINBARUNG DER RAUMTEMPERATUREN** sollte mit Bedacht erfolgen. Oft werden sie standardmäßig laut Tabelle zur Norm festgelegt. Besser ist es jedoch, wenn sich Bauherr oder Bauherrin mit dem oder der Planenden über die tatsächlichen Bedürfnisse verständigen und die Raumtemperaturen individuell vereinbaren. In der Tabelle sind die Raumtemperaturen für Wohn- und Schlafräume mit 20 Grad Celsius und für das Bad mit 24 Grad Celsius angegeben. In der Praxis sieht das jedoch häufig anders aus. Viele Eigenheimbesitzer stellen in Wohnzimmer, Küche und Kinderzimmer den Raumregler auf 22 bis 23 Grad Celsius ein, woraus sich vor allem bei großen Räumen eine weitaus höhere Heizlast ergibt. Gerade bei älteren oder kranken Menschen ist von einem erhöhten Wärmebedürfnis auszugehen, dann kann es vorkommen, dass sogar höhere Temperaturen gewünscht sind.

ACHTUNG: Bei einem Komfortzuschlag von drei Kelvin kann sich die Heizlast um bis zu zehn Prozent erhöhen!

Andererseits muss man berücksichtigen, dass das Wärmeempfinden je nach Art der Heizflächen unterschiedlich ausfallen kann. Bei neu errichteten Gebäuden wird inzwischen der überwiegende Teil der Heizflächen mit Fußbodenheizung ausgestattet. Wer sich früher überwiegend in mit Heizkörpern ausge-statteten Räumen aufgehalten hat, wird spätestens dann den Unterschied zu einer Flächenheizung zu schätzen wissen.

HEIZLAST FRÜHZEITIG BERECHNEN!

Eine überschlägig ermittelte Heizlast fällt meistens weitaus höher aus als eine Berechnung nach dem ausführlichen Verfahren. Das kann vor allem bei On/off-Wärmepumpen zu einer **ÜBERDIMENSIONIERUNG** mit unerwünscht hohen Taktzeiten führen! Eine genaue Berechnung sollte daher spätestens vor der Auslegung der Heizflächen respektive vor der Ausführung erfolgen.

Man kann bei Vorlage der benötigten Daten auch eine Vereinbarung treffen, wonach die ausführliche Berechnung gegen Vergütung ausgeführt wird. Sollte der Auftrag zustande kommen, wird die Vergütung gegengerechnet. Das ist eine für beide Seiten faire Lösung.

SONDERSTROM

Da die Sperrzeit für Sonderstrom bis zu dreimal zwei Stunden am Tag betragen kann und häufig in den Abendstunden zur Anwendung kommt, ist es in diesem Fall vorteilhaft, einen **GRÖSSEREN SPEICHER** auszuwählen. Wenn dies aus Platzgründen nicht möglich ist, empfiehlt sich die Installation eines speziellen elektrischen Durchlauferhitzers am Warmwasseraustritt des Warmwasserspeichers.

Beim Einsatz von Luft-Wärmepumpen und Photovoltaikanlagen ist ein reichlich ausgelegter Warmwasserspeicher ebenfalls sinnvoll, da sich die Warmwasserbereitung in Zeiten höherer Außentemperaturen oder über Tag, wenn PV-Strom anliegt, sinnvoller durchführen lässt. Gleichzeitig kann damit auch die Eigenstromquote erhöht werden.

Ein Grad mehr Raumtemperatur bedeutet einen **MEHRVERBRAUCH AN BRENNSTOFF** von fünf bis sechs Prozent, weshalb die Wunschtemperaturen nicht leichtfertig zu hoch festgelegt werden sollten. Man kann davon ausgehen, dass die Energiepreise in den kommenden Jahren weiter steigen werden. Eine durchdachte und maßvolle Planung der Raumtemperaturen ist also angebracht.

Heizwärmebedarf im Bestand

Für Bestandsgebäude stehen selten detaillierte Angaben über die verwendeten Bauteile zur Verfügung. Aussagen wie: „Das Dach wurde vor zehn Jahren gedämmt" oder „Die Fenster wurden vor 15 Jahren erneuert" lassen meist nur Annahmen zu, welche U-Werte die verwendeten Bauteile hatten. Eine Berechnung nach dem ausführlichen Verfahren würde unter diesen Gesichtspunkten gegebenenfalls zu viele Unsicherheiten beinhalten. Oft wird deshalb anhand des **BRENNSTOFFVERBRAUCHS** der letzten Jahre eine überschlägige Ermittlung durchgeführt.

$$Q_N = \frac{\text{Ölverbrauch [l/a]}}{\text{250 [l/a kW]}} \text{ [kW]}$$

$$Q_N = \frac{\text{Erdgasverbrauch [m}^3\text{/a]}}{\text{250 [m}^3\text{/a kW]}} \text{ [kW]}$$

Rechenbeispiel: In einem Einfamilienhaus wurden im Durchschnitt in den letzten fünf Jahren 3500 Liter Heizöl pro Jahr verbraucht.

3500 l/a : 250 l/a kW= 14 kW

SPEZIFISCHE HEIZLEISTUNG (W/M²)
abhängig vom Baujahr des Gebäudes

Gebäudeart	bis 1958	1959–68	1969–73	1974–77	1978–83	1984–94	ab 1995
Einfamilienhaus, frei stehend	180	170	150	115	95	75	60
Reihenendhaus	160	150	130	110	90	70	55
Reihenmittelhaus	140	130	120	100	85	65	50
Mehrfamilienhaus < 8 WE	130	120	110	75	65	60	45
Mehrfamilienhaus > 8 WE	120	110	100	70	60	55	40

Zur Einordnung: KfW-60-Häuser: ca. 50 W/m²; KfW-40-Häuser: ca. 40 W/m²; Passivhäuser: ca. 15 W/m², Quelle: Viessmann

Dieser Verbrauch würde also einer Heizlast von circa 14 kW entsprechen. Dabei ist allerdings zu bedenken, dass der Brennstoffverbrauch meistens die Brennstoffmenge für die Heizung und die **WARMWASSERERZEUGUNG** beinhaltet. Daher ist dieser Wert auch mit höheren Unsicherheiten behaftet.

Eine weitere oft angewandte Möglichkeit zur überschlägigen Ermittlung der Heizlast ist die Berechnung über die spezifische Heizlast. Hierbei wird die zu beheizende Fläche mit der **SPEZIFISCHEN HEIZLEISTUNG** aus nebenstehender Tabelle ermittelt. Dieser Wert kann von dem nach dem ausführlichen Verfahren ermittelten erheblich abweichen und dient deshalb nur als Orientierungsgröße zur Vorauswahl der Wärmepumpe oder für eine Kostenschätzung.

Am besten ist es, einen erfahrenen Energieberater damit zu beauftragen, durch Bauteileöffnung und Messung der Wärmedurchgangskoeffizienten und U-Werte mit einem U-Wert-Messgerät oder mit einer Wärmebildkamera ein genaues Bild vom Zustand des Gebäudes zu erarbeiten und gleichzeitig Vorschläge zur Verbesserung der energetischen Qualität vorzulegen. Erkundigen Sie sich nach entsprechenden Förderungen (siehe Seite 171)! Auf Basis des Berichts kann eine relativ genaue Heizlast nach dem ausführlichen Verfahren ermittelt werden. Oft findet man in Bauämtern noch alte Baupläne oder Angaben zu Sanierungsmaßnahmen.

Wenn Sie die Heizlast nach dem Brennstoffverbrauch ermitteln und entsprechend die Wärmepumpe dimensionieren, riskieren Sie eine Über- oder Unterdimensionierung mit dementsprechenden Nachteilen: Überdimensionierte Wärmepumpen takten zu stark, das heißt, sie schalten zu häufig ein und aus.

Kann die Heizlast nicht genau ermittelt werden, ist es besser, entweder eine zweistufige Wärmepumpe (zwei Verdichter in einem Gerät), eine Wärmepumpenkaskade (zwei separate Geräte (Master und Slave), die zusammenarbeiten, der Master regelt die Zuschaltung des Slave) oder eine modulierende Wärmepumpe einzusetzen, weil bei diesen Varianten entweder durch zwei oder durch geregelte Verdichter die Heizleistung variabel ist.

ERFAHRUNGSWERTE FÜR DIE SPEZIFISCHE HEIZLAST BESTEHENDER GEBÄUDE

zur Abschätzung der Heizlast

Baujahr	spezifische Heizlast (W/m²)
bis 1970, ungedämmt	120 bis 180
1977 bis 1984	70 bis 100
1985 bis 1995	50 bis 70
Neubau, EnEV	40 bis 50
Neubau, KfW 40/60	20 bis 30
Passivhaus	10 bis 15

Quelle: Max Weishaupt GmbH

Bedarf für Trinkwarmwasserbereitung

Die Ermittlung des Bedarfs für die Trinkwassererwärmung sollte ebenfalls in sorgfältiger Abstimmung mit dem Betreiber über den Haustechnikfachplaner beziehungsweise die Fachplanerin oder den Installateur erfolgen. Dabei können im Ein- und Zweifamilienhaus bei normaler Sanitärausstattung die benötigte Speichergröße und die erforderliche Heizlast

WARMWASSER-WP UND JAHRESENERGIEBEDARF

Beim Einsatz einer Warmwasser-Wärmepumpe muss der Jahresenergiebedarf für die Warmwassererzeugung bei der Dimensionierung der Erdabsorber nicht berücksichtigt werden! Denken Sie bei der Bemusterung der Sanitärausstattung daran, dass solche Dinge wie ein Duschspaß oder besonders große Regenbrausen zu einem höheren Spitzenbedarf führen können.

nach einem vereinfachten Verfahren gemäß VDI 4645 bestimmt werden. Als Tagesbedarf werden dabei pro Person 25 Liter von 60 Grad Celsius angesetzt und verdoppelt. Anschließend wird das Speichervolumen auf eine Trinkwarmwassertemperatur von 50 Grad Celsius umgerechnet. Die Berechnung wird im Folgenden beispielhaft dargestellt:

$$V_{SP} = V_{tSOLL}$$

$$V_{tSOLL} = V_{DP60} \times \frac{(60 - t_{CW})}{(t_{SOLL} - t_{CW})}$$

V_{SP}	Speichervolumen (gesamt) in Liter
V_{tSOLL}	Trinkwarmwasser-Volumen bei t_{SOLL} in Liter
V_{DP60}	Trinkwarmwasser-Volumen bei 60 °C in Liter
t_{SOLL}	Speichersolltemperatur
t_{CW}	Kaltwassertemperatur

Beispiel
Einfamilienhaus mit 4 Personen:
4 Personen x 25 l x 2 = 200 Liter (60 °C)
V_{DP60} = 200 l
t_{SOLL} = 50 °C
t_{CW} = 10 °C

$$V_{tSOLL} = 200 \text{ Liter} \times \frac{(60 - 10)K}{(50 - 10)K}$$

Bei 50 °C ergibt sich ein Speichervolumen von 250 Liter.

Muss von einem erhöhten Trinkwarmwasserbedarf ausgegangen werden, so ist grundsätzlich das ausführliche Verfahren anzuwenden.

Überschlägig kann die Heizleistung für die Trinkwassererwärmung mit 0,25 Kilowatt pro Person angesetzt werden.

HINWEIS: Neben dem Tagesbedarf sollten der Spitzenbedarf, die zu erwartenden Verluste beispielsweise durch eine Zirkulation und – vor allem bei Sonderstromnutzung – die mögliche Sperrdauer mit in die Planung einbezogen werden.

NEUBAU

Für den Neubau ist es am einfachsten, den Jahresenergiebedarf für die Trinkwassererwärmung aus dem Energieausweis zu entnehmen. Dieser sollte jedoch unbedingt noch einmal geprüft werden, da zum Zeitpunkt der Erstellung des Energieausweises in der Regel die Detailplanung der Bäder noch nicht erfolgt ist.

Während für die Dimensionierung der Wärmepumpe bei Erdwärmeanlagen die benötigte Heizleistung für die Trinkwassererwärmung von Bedeutung ist, ist der Jahresenergiebedarf zur Trinkwassererwärmung für die Dimensionierung der Wärmequelle zu berücksichtigen. Das bedeutet, dass die Heizleistung der Wärmepumpe die Warmwasserbereitung mit abdecken muss und die Wärmequelle den Jahresenergiebedarf für die Warmwasserbereitung mit sicherstellen muss.

BESTANDSGEBÄUDE

Falls in einer bestehenden Kesselanlage Wasserzähler für den Trinkwarmwasserverbrauch vorhanden sind, kann das Mittel der letzten Jahre für die Bedarfsermittlung einbezogen werden. Ist nur der Gesamtverbrauch bekannt, kann überschlägig davon ausgegangen werden, dass etwa 15 bis 20 Prozent des Gesamtenergieverbrauchs für die Warmwassererzeugung verwendet wurden. Ansonsten gelten die gleichen Hinweise wie für den Neubau.

Vorhandene Warmwasserspeicher sollten grundsätzlich durch **NEUE SPEICHER** ersetzt werden, da die darin enthaltenen Wärmeübertrager für die Wärmepumpe meistens zu klein dimensioniert sind und in der Regel trink- wie heizwasserseitig im Lauf der Jahre verschmutzen. Soll ein vorhandener, solar oder mit wassergeführtem Kamin beheizter Speicher weitergenutzt werden, sind bivalente Speicher einzusetzen oder wasserseitig so in Reihe zu schalten, dass der von der Wärmepumpe beheizte Speicher zum Nachheizen genutzt wird.

Anforderungen für Effizienzhäuser

Weil Effizienzhäuser staatlich gefördert werden, lohnt es sich, nach heutigem Effizienzhaus-40-Standard oder besser zu bauen. Mit

elektrischen Wärmepumpen werden die höchsten Effizienzklassen erreicht, besonders mit einer Erdwärme- oder Wasser/Wasser-Wärmepumpe.
Zwei Kriterien bestimmen den Effizienzhausstandard:

→ die Höhe des Gesamtenergiebedarfs eines Gebäudes (Primärenergiebedarf, PE)
→ die Güte der Wärmedämmung (Transmissionswärmeverlust HT, wobei H für Hüllfläche steht)

Das ab November 2021 neu eingeführte Gebäudeenergiegesetz (GEG) schreibt einen Mindeststandard für die Errichtung von Neubauten vor. Mithilfe eines Musterbeispiels, das als Referenzgebäude oder Referenzhaus bezeichnet wird, legt man einen Vergleichsmaßstab fest: Abhängig vom Standard, den das neue Haus oder sanierte Gebäude im Verhältnis zu diesem Referenzhaus erreicht, erhält es einen entsprechenden Zahlenwert. Ein Effizienzhaus 40 benötigt im Vergleich zum Referenzgebäude des GEG zum Beispiel nur 40 Prozent der Primärenergie, die das Referenzgebäude benötigt.

Effizienzhausvergleiche werden immer auf das GEG-Referenzgebäude bezogen, das in Potsdam steht. Um die Vergleichbarkeit zu gewährleisten, wird angenommen, dass das zu errichtende Gebäude ebenfalls in Potsdam steht. So dürfen nach § 15 GEG zum Beispiel Neubauten nur maximal 75 Prozent des Primärenergiebedarfs dieses Referenzgebäudes erreichen.

Im Schaubild auf der rechten Seite sind der maximal zulässige Primärenergieverbrauch (PE) und der maximale Transmissionswärmeverlust (HT) für die jeweiligen Effizienzstandards dargestellt.

KRITERIEN ZUR ERREICHUNG DES EFFIZIENZHAUSSTANDARDS

Eine Reihe von Kriterien muss bei der Entwurfsplanung oder einem individuellen Sanierungsfahrplan (iSFP) vorrangig berücksichtigt werden, um den jeweils angestrebten Effizienzhausstandard zu erfüllen.

Der genaue Standort, die Klimazone und die vor Ort herrschenden Windverhältnisse müssen in die Planung einbezogen werden. Gebäudeform und Größe der Gebäudehülle müssen energieeffizient optimiert sein. Das gilt auch für die Ausrichtung des Gebäudes, also hinsichtlich der Sonneneinwirkung und Verschattung. Wichtig ist ein umfassender Wärmeschutz von der Bodenplatte bis zum Dach, einschließlich Außentüren und Fenstern. Zudem muss die Gebäudehülle luftdicht sein. Die Belüftung erfolgt über eine Lüftungsanlage (möglichst mit Wärmerückgewinnung). Wärmebrücken, über die Wärme verloren gehen kann, müssen sorgfältig vermieden werden.

Die Effizienzklassen der alternativen Heizsysteme und Trinkwassererwärmung sind ebenso von Bedeutung wie die Effizienzklasse des Verbundlabels Nebenaggregate und Haushalt: Label für Verbundanlagen enthalten unter anderem die Energieeffizienzklasse des Raum- oder Kombiheizgeräts und die Angabe, ob eine Solaranlage, ein Speicher, ein Temperaturregler und/oder ein zusätzliches Raumheizgerät integriert sind. Ebenso werden dort die jahreszeitbedingte Raumheizungsenergieeffizienz der Verbundanlage und die damit erreichte Effizienzklasse angegeben. Zu berücksichtigen sind zudem die Vorrichtungen zur Eigenstromerzeugung und thermische Solaranlagen.

Der Kostenaufwand zur Erreichung der nächstbesseren Effizienzstufe unter Berücksichtigung aktueller Fördermöglichkeiten sollte dabei stets mit bedacht werden.

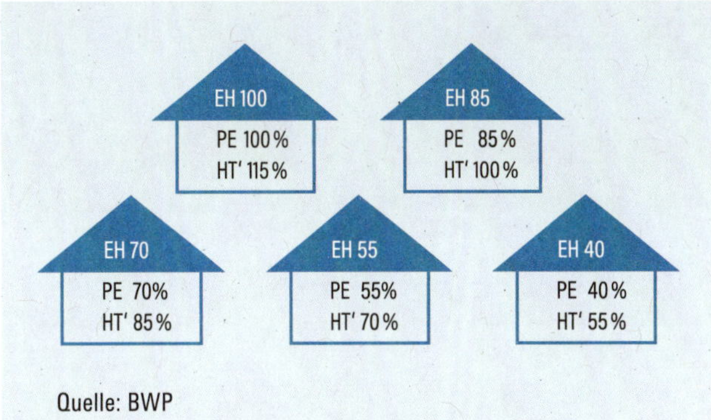

Effizienzstandards mit den dazugehörigen maximalen Primärenergieverbräuchen und Transmissionswärmeverlusten

FÖRDERANTRAG STELLEN

Achten Sie unbedingt darauf, dass Sie Anträge zum Erhalt von Fördermitteln unbedingt immer vor Beginn der jeweiligen Maßnahme stellen. Anderenfalls riskieren Sie den Verlust der Förderung.

ENERGIEEFFIZIENZEXPERTE EINSCHALTEN

HINWEIS: Um KfW-/BEG-Fördermittel (in Abhängigkeit von den Vorgaben des GEG) für ein Effizienzhaus zu erhalten, ist die Einbindung eines **ENERGIEEFFIZIENZEXPERTEN (EEE)** beziehungsweise einer -expertin mit Baubegleitung erforderlich. Experten in Ihrer Region finden Sie online über energie-effizienz-experten.de oder auf der Webseite der Deutschen Energie-Agentur (dena.de). Hier müssen Sie nur Ihre Postleitzahl oder Ihren Ort und die Umkreissuche in Kilometern eingeben. Auch die Inanspruchnahme eines Energieeffizienzexperten ist förderfähig!

Da der Begriff „Energieberater" keine geschützte Berufsbezeichnung ist, kann im Prinzip jeder als Energieberaterin oder -berater tätig werden. Energieeffizienzexperten hingegen sind Fachleute, welche alle von der dena geforderten Qualifikationsnachweise erbringen und bei ihr gelistet sein müssen. Alle drei Jahre müssen sie nachweisen, dass sie auf dem aktuellsten technischen Stand sind, und Belege für Fortbildungen und Referenzen aus der praktischen Tätigkeit erbringen. Sie müssen ein hohes Fachwissen auf den Gebieten der energetischen Qualität von Gebäuden, der Wärmedämmung, der energetischen Sanierung, der Energieerzeugung, des Energieeinsatzes, der Umwandlung und Rückgewinnung von Energie, des Energieverbrauchs, der Energieeffizienz und der Energiesparmaßnahmen besitzen. Hieraus wird ersichtlich, dass ein komplexes Wissen in Bezug auf Bauphysik und Anlagentechnik unbedingt erforderlich ist.

ENERGIEEFFIZIENZEXPERTEN AUSWÄHLEN

- → Nutzen Sie zur Suche seriöse Onlineportale wie bmwk.de, dena.de, bafa.de, kfw.de, energie-effizienz-experten.de.
- → Prüfen Sie, für welche Tätigkeiten der Energieeffizienzexperte gelistet ist.
- → Welche Qualifikationen hat der Energieeffizienzexperte aufzuweisen (Ingenieur, Architekt, Handwerker, Bauphysiker, Anlagentechniker ...)?
- → Hat der Energieeffizienzexperte einen Nachweis als Sachverständiger oder ist im Berufsfachverband für das Sachverständigen- und Gutachterwesen oder in der Deutschen Sachverständigen Gesellschaft gelistet?
- → Verfügt er über eine lange Berufserfahrung?
- → Welche Referenzen hat er vorzuweisen?
- → Gibt es Empfehlungen von Nachbarn, Freunden, Bekannten?
- → Passt es zwischenmenschlich? Bedenken Sie, dass Sie lange zusammenarbeiten werden.
- → Wie sind die Erreichbarkeit und Entfernung zum Projektstandort?
- → Vergleichen Sie Beratungskosten und Angebote. Vorsicht bei Dumpingpreisen!
- → Informieren Sie sich über Fördermöglichkeiten für Beratungskosten (hier fördert vor allem das Bafa)!
- → Ist der Energieeffizienzexperte angemessen versichert?
- → Vorsicht bei Haustürangeboten oder Angeboten per Telefon!
- → Es sollte möglichst nicht das Unternehmen, das mit der Planung, Überwachung und Kontrolle der Energieberatung beauftragt wird, auch die Realisierung des Projektes übernehmen!

HIER GEHT ES WEITER: → ENERGIE-EFFIZIENZ-EXPERTEN.DE

→ Integration der Wärmepumpe in die Haustechnik: Eine sorgfältige Abstimmung auf das Haustechniksystem ist wichtig für den effizienten Betrieb.

WAS ERFAHRE ICH?

Bevor mit der Detailplanung begonnen wird, sollten die Vorplanung und die Grundlagenermittlung weitestgehend abgeschlossen sein.

Vorplanung

Zur **VORPLANUNG** gehören:

- → Anfrage beim Netzbetreiber zur Tauglichkeit des Netzes für eine Wärmepumpenanlage (ungefähr vorgesehene elektrische Anschlussleistung inklusive elektrischer Zusatzheizung und Anlaufstrom) gemäß der Technischen Anschlussbedingungen des Netzbetreibers (TAB) – im Ein- und Zweifamilienhaus ist das in der Regel unkompliziert.
- → Klärung der Anforderungen an den Aufstellraum und die Raumgröße bei Verwendung toxischer bzw. brennbarer Kältemittel
- → Anfragen bei der unteren Wasserbehörde und eventuell dem Bergamt
- → Klärung der Zufahrtsmöglichkeit, Sicherstellung von Bauwasser, Baustrom, Wasserableitung bei Bohrung, Einleitgenehmigung (beim Abwasserzweckverband)

Die **GRUNDLAGENERMITTLUNG** umfasst bei einem Bestandsgebäude die folgenden Punkte:

Für eine Bestandsaufnahme des Grundstücks müssen Größe und Lage (flach oder geneigt) und Ausrichtung nach den Himmelsrichtungen ermittelt werden. Es muss bekannt sein, welche Fläche für Wärmequellen zur Verfügung steht und ob die erforderlichen Abstände zu Nachbargebäuden eingehalten werden können. Prüfen Sie, wo gegebenenfalls eine Wärmepumpe im Außenbereich aufgestellt werden kann. Das Baujahr des Gebäudes sollte ermittelt werden. Wann wurden gegebenenfalls welche Sanierungsmaßnahmen durchgeführt? Sind Sanierungsmaßnahmen geplant?

Belag, Neigung, Verschattung und mögliche Belastung des Dachs sollten ebenso erfasst werden wie der energetische Zustand von Kellerdecke, Fassade, Fenstern und Türen.

Die vorhandene Gebäudetechnik sollte so genau wie möglich und mit allen verfügbaren Daten beschrieben werden (siehe Kasten).

Als Grundlage für die Erarbeitung eines Anlagenkonzepts dienen auch die Nutzervorgaben in Bezug auf das Anforderungsprofil, die erforderlichen Systemtemperaturen, die gewünschte Wärmequelle, die Betriebsweise, den Ort der Aufstellung, die Art der Trinkwassererwärmung und die Kühlfunktion.

Für die sinnvolle Einbindung der Wärmepumpe in das System Haustechnik ist zu klären, ob vorhandene Wärmeerzeuger zurückgebaut oder weitergenutzt werden sollen, ob eine Optimierung der Heizflächen möglich ist, ob die Anlage mit Photovoltaik, thermischen Solarkollektoren oder anderen Energieträgern

GRUNDLAGENERMITTLUNG GEBÄUDETECHNIK

- Energieträger
- Energieverbrauch der letzten Jahre
- Warmwasser-/Kaltwasserverbrauch
- Kesselleistung
- Speichergröße Warmwasser
- Puffer
- (wassergeführter) Kamin
- Solarthermie/Photovoltaik
- Lagerflächen
- Maße Heizraum
- Zugangs-, Einbringungs- und Kippmaße
- Messeinrichtungen
- Lan/Wlan im Technikraum
- Entwässerungsmöglichkeiten für Sicherheitsventile
- Nennweiten/Isolierstärken Rohrleitungen, Zirkulation
- Heizflächen, Heizkörper
- Möglichkeiten für hydraulischen Abgleich
- maximale Vorlauftemperatur
- Einstellung Heizkurve
- Raumregler, Betriebszeiten
- Warmwassersolltemperatur und -verbrauch
- Personenzahl für Warmwasserbereitung
- Sanitärausstattung
- Volumen Badewanne
- Stromanschluss
- Zählerschrank (Platz für Sonderstromzähler)
- Lüftungsanlage und -art
- sommerlicher Wärmeschutz
- Jalousien
- Wintergarten (beheizt/unbeheizt)

kombiniert werden soll und welches Lüftungskonzept vorgesehen ist. Schließlich ist auch das mögliche Investitionsvolumen wichtig.
Die **GRUNDLAGENERMITTLUNG IM NEUBAU** wird anhand der Entwurfsplanung und des Energieausweises analog durchgeführt. Für die Heiz-/Kühllastermittlung und den Bedarf für die Trinkwassererwärmung reicht in dieser Phase die ab Seite 87 beschriebene überschlägige Ermittlung zunächst aus. Spätestens in der Detailplanung ist sie nach dem ausführlichen Verfahren (DIN TS 12831) zu konkretisieren.

Heizflächen

Die Tabelle rechts dient als Entscheidungshilfe für die Auswahl der Heizflächen. Ergänzend sei angemerkt, dass alle Flächenheizungen auch für die Kühlung oberhalb der Taupunkttemperatur geeignet sind. Die Raumregler müssen in diesem Fall umschaltbar fürs Heizen und Kühlen ausgeführt sein. Mit Tieftemperaturheizkörpern und Gebläsekonvektoren zum Heizen und Kühlen lässt sich die Raumtemperatur auch weiter absenken. Normale Heizkörper sind nicht für die Kühlung geeignet.

Bei Neubauten sind bei Flächenheizungen **DIFFUSIONSDICHTE ROHRE** einzusetzen. Ist bei Fußbodenheizungen im Bestand nicht sicher, dass die Heizrohre diffusionsdicht ausgeführt wurden, muss über einen Wärmeübertrager eine Systemtrennung vorgenommen werden!

Grundsätzlich gilt, dass die Vorlauftemperatur im Heizbetrieb so niedrig wie möglich gehalten werden sollte. Sollen Flächenheizungen und Heizkörper kombiniert eingesetzt werden, sind die Heizkörper auf eine maximale Vorlauftemperatur von 45 Grad Celsius auszulegen!

Aus der überschlägigen Ermittlung der Gebäudeheizlast können die Raumheizlasten und somit die Heizflächen abgeschätzt werden.

Alle Ergebnisse der Voruntersuchung und Grundlagenermittlung sind in einem beiderseits bestätigten Protokoll schriftlich zu fixieren, um dann aus den gesammelten Informationen eine Detailplanung zu erstellen und ein oder mehrere Anlagenkonzepte zu entwickeln.

Festlegung der Betriebsweisen

Auf Seite 13f. wurden die möglichen Betriebsweisen vorgestellt und erläutert.

Im Anhang E der VDI 4645 befindet sich eine Ablaufplanfestlegung zu den Betriebsweisen und der Wahl der Wärmepumpe. Dieser

Ablaufplan bezieht auch größere Anlagen wie Mehrfamilienhäuser mit ein.

Für das Ein- und Zweifamilienhaus werden jedoch überwiegend **MONOVALENTE UND MONOENERGETISCHE** Wärmepumpenanlagen geplant und installiert, siehe Seite 13f. Das hat ganz einfach damit zu tun, dass der Betreiber bei **HYBRID- UND BIVALENTEN ANLAGEN** die zusätzlichen Betriebskosten beispielsweise für einen Gaszähler, die Wartung und für den Bezirksschornsteinfegermeister allein zu tragen hat. Außerdem liegen die Energiepreise für den zweiten Wärmeerzeuger wegen geringer Abnahme dann unverhältnismäßig viel höher.

Ob die monovalente oder die monoenergetische Variante gewählt wird, hängt im Ein- und Zweifamilienhaus meistens von der Wärmequelle ab, da nicht wie im Mehrfamilienhaus eine Trinkwassertemperatur von mindestens 60 Grad Celsius gefordert wird. Unabhängig davon gehören bei vielen Kompakt-Wärmepumpen die elektrischen Zusatzheizer bereits zur Grundausstattung. Der Elektroheizstab wird in erster Linie für die

ENTSCHEIDUNGSHILFE FÜR DIE AUSWAHL DER HEIZFLÄCHEN

Heizflächenarten	Vorteile	Nachteile	Einsatzgebiete, Bemerkungen
Fußbodenheizung Nasssystem	– hohe Flexibilität – preislich günstig – bedingt für Kühlung	– relativ hoher Aufbau – mind. 45 mm Estrich über Rohr – sehr träge	– überwiegend im Neubau – lange Trocknungszeiten
Fußbodenheizung Trockensystem	– niedrige Aufbauhöhe, je nach Anbieter 50 bis 60 mm	– feste Verlegeraster – kostenintensiv	– überwiegend Sanierung – keine Trocknungszeit
Fußbodenheizung mit niedrigster Aufbauhöhe	– hohe Reaktionsgeschwindigkeit – 27 mm Aufbauhöhe	– kostenintensiv – relativ teure Vergussmasse	– für Sanierung auf bestehenden Böden, ohne Dämmung
Wandheizung Nasssystem	– flexibel verlegbar – schnelle Reaktion – sehr angenehm	– Flächen dürfen nicht verstellt werden	– überwiegend im Neubau – preislich günstig
Wandheizung Trockensystem	– leicht zu installieren – angenehmes Klima	– feste Verlegeraster – kostenintensiv – nicht mit Möbeln verstellbar	– überwiegend in der Sanierung
Deckenheizung Nasssystem	– flexibel verlegbar – schnelle Reaktion – sehr gut für Kühlung	– höherer Montageaufwand	– überwiegend im Neubau – niedrigste Systemtemperaturen
Deckenheizung Trockensystem	– leichte Montage – gut für das Heizen und Kühlen	– kostenintensiv – feste Verlegeabstände	– überwiegend in der Sanierung
Flachheizkörper	– preiswert	– hohe Systemtemperaturen – weniger behaglich	– im Neubau abnehmend – mehr für Nebenräume
Radiatoren, Röhrenradiatoren	– optisch ansprechend	– hohe Systemtemperaturen – preisintensiv	– hoher Heizkörperexponent
Tieftemperatur-Heizkörper, Gebläsekonvektoren	– niedrige Systemtemperaturen – flexibles Heizen und Kühlen	– kostenintensiv – Elektroanschluss und Kondensatanschluss erforderlich	– leise Geräusche bei Intensivstufe – erhältlich fürs Heizen und/oder Kühlen

HIER GEHT ES WEITER: → CHECKLISTE ANHANG D („KONZEPT- UND DETAILPLANUNG VON WÄRMEPUMPENANLAGEN")
DER VDI 4645 („HEIZUNGSANLAGEN MIT WÄRMEPUMPEN IN EIN- UND MEHRFAMILIENHÄUSERN – PLANUNG, ERRICHTUNG, BETRIEB")

Legionellenschaltung benötigt und dient gleichzeitig als Störreserve beziehungsweise als Leistungsspitze bei extrem niedrigen Außentemperaturen oder wenn die Auslegungsvorlauftemperatur mit der Wärmepumpe nicht erreicht werden kann. Da in der Regel nur in wenigen Zimmern die Auslegungsvorlauftemperatur nicht er-reicht wird, ist es wirtschaftlich und ökologisch sinnvoller, die Systemtemperatur insgesamt durch gezielten Austausch der Heizflächen abzusenken, zumal diese Zusatzleistung nach aktuellem Stand der Bafa-Förderung förderfähig ist.

Der nächste Schritt besteht in der Festlegung der **BETRIEBSWEISE FÜR DIE KÜHLUNG**. Auch hier sind die Anforderungen im Ein- und Zweifamilienhaus nicht so hoch wie bei größeren Objekten. Bei Wärmepumpen mit Erdsonden wird oft die passive Kühlung über die Erdsonden angewendet. Sie ist sehr preisgünstig, da im Kühlfall der Verdichter nicht in Betrieb geht, sondern nur Umwälzpumpen eingeschaltet werden. Mehrere Anbieter haben eine separate Kühlstation im Programm, welche auch später nachgerüstet werden kann – für diesen Fall müssen Abzweige in der Soleleitung und entsprechender Platz am Aufstellort vorgesehen werden.

Bei Luft-Wärmepumpen sind die Kältemittel-Split-Anlagen meistens zum Heizen und Kühlen ausgeführt. Wer ein solches Gerät haben möchte, muss darauf achten, dass es

ÜBERSICHT ANWENDUNGEN VON PUFFER/WÄRMESPEICHERN

Zweck/Art des Puffers/Wärmespeichers	Neubau	Bestandsgebäude	Bemerkungen
Sicherung des Mindestvolumenstroms/der Mindestlaufzeit der Wärmepumpe	– Erforderlich, kann aber auch über offene Kreise erfolgen Ausnahmeregelung	– Erforderlich, Empfehlung: 12–35 (20) l/kW Heizleistung	– Bei Inverter-Wärmepumpen geringerer Mindestvolumenstrom, siehe Datenblatt
Überbrückung von Sperrzeiten	– Bei Fußbodenheizung nicht erforderlich	– Bei Heizkörpern erforderlich, 30–40 l/kW Heizleistung	– Bei Heizflächen mit Mischsystemen zu empfehlen
Wärmespeicher für Abtauenergie Luft/Wasser-Wärmepumpen	– Bei Fußbodenheizung nicht erforderlich, erste Aufheizung elektrisch	– Bei Heizkörpern unbedingt erforderlich	– Es muss immer ausreichend Wärmeenergie für den Abtauprozess vorhanden sein.
Hydraulische Entkopplung zwischen Erzeugerkreis und Wärmeverteilsystem	– Bei guter Auslegung und Installation nicht erforderlich	– Unbedingt zu empfehlen, da viele Unbekannte	– Auch über eine richtig ausgelegte hydraulische Weiche möglich
Verlängerung von Laufzeiten der Wärmepumpe	– Bei genauer Dimensionierung der WP nicht unbedingt erforderlich	– Bei ungenauer Heizlastermittlung zu empfehlen	– Bei Inverter-WP nicht erforderlich, bei On/off-WP je nach Anlagenkonzept
Speicherung von PV- und/oder thermosolarer Energie	– Sinnvolle Investition, je größer, desto mehr Kapazität	– Sinnvolle Investition, je größer, desto mehr Kapazität	– Automatische Umschichtung erhöht die Speicherkapazität – Trinkwarmwassererwärmung: Beimischventil erforderlich
Kombination mit anderen Wärmeerzeugern	– Dringend empfohlen	– Dringend empfohlen	– Schichtung beachten Wärmepumpen vor zu heißen Rückläufen schützen
Wärmespeicher für Frischwasserstation	– Erforderlich – Größe nach Warmwasserbedarf	– Erforderlich – Größe nach WW-Bedarf	– Einbau E-Patrone fürs Nachheizen empfohlen

sich um eine reversible Luft/Wasser-Wärmepumpe handelt. Da bei der aktiven Kühlung die Wärmepumpe in Betrieb geht, sollte zur Reduzierung der Energiekosten eine Photovoltaikanlage eingesetzt werden.

Pufferspeicher/Wärmespeicher

Ob ein Pufferspeicher (Wärmespeicher) in das System integriert werden muss, hängt von verschiedenen Faktoren ab: Es ist zu klären, ob der Mindestvolumenstrom (die Mindestwärmeabnahme) der Wärmepumpe anderweitig gesichert werden kann. Wenn Heizkörper integriert sind, wird für die Sperrzeiten eine Überbrückung benötigt.

Für das Abtauen der Luft/Wasser-Wärmepumpe wird gegebenenfalls Wärmeenergie benötigt. Einfluss auf die Entscheidung für einen Pufferspeicher hat auch, ob eine hydraulische Entkoppelung der Heizkreise erforderlich ist, ob ein Puffer für Photovoltaik, thermische Solarenergie oder eine Frischwasserstation benötigt wird und ob andere Wärmeerzeuger eingebunden werden. Soll bei On/off-Wärmepumpen die Schalthäufigkeit verringert werden, ist das ebenfalls entscheidungsrelevant.

Die Tabelle auf Seite 82 bietet eine Auswahl verschiedener Anwendungen von Pufferspeichern und soll als Orientierung für die Erstellung des Anlagenkonzepts dienen.

Kann der Mindestvolumenstrom (auch Heizwassermindestvolumenstrom) über ungeregelte Heizkreise erfolgen? Der Mindestvolumenstrom steht in der Regel auf dem Typenschild oder ist in der technischen Dokumentation zu finden. In der Auslegung zur Fußbodenheizung sind die Volumenströme pro Heizkreis angegeben. Man addiert die Volumenströme der ungeregelten Kreise und vergleicht den Wert mit dem Mindestvolumenstrom. Meistens reichen drei bis vier Kreise der Fußbodenheizung und die Handtuchtrockner. Es können auch Speicher für mehrere der aufgeführten Zwecke verwendet werden. Die Speichergröße sollte durch den Planer/Installateur ermittelt werden.

Bei der **AUSWAHL EINES SPEICHERS** gilt es einige grundsätzliche Punkte zu beachten:

Türeinbringmaße und Raumhöhen (Kippmaß) müssen vor allem im Bestandsgebäude besonders berücksichtigt werden. Speicher mit mehreren Wärmeübertragern sind teuer und beanspruchen Platz. Große Speicher mit eingebauten Wärmeübertragern können zudem sehr schwer sein und lassen sich nicht einfach transportieren. Vor allem beim Transport über die Kellertreppe sind spezielle Arbeitsschutzvorkehrungen zu treffen. Am Standort ist das gefüllte Gewicht zu berücksichtigen. Eventuell wird ein spezielles Fundament benötigt.

Jeder Speicher hat Wärmeverluste und sollte nicht größer als nötig sein. Wählen Sie den Speicher mit der besten Effizienzklasse aus.

Kombispeicher/Multifunktionsspeicher müssen hydraulisch sauber angeschlossen werden. Bei Wärmepumpen ist eine Schichtentrennung durch eine Trennplatte zu empfehlen.

Beim Einsatz von Solarthermie- oder Photovoltaikanlagen und Festbrennstoffen müssen Sicherheitstemperaturbegrenzer für die Fußbodenheizung und thermische Beimischventile als Verbrühungsschutz vorgesehen werden.

Sollen Elektroheizpatronen im Speicher eingesetzt werden, sind die technischen Anschlussbedingungen des Energieversorgers zu beachten respektive mit ihm abzustimmen. Die Hydraulik sollte vom Hersteller oder Planer geprüft sein. Das Regelkonzept muss auf den Speicher abgestimmt sein, Tauchfühler sind Anlegefühlern vorzuziehen.

Wenn bei Flächenheizungen alle Räume über fünf Quadratmeter (wie vorgeschrieben) mit Raumreglern ausgestattet werden sollen, sind ein Pufferspeicher oder eine hydraulische Weiche zwingend einzusetzen. Beim Einsatz von Wärmepumpen können hierzu Ausnahmegenehmigungen beantragt werden.

→ Die Wahl der richtigen Wärmepumpe: Welche Wärmepumpenanlage am besten passt, hängt von zahlreichen Parametern ab, die individuell geprüft werden müssen.

WAS ERFAHRE ICH?

Vor Auswahl und Dimensionierung der Wärmepumpe sollten die Voruntersuchungen zum Einsatz einer Wärmepumpe abgeschlossen sein. Genehmigungsrechtliche Rahmenbedingungen, die Netztauglichkeit durch den Energieversorger und wasserrechtliche Bedingungen müssen zuverlässig abgeklärt sein.

Zu klärende Fragen

Die Grundlagenermittlung ist ebenso Voraussetzung, um herauszufinden, welche Wärmepumpe die richtige Wahl ist:

Legen Sie für sich fest, ob Ihnen der wirtschaftliche oder der ökologische Aspekt wichtiger ist. Soll Ihre Wärmepumpe in erster Linie besonders klimaschonend arbeiten, oder wollen Sie vor allem so niedrige Heizkosten wie möglich erreichen?

Soll die Wärmepumpe in einem Bestandsgebäude oder in einem Neubau installiert werden, und welche Effizienzhausanforderungen sollen erreicht werden? Es sollte auch feststehen, welcher Standort beziehungsweise welche Aufstellvariante (siehe ab Seite 18) vorgesehen ist. Sie sollten sich daher auch mit der Frage beschäftigt haben, ob eine Kompaktausführung oder eine Kältemittel-Split-Ausführung (siehe ab Seite 40) für Ihre Zwecke die bessere Variante ist.

Für welche Wärmequelle Sie sich entscheiden, hat Auswirkungen auf die Frage, ob die Wärmepumpe nur zum Heizen oder zum Heizen und Kühlen dienen soll. Klären Sie, ob unmittelbar oder erst später weitere Energieträger kombiniert werden sollen. Die Heiz- und gegebenenfalls die Kühllast müssen bekannt sein.

Für die Geräteauswahl spielt die maximale Vorlauftemperatur (unter 45 Grad Celsius oder darüber) eine wichtige Rolle und damit auch die Frage, ob eine Flächenheizung oder Heizkörper zum Einsatz kommen.

Der Trinkwasserbedarf und die Art der Trinkwassererwärmung sind ebenfalls wichtige Parameter für die Auswahl der passenden Anlage, dazu die Frage, ob eine Abluftanlage oder eine kontrollierte Wohnraumlüftung geplant ist.

Schließlich sollten Sie sich darüber im Klaren sein, welchen Stellenwert in Ihrer persönlichen Entscheidungsfindung Preis und Marke haben und welchen Wert Sie auf Wartung, Service und Garantie legen.

Vorgehen bei der Auswahl

Im Ein- und Zweifamilienhaus gibt es für die Auswahl der Wärmepumpe unterschiedliche Vorgehensweisen.

- Der Interessent bittet seinen Heizungsbauer um eine Beratung und um ein Angebot. Zum Vergleich holt er meist ein oder zwei weitere Angebote ein.
- Ein Generalunternehmerangebot enthält meistens ein deutsches Markenprodukt (oft ohne Angabe von Hersteller und Typ).
- Der Interessent lässt sich von einem Fachplaner für Haustechnik beraten und beauftragt ihn, eine Ausschreibung vorzunehmen und mehrere Angebote einzuholen.
- Der Interessent informiert sich im Internet, auf Messen oder bei Freunden und Bekannten, was für ihn am geeignetsten sei.

Vorwiegend wird nach den Varianten 1 und 2 verfahren. Variante 3 hat viele Vorteile, wird aber aus Kostengründen meistens nur bei größeren Anlagen oder im öffentlichen Bereich praktiziert. Allerdings bestimmt der Planer beziehungsweise die Planerin in der Regel das infrage kommende Produkt. Manche Fachplaner bevorzugen das Unternehmen, das die besten Schulungsangebote bietet, und nutzen für die Ausschreibung das Angebot des Herstellers. Variante 4 kommt in der Praxis eher selten vor, da die meisten Installateure nur ihre gewohnte Marke verbauen. Die Techniker sind auf ein bestimmtes Produkt geschult und kennen sich mit Fremdprodukten wenig aus.

Wärmepumpen über andere Quellen zu beziehen, etwa Onlinehändler, birgt bei der Sensibilität dieser Technik große Risiken. Ein bauseits – also vom Bauherrn – gestelltes Produkt wird ein Installateur schon aus Gründen der Gewährleistung und Garantie kaum montieren.

Die Tabelle auf Seite 86 enthält Möglichkeiten zum Einsatz von Wärmepumpenarten – nach bestimmten Auswahlkriterien sortiert. Die Vorschläge müssen in der Detailplanung auf Machbarkeit geprüft werden. Je nach Gewichtung der einzelnen Kriterien kann der passende Wärmepumpentyp gewählt werden:

GEBÄUDEART

Die Art des Gebäudes hat einen entscheidenden Einfluss auf die Heizlast und den Jahresenergiebedarf. Zudem hängt von der Gebäudeart ab, wo die Wärmepumpe aufgestellt werden kann und ob ein Erdabsorber eingebracht werden kann (Abstände zu Nachbarn, zum Gebäude und z. B. der Erdsonden untereinander). So hat etwa ein freistehendes Gebäude vier, eine Doppelhaushälfte drei und ein mittleres Reihenhaus nur zwei Außenwände, was sich deutlich auf den jeweiligen Wärmeverlust auswirkt. Auch Ausrichtung und Lage (windgeschützt oder freistehend) sind wichtig.

BETRIEBSWEISE

Die Betriebsweise spielt vor allem im Bestand eine Rolle, wo unterschiedliche Systemtemperaturen oder hohe Vorlauftemperaturen beachtet werden müssen.

KÜHLUNG

Hier sind die Betriebskosten sehr wichtig. Die passive Kühlung ist preiswert und kann mit zur Regenerierung der Sonden genutzt werden. Die aktive Kühlung ist dagegen kostenintensiv, sofern sie nicht über eine PV-Anlage erfolgt.

HEIZFLÄCHEN

Die Heizflächen und ihre Systemtemperaturen haben einen entscheidenden Einfluss auf die Effizienz der Wärmepumpe und spielen eine Rolle bei der Art der Kühlung.

TRINKWASSERBEREITUNG

Der Trinkwasserbedarf und die Art der Trinkwasserbereitung sind wichtige Einflussfaktoren für die Effizienz der Anlage.

EFFIZIENZHAUSKLASSE

Nicht mit jeder Wärmepumpenart lässt sich ohne Weiteres die gewünschte Effizienzhausklasse erreichen.

INVESTITIONSKOSTEN

Oft entscheiden die Investitionskosten über die gewählte Wärmepumpenart. Wird die Wärmequelle mit gefördert, sind erdgekoppelte Wärmepumpen meist die günstigste Variante.

WARTUNGSAUFWAND

Erdwärme -Wärmepumpenanlagen sind sehr wartungsarm. Bei Luft -Wärmepumpen spielt die Umgebungsluft eine wichtige Rolle und bei

EINSATZMÖGLICHKEITEN VON WÄRMEPUMPEN

Arten im Ein- und Zweifamilienhaus

Kriterien	Neubau	Bestand, teilsaniert	Bestand, unsaniert ab Baujahr 1980	Bemerkungen
Freistehendes Gebäude	Luft, Erde, Wasser	Luft bedingt, Erde, Wasser	Erde, Wasser	
Doppelhaushälfte	Luft, Erde, Wasser	Luft bedingt, Erde, Wasser	Erde, Wasser	
Reihenhaus	Erde, Wasser	Luft bedingt, Erde, Wasser	Erde, Wasser	Luft kritisch wegen Geräuschen
Betriebsweise monovalent	Erde, Wasser	Erde, Wasser	Erde, Wasser, eventuell bivalent	Luft bedingt
Bivalent	Luft, Erde, Wasser	Luft, Erde, Wasser	Erde, Wasser	
Bivalent-alternativ	Luft, Erde, Wasser	Luft, Erde, Wasser	Luft, Erde, Wasser	
Bivalent-parallel	Luft, Erde, Wasser	Luft, Erde, Wasser	Luft HT-WP, Erde, Wasser	
Aktive Kühlung	Luft			
Passive Kühlung		Erdsonde, Wasser	Erdsonde, Wasser	Eventuell Grabenkollektor
Flächenheizung	Luft, Erde, Wasser	Luft, Erde, Wasser	Luft, Erde, Wasser	
Heizkörper VL > 45 °C	Hochtemperatur Wärmepumpe	Luft-HT-WP, Erde, Wasser	Luft-HT-WP, Erde, Wasser	Besser VL-Temperatur absenken
Gemischt	HT-WP	Luft-HT-WP, Erde, Wasser	Luft-HT-WP, Erde, Wasser	
Trinkwasserbedarf – normal	Luft, Erde, Wasser	Luft, Erde, Wasser	Luft[1], Erde, Wasser	[1]Eventuell HT-WP für WW
– anspruchsvoll	Luft[2], Erde, Wasser	Luft[2], Erde, Wasser	Luft[2], Erde, Wasser	[2]Eventuell HT-WP für WW
Primat Ökologie	Luft			
Primat Ökonomie	Erde, Wasser	Erde, Wasser	Erde, Wasser	
Effizienzhaus 70	Luft[3], Erde, Wasser	Luft[3], Erde, Wasser		[3]Luft Kombination + Solar
Effizienzhaus 55	Luft[4], Erde, Wasser			[4]Luft Kombination + Solar
Effizienzhaus 40	Erde, Wasser	Erde, Wasser	Erde, Wasser	
Effizienzhaus 40+	Erde, Wasser	Erde, Wasser	Erde, Wasser	
Investitionskosten – hoch		Erde		
– mittel			Wasser	
– gering	Luft			
Wartungsaufwand – mittel	Luft		Wasser	
– gering		Erde		

Grundwasser -Wärmepumpen ist die Wasserqualität entscheidend.

Wärmepumpe auswählen

Am folgenden Beispiel soll die Ablösung einer Ölkesselanlage und die Wahl der richtigen Wärmepumpe für die eigenen Zwecke Schritt für Schritt erläutert werden. Dazu stehen dem Installateur oder der Fachplanerin folgende selbst ermittelte Daten des Gebäudes und der Heizung zur Verfügung:

OBJEKTDATEN

DOPPELHAUSHÄLFTE: Standort PLZ 04275, Baujahr 1979, moderate Abschirmung, teilsaniert (Fenster neu, Dachgeschoss gedämmt)
WOHNFLÄCHE: 180 Quadratmeter
GRUNDSTÜCKSFLÄCHE: 820 Quadratmeter
HEIZSYSTEM UND SPEICHER: Ölkessel, Heizleistung 18 Kilowatt, Baujahr 1998, durchschnittlicher Verbrauch der letzten fünf Jahre ca. 3 100 Liter, Warmwasserspeicher 160 Liter
BEDARF: Trinkwarmwasser für drei Personen, normaler Bedarf, Zirkulation mit Zeitschaltuhr, Dauer sechs Stunden
RAUMTEMPERATUREN: Wohnzimmer, Küche, Kinderzimmer 22 Grad Celsius, WC 20 Grad Celsius, Bad 24 Grad Celsius, Schlafzimmer, Hauswirtschaftsraum 18 Grad Celsius
HEIZFLÄCHEN: 40 Prozent Fußbodenheizung, benötigte Vorlauftemperatur 45 Grad Celsius; 60 Prozent Heizkörper, benötigte maximale Vorlauftemperatur 60 Grad Celsius
HEIZRAUM: im Keller, Maße = 3 Meter x 4 Meter x 2,2 Meter, Türbreite 720 Millimeter
BESTANDSUNTERLAGEN: Bauzeichnungen, Grundrisse und Schnitt, kein Wärmeschutznachweis vorhanden, U-Werte Gebäudehülle nicht bekannt.

1. SCHRITT: ABSCHÄTZUNG DER HEIZLAST

Eine Heizlastberechnung nach DIN TS 12831 ist aufgrund fehlender U-Werte ungenau und nur mit hohem Aufwand (Berechnung der U-Werte oder Messung) durchführbar. Die Heizlast wird deshalb wie folgt über den mittleren Brennstoffverbrauch und über die spezifische Heizleistung pro Quadratmeter beheizter Fläche abgeschätzt:

Heizlast (Q) = 3100 l : 250 l = 12,4 kW

Zum Vergleich die Abschätzung über den spezifischen Wärmebedarf nach Baujahr und beheizter Fläche:

Q = 180 qm x 80 W/qm = 14,4 kW

Wird die Heizlast über den Heizlastrechner des Bundesverbands Wärmepumpe (waermepumpe.de/normen-technik/heizlastrechner/) ermittelt, beträgt das Ergebnis 12,7 kW.

Nach diesen Schätzungen liegt die benötigte Heizleistung zwischen 12 und 14 Kilowatt. Dieser Schätzwert stellt einen **ORIENTIERUNGSWERT** dar und kann von der Berechnung des ausführlichen Verfahrens zwischen zehn und 20 Prozent abweichen. Für das weitere Vorgehen wird nun als Mittelwert eine Heizlast von ungefähr 13 Kilowatt angenommen.

Auf die angenommene Heizlast kommen ein Zuschlag für die Warmwasserbereitung von 3 Personen x 0,25 kW/Person = 0,75 kW und ein Zuschlag für die Sperrzeit bei Sonderstromnutzung von 15 Prozent, also:

(13 kW+ 0,75 kW) x 1,15 = 15,8 kW

2. SCHRITT: AUSWAHL DER WÄRMEQUELLE

Da der wirtschaftliche Aspekt Vorrang vor der Ökologie haben soll, kommen nur das Erdreich oder das Wasser als Wärmequelle infrage. Wegen nicht ausreichender Wasserqualität am Standort fällt Wasser als Wärmequelle jedoch weg. Folglich kommen nur Erdwärmesonden oder ein Flächenkollektor in die engere Auswahl. Da die zweieinhalb- bis dreifache Fläche der beheizten Fläche für einen Flächenkollektor zur Verfügung steht (180 Quadratmeter Wohnfläche auf eine Grundstücksfläche von 820 Quadratmetern), sind Sonderbauformen wie ein Grabenkollektor, Erdwärmekörbe, Erdwärmepfähle oder ein Energiezaun nicht erforderlich.

Um zu entscheiden, ob in diesem Fall **FLÄCHENKOLLEKTOREN ODER ERDSONDEN** besser geeignet sind, wurden folgende Aspekte herangezogen:

HIER GEHT ES WEITER: → WAERMEPUMPE.DE/NORMEN-TECHNIK/HEIZLASTRECHNER

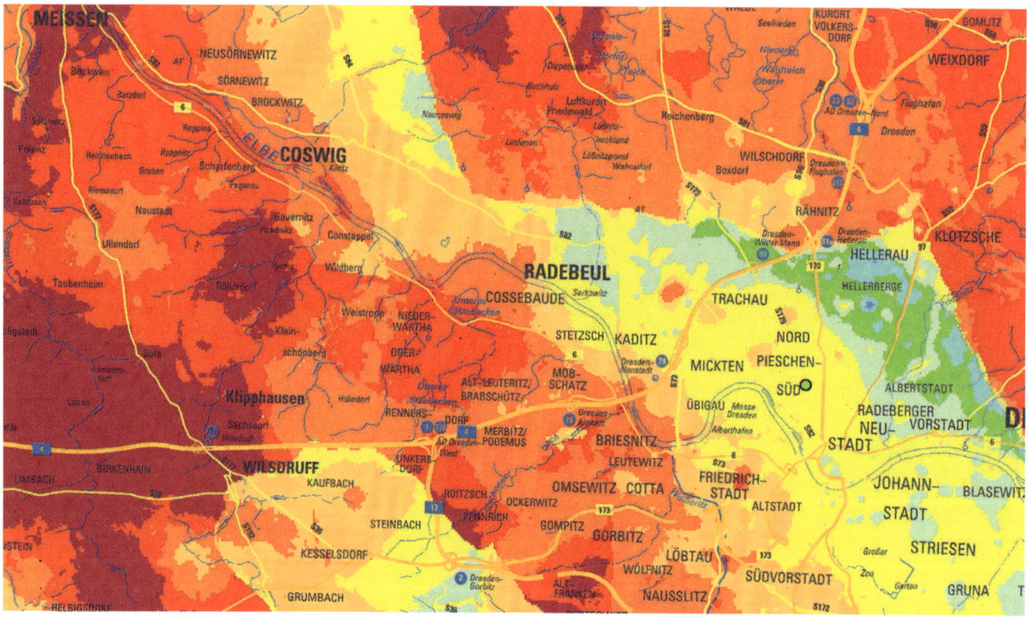

Potenzial in Watt pro Meter (W/m)

- < 40,0
- 40,0 – 42,4
- 42,5 – 44,9
- 45,0 – 47,4
- 47,5 – 49,9
- 50,0 – 52,4
- 52,5 – 54,9
- 55,0 – 57,4
- 57,5 – 59,9
- > = 60,0

Auszug aus dem Geothermieatlas Sachsen: Hier werden die im Boden schlummernden Energiepotenziale deutlich.

Bei der Verlegung eines Flächenkollektors wären Eigenleistungen für die Erdarbeiten möglich, wodurch die Wärmequelle wesentlich kostengünstiger würde. Diese Eigenleistungen würden jedoch ohne Rechnung nicht gefördert werden, sodass die Förderung als Vorteil zugunsten der Erdsonden anzusehen ist. Die Bauherren planen zudem, später eventuell ein Außenschwimmbecken zu errichten. Das wäre nur möglich, wenn keine große Fläche mit einem Erdkollektor belegt ist. Der wichtigste Grund für die Entscheidung für Erdsonden ist jedoch die **MÖGLICHKEIT DER PASSIVEN KÜHLUNG** über die Erdsonden und die Fußbodenheizung oder mit Tieftemperaturheizkörpern zum Heizen und Kühlen.

Die Voranfrage zur **GEOTHERMIENUTZUNG** am Standort wurde positiv beantwortet. Dem Geothermieatlas (siehe Abbildung oben) kann die mögliche Entzugsleistung entnommen werden, womit die benötigten Bohrmeter überschlägig berechnet werden können. Hierzu muss der Installateur oder Planer später eine genauere Auslegung über ein Softwareprogramm vornehmen.

In der Abbildung ist gut erkennbar, dass in der Region um Dresden die mögliche Entzugsleistung zwischen 45,5 und über 60 W/m schwankt. Es ist also nicht gewährleistet, dass die **50-W/M-REGEL** (Watt pro Meter Sondenlänge) eingehalten werden kann.

Karten für einen Standortcheck mit Angaben zur Nutzung des Untergrunds für Geothermie werden in vielen Bundesländern auf Basis der Bestandsunterlagen erstellt. Ob solche für Ihren Standort schon zur Verfügung stehen, erfahren Sie bei Ihrem zuständigen Landratsamt, Referat Umwelt/untere Wasserbehörde.

3. SCHRITT: AUSWAHL DER WÄRMEPUMPE

Für die Auswahl der Sole/Wasser-Wärmepumpe werden folgende Überlegungen herangezogen:

Aufgrund der im Objekt vorhandenen Heizkörper und der benötigten maximalen Vorlauftemperatur von 60 Grad Celsius sollte die infrage kommende Wärmepumpe eine Vorlauftemperatur von mindestens 65 Grad Celsius erreichen. Effizienter wäre es allerdings, diejenigen Heizkörper, die eine Vorlauftemperatur von über 50 Grad Celsius benötigen, gegen **TIEFTEMPERATURHEIZKÖRPER** (siehe Seite 56) auszutauschen.

Nach der geschätzten Heizleistung könnten je nach Hersteller Fixed-speed- beziehungsweise **ON/OFF-WÄRMEPUMPEN** im Bereich von 15, 16 oder 17 Kilowatt Heizleistung eingesetzt werden. Bei der geschätzten Heizlast besteht jedoch das Risiko, dass die Wärmepumpe überdimensioniert wird und stark taktet. Bei einer starken Überdimensionierung der On/off-Wärmepumpe erreicht sie in der Übergangszeit schnell den Sollwert und schaltet ab. Dadurch ergibt sich ein häufiges Zu- und Abschalten.

Gemäß der Bundesförderung für effiziente Gebäude – Einzelmaßnahmen (BEG EM) vom 15. August 2022 kann bei der Ablösung eines Ölkessels beim Bafa eine Förderung bis zu 40 Prozent beantragt werden, wobei auch bestimmte Umfeldmaßnahmen wie zum Beispiel die Tankentsorgung miteinbezogen werden können. Weitere Dämmmaßnahmen, wie Dämmung der Kellerdecke et cetera, sind ohnehin ins Auge gefasst. Damit erfolgt später zugleich eine Reduzierung der Heizlast. Perspektivisch soll eine Photovoltaikanlage installiert werden.

Bei unsicherer oder wechselnder Heizlast (zum Beispiel in einer Ferienwohnung) ist eine zweistufige beziehungsweise eine modulierende Sole/Wasser-Wärmepumpe zweckmäßiger. **INVERTER-SOLE/WASSER-WÄRMEPUMPEN** sind noch nicht sehr lange auf dem Markt, und nicht jeder renommierte Anbieter hat sie schon im Lieferprogramm. Die Anzahl der Anbieter hat in letzter Zeit aber deutlich zugenommen.

Unabhängig von der getroffenen Vorauswahl empfiehlt sich bei der engeren Auswahl, folgende Merkmale der infrage kommenden Geräte zu erfassen und zu vergleichen:

- → maximale Vorlauftemperatur
- → Kältemittel, Art, Menge, GWP (Treibhauspotenzial)
- → COP bei 35 und 55 Grad Celsius (siehe Seite 140)
- → Energieeffizienzklasse
- → Heizleistung bei B 0/W 35 und B 0/W 55, Modulationsbereich
- → Möglichkeit der passiven Kühlung
- → integrierte Wärmemengenmessung und JAZ-Ermittlung
- → Regelung für einen Heizkreis mit und einen ohne Mischer
- → SG Ready (Smart Grit, also intelligente Stromnetze)
- → PV Ready

Eine Inverter-Sole/Wasser-Wärmepumpe im Leistungsbereich von etwa vier bis 16 Kilowatt ist für das angeführte Beispiel die absolut richtige Wahl, weil sich durch die spätere Sanierung die Heizlast verringert und eine On/off-Wärmepumpe dann überdimensioniert wäre. Die modulierende Wärmepumpe passt sich der geänderten Heizlast an.

Was den Pufferspeicher und die Trinkwarmwasserbereitung für dieses Beispiel betrifft, so ist bezüglich der Einbringmaße, der Überbrückung der Sperrzeiten bei Heizkörpern, der effizienten und hygienischen Warmwasserbereitung und der perspektivischen Kombination mit einer Photovoltaikanlage ein Multifunktionsspeicher in Wärmepumpen- und PV-Ausführung am besten geeignet.

Welcher Wärmepumpenhersteller anhand der vorher aufgeführten Merkmale ausgewählt wird, ist in erster Linie vom **INSTALLATEUR** abhängig. Er muss für das entsprechende Produkt geschult sein, und seine Monteure und Kundendiensttechniker müssen die Installation und die Einstellungen am Wärmepumpenregler beherrschen. Dies ist für die Entscheidung wichtiger als zum Beispiel der COP, da dieser Wert eine Momentaufnahme auf einem Prüfstand darstellt, den der Betreiber nur äußerst schwer nachprüfen kann. Das größere Problem ist eher, einen geeigneten Installationsbetrieb zu finden, der mit der Planung, Installation und Betreuung dieser Wärmepumpe vertraut ist. Ob es eine geeignete Installationsfirma in Ihrer Umgebung gibt, finden Sie eventuell über das Portal des Herstellers oder über den Bundesverband Wärmepumpe (BWP) heraus. Bei der Auswahl des Installateurs sollte mehr Wert auf der Qualität des Unternehmens einschließlich Zertifizierung und Erfahrungen respektive Referenzen als auf der Entfernung vom Wohnort liegen.

Wie erzielt man das beste Ergebnis?

Jeder Wärmepumpenbesitzer möchte eine sehr effizient arbeitende Wärmepumpenanlage mit möglichst hoher Jahresarbeitszahl und einen niedrigen Stromverbrauch. Die Wärmepumpe soll einfach zu bedienen sein und eine hohe Lebensdauer haben – und das mit möglichst geringen Anschaffungskosten und geringem Wartungsaufwand.

Im Unterschied zu fossilen Wärmeerzeugern hängt die Effizienz der Wärmepumpentechnik von sehr vielen Faktoren ab. Die Abbildung unten zeigt im Überblick, welche Faktoren die Jahresarbeitszahl einer Wärmepumpenanlage beeinflussen. Aus der Grafik geht hervor, dass die Leistungszahl nur ein relativ kleiner der Faktoren ist, welche Einfluss auf die gemessene Jahresarbeitszahl nehmen. Fehler bei der Planung, Installation und Bedienung schlagen sich viel stärker direkt im Ergebnis nieder und sorgen mitunter für Frust und Streit. Solche Anlagen sollten deshalb grundsätzlich von qualifizierten Fachleuten geplant, installiert und betreut werden.

Damit man mit klaren Vorstellungen in ein Beratungsgespräch gehen kann, ist es vorteilhaft, sich im Vorfeld zu informieren und seine Vorstellungen, Wünsche und Ziele zu definieren. Um es gleich vorwegzunehmen: Die Auswahl der Wärmepumpe allein nach der höchsten Leistungszahl wird nicht den erhofften Erfolg bringen.

Was ist der **BESTMÖGLICH ERREICHBARE STANDARD**? Für die Beantwortung dieser Frage ist zunächst die Unterscheidung in Neubau und Bestandsgebäude erforderlich, da die Effizienz einer Wärmepumpe zum Großteil vom Zusammenspiel mit dem Heizverteilsystem beeinflusst wird.

Im **NEUBAU** spielt die zu erlangende Effizienzhausklasse eine außerordentlich wichtige Rolle. Dabei sind die besten Effizienzhausklassen EH 40 und EH 40 plus mit einer Erdwärme- oder einer Wasser/Wasser-Wärmepumpe

Allgemeiner Überblick über wesentliche Faktoren mit Einfluss auf die Jahresarbeitszahl (JAZ) in der Praxis

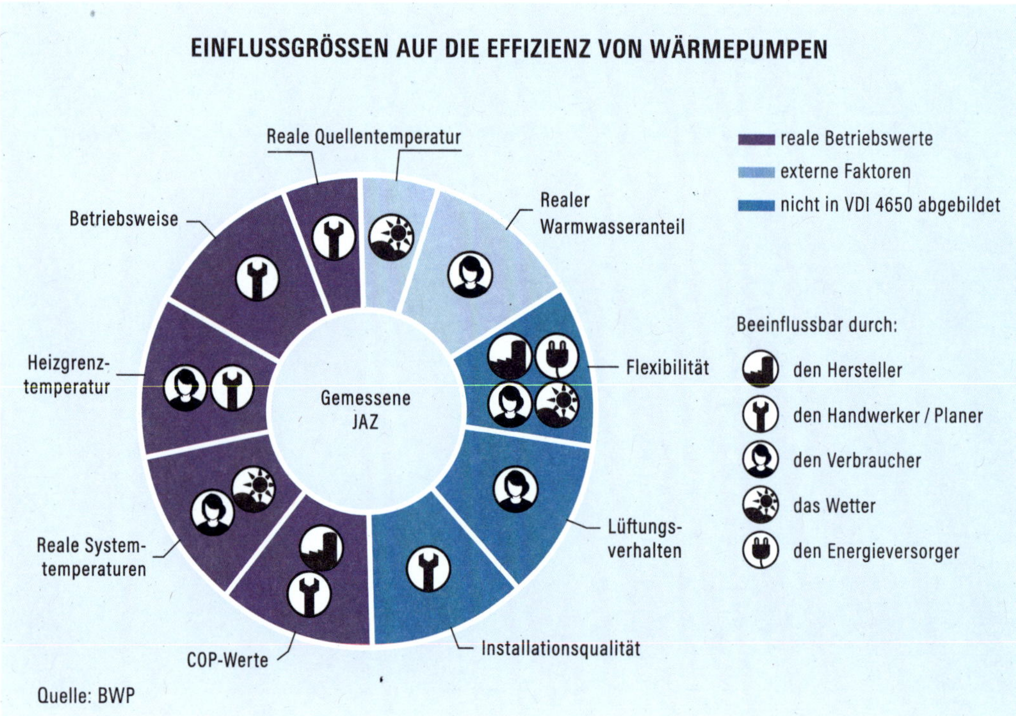

am leichtesten erreichbar. Je geringer der spezifische Wärmebedarf des Gebäudes ist, desto niedriger kann die maximale Vorlauftemperatur sein und umso höher gestaltet sich die Effizienz der Wärmepumpe. Die besten Jahresarbeitszahlen werden mit Wasser/Wasser-Wärmepumpen und Flächenheizungen erreicht.

Bei gut gedämmten Häusern kann bei der Anwendung von Wand- oder Deckenheizungssystemen der Wärmebedarf auch mit Vorlauf-/Rücklauftemperaturen von 30/23 Grad Celsius erreicht werden. Bei diesen Häusern verschiebt sich jedoch der Energieaufwand für die Warmwassererzeugung von durchschnittlich 18 Prozent im Bestand auf 30 bis 50 Prozent im Neubau.

Laut Jahresarbeitszahl-Rechner des Bundesverbands Wärmepumpe (waermepumpe.de/jazrechner/) werden im Ein- und Zweifamilienhaus-Neubau je nach Hersteller bei Flächenheizungen mit Vorlauf-/Rücklauftemperaturen von 30/23 Grad Celsius und 30 Prozent Warmwasseranteil mit einer Wasser/Wasser-Wärmepumpe ohne Zwischenwärmeübertrager Jahresarbeitszahlen von über 6 erreicht. Da beim Neubau die Heizlast relativ genau und sicher ermittelt werden kann, können mit dem Einsatz von preiswerteren On/off-Wärmepumpen ebenso sehr gute und in bestimmten Fällen sogar bessere Ergebnisse erzielt werden. Das liegt unter anderem daran, dass bei modulierenden Wärmepumpen durch den Inverter (Frequenzwandler) auch Verluste entstehen und die Leistungszahl nicht über den gesamten Modulationsbereich konstant ist.

Wasser/Wasser-Wärmepumpen sind aufgrund der nicht überall vorhandenen erforderlichen Wasserqualität weniger verbreitet. Mit Sole/Wasser-Wärmepumpen werden unter den gleichen Bedingungen rechnerisch Jahresarbeitszahlen um die 5 erreicht.

FAZIT: Im Neubau führen folgende Kriterien zu einer bestmöglichen Wärmepumpenanlage:

→ Gebäude mit geringem spezifischen Wärmebedarf, Berechnung der Heizlast
→ Flächenheizung mit niedrigster Systemtemperatur VL/RL 30/23 Grad Celsius
→ Wärmequelle mit hoher Quellentemperatur (Wasser oder Erde)
→ Monovalente Betriebsweise
→ Effiziente Warmwassererwärmung (Warmwasser-Solltemperatur 50 Grad Celsius, Bedarf: Standard)
→ Hohe Effizienzklasse der Wärmepumpe, hohes Verbundlabel der Wärmepumpenanlage
→ Hohe Leistungszahl der Wärmepumpe (COP), On/off-Wärmepumpe oder Inverter-Wärmepumpe, wenn eine Photovoltaikanlage installiert wird
→ Eventuell Kombination mit Photovoltaikanlage oder mit thermischen Solarkollektoren
→ Eventuell Lüftungsanlage mit Wärmerückgewinnung

Wenn Sie diese Kriterien bei der Planung mit dem Installateur beziehungsweise der Planerin beherzigen, haben Sie alle Voraussetzungen dafür geschaffen, dass Sie die bestmögliche Wärmepumpenanlage für Ihren Neubau erhalten – fachgerechte Installation, Inbetriebnahme und Unterweisung des Betreibers vorausgesetzt.

Um im **BESTANDSGEBÄUDE** die bestmögliche Wärmepumpenanlage mit den heutigen Mitteln zu erreichen, sollte wie folgt vorgegangen werden:

→ Energieeffizienzexpertin oder -experte einbeziehen, Vorschläge zur Verbesserung der thermischen Qualität der Gebäudehülle erarbeiten und Sanierungskonzept erstellen
→ Gebäudeheizlast mit verbesserter Gebäudehülle berechnen
→ Flächenheizung und Tieftemperaturheizkörper mit möglichst niedriger Systemtemperatur VL/RL 45/38 Grad Celsius oder 40/33 Grad Celsius nachrüsten
→ Wärmequelle mit hoher Quellentemperatur (Wasser oder Erde) auswählen
→ Monovalente Betriebsweise festlegen
→ Effiziente Warmwassererwärmung (Warmwasser-Solltemperatur 50 Grad Celsius, Bedarf: Standard)
→ Hohe Effizienzklasse der Wärmepumpe, hohes Verbundlabel der Anlage
→ Hohe Leistungszahl der Wärmepumpe (COP), bei überschlägiger Heizlast oder wechselnden Lasten Inverter-Wärmepumpe

HIER GEHT ES WEITER: → **WAERMEPUMPE.DE/JAZRECHNER**

→ Planung und Erschließung der Wärmequellen: Je nachdem, ob die Wärme aus dem Erdreich, dem Grundwasser oder der Luft bezogen wird, sind bei Auslegung und Erschließung der Wärmequellen andere Kriterien zu beachten.

WAS ERFAHRE ICH?

Dimensionierung und Errichtung von Erdwärmesonden

Fehler bei der Auslegung und Errichtung von Erdwärmeanlagen können sehr teuer werden und zu Störungen im Betriebsablauf führen. Diese Aufgaben sollten daher unbedingt sorgfältig und durch Fachkräfte erledigt werden.

Maßgebend für die Dimensionierung und Errichtung von Erdwärmeanlagen ist die VDI 4640 Blatt 1–5 (speziell Blatt 2, Juni 2019, „Thermische Nutzung des Untergrunds – Erdgekoppelte Wärmepumpenanlagen"). Am häufigsten werden in Deutschland Doppel-U-Rohrsonden mit einem Außendurchmesser (dA) von 32 Millimetern installiert (Abb. rechts).

Der Bohrlochdurchmesser beträgt in der Regel 154 Millimeter. Irrtümlicherweise gehen viele Interessenten davon aus, dass in hartem Gestein keine Bohrungen eingebracht werden können. Eigentlich bringen die Bohrunternehmen jedoch lieber Erdsonden im festen Gestein ein, weil dort das Bohrloch fest steht und nicht einfällt, was die Einbringung der Erdsonden erleichtert und keine zusätzlichen Hilfsverrohrungen erfordert.

In Deutschland werden für Eigenheime meistens Erdsonden bis 99 Meter ohne bergrechtliche Zustimmung und bis maximal etwa 130 Meter Tiefe errichtet. Die ermittelten Bohrmeter werden in der Regel so geteilt, dass sich diese **SONDENTIEFEN** ergeben.

Für die Auslegung von Erdwärmesonden gibt es eine Reihe unterschiedlicher Berechnungs- und Simulationsverfahren und Herangehensweisen, welche ihren Zweck mehr oder weniger gut erfüllen. Bei allen Varianten wird die Ausführung als Doppel-U-Rohrsonde mit einem Außendurchmesser von 32 Millimetern angenommen. Anhand des beispielhaften teilsanierten Gebäudes (siehe „Wärmepumpe auswählen", Seite 87) sollen die Ergebnisse der verschiedenen Methoden verdeutlicht werden:

DIE 50-W/M-REGEL

Diese Regel ist die in Deutschland am häufigsten verwendete Regel, obwohl je nach Standort die spezifische Entzugsleistung zwischen

40 und 70 Watt pro Meter Sondenlänge und darüber hinaus schwanken kann. Die Ermittlung der benötigten Bohrmeter (Sondenlängen) geschieht folgendermaßen: Zur festgestellten Heizlast wird ein Zuschlag von 0,25 bis 0,5 Kilowatt pro Person für die Warmwasserbereitung aufgeschlagen. Dazu kommt je nach Sperrzeit ein Zuschlag von zehn bis 20 Prozent. Von der ermittelten gesamten Heizlast werden je nach Wärmepumpe 75 bis 80 Prozent als Kälteleistung angesetzt. Diese Kälteleistung wird dann durch 50 Watt pro Meter dividiert.

Beispiel:
Heizlast 13 kW + (3 x 0,25 kW/pro Person) = 13,75 kW x 1,15 = 15,8 kW

80 % von 15 800 W = 12 640 W

Diese Kälteleistung von 12 640 Watt wird durch 50 Watt pro Meter dividiert:
12 640 W : 50 W/m = 252,8 m

Daraus ergeben sich 252,8 Bohrmeter, aufgerundet sind das 254 Bohrmeter. Hier würden also 2 x 127 Bohrmeter ermittelt.

ERMITTLUNG AUS TABELLENWERTEN NACH VDI 4640/2

Nach vorstehendem Beispiel würden sich bei Anwendung der Tabelle B 6 (2400 h/a) aus Anlage B, VDI 4640/2 für kleine Anlagen bis 30 kW folgende Bohrmeter ergeben:

Turbulente Strömung, Wärmeleitfähigkeit des Untergrunds 2,4 W/(mK) = bei zwei Sonden interpoliert ca. 33,4 W/m.

Bei 12 640 Watt Kälteleistung dividiert durch 33,4 W/m = ca. 373 Meter Sondenlänge, bei drei Sonden aufgerundet je 125 Bohrmeter. Das wären nach dieser Auslegungsmethode 121 Bohrmeter mehr.

Bei einer Heizleistung bis 8 Kilowatt (Kleinstanlagen) können nach Tabelle B 8 die Anzahl der Sonden und die dazugehörigen Längen pro Erdwärmesonde (EWS) direkt abgelesen werden. Vorsicht ist hier allerdings bei modulierenden Sole/Wasser-Wärmepumpen geboten, da bei diesen Geräten meist nur die Nennwärmeleistung und nicht die Maximalleistung angegeben wird. Hier sollte unbedingt die tatsächlich ermittelte Heizlast als Bezugsgröße herangezogen werden.

HÄUFIGE SONDENARTEN

Erdwärmesonden können als Einfach-, als Doppel-U-Sonden sowie als Koaxial-Sonden eingebaut werden.

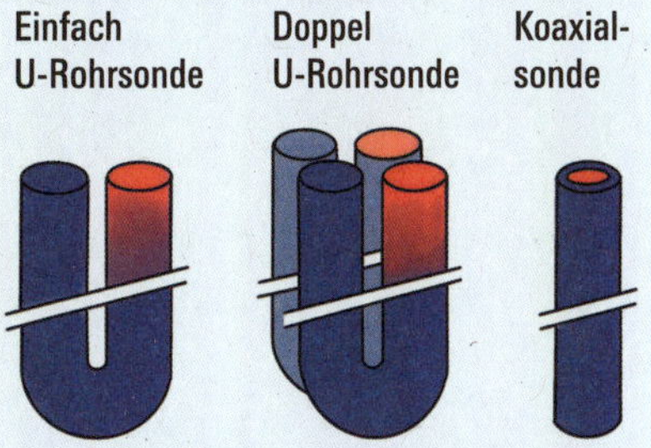

blau = abgekühlte, eingeleitete Flüssigkeit
rot = erwärmte, aufsteigende Flüssigkeit

In der Regel werden Doppel-U-Sonden genutzt. Koaxial-Sonden kommen in Gebieten mit Tiefenbeschränkungen und als Speichersonden zum Einsatz.

Quelle: Bundesverband Geothermie

Eingebrachte Doppel-U-Rohrsonde (dA32) mit Verpressrohr

DIMENSIONIERUNG NACH BERECHNUNGS-TOOL DES BWP

Legt man die Angaben aus unserem Beispiel zugrunde, werden im Report des Rechentools

Das Diagramm zeigt, dass bei der Grundlast die minimalen/maximalen Soletemperaturen im ersten Betriebsjahr zwischen 10,8 und 3,5 Grad Celsius liegen und im Lauf der Jahre auf ungefähr 9,2 und 1,4 Grad Celsius abfallen. Damit wird die Untergrenze laut VDI 4640 nicht unterschritten, wobei eine kurzzeitige Unterschreitung bei Spitzenlast zulässig ist.

SIMULATION DES VERLAUFS DER FLUIDTEMPERATUREN ÜBER 50 JAHRE

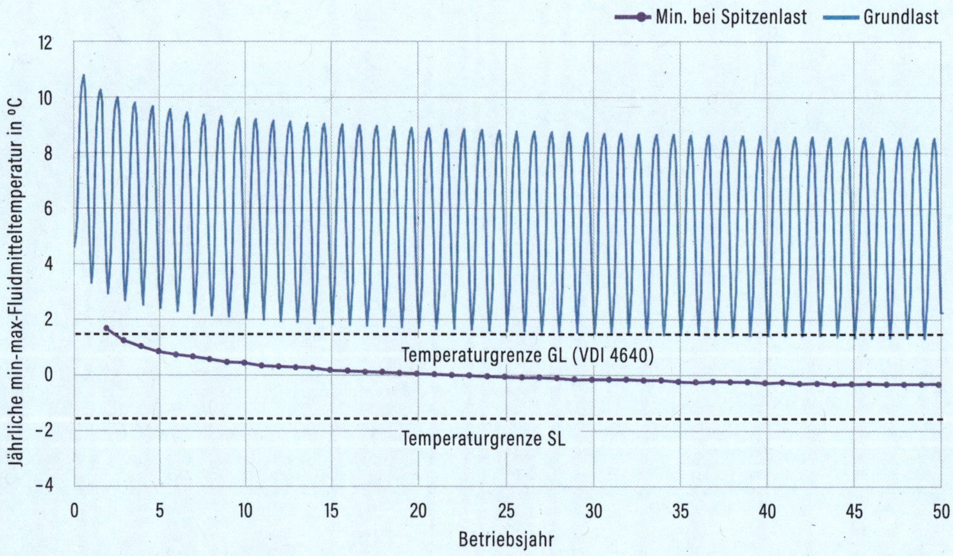

Quelle: geoEnergie konzept GmbH

EWS VDI 4640, das den Mitgliedern des Bundesverbands Wärmepumpe zur Verfügung steht, 2 x 99 Bohrmeter ausgewiesen.

AUSLEGUNG MIT SOFTWAREPROGRAMM

Mit dem Wärmepumpenauslegungsprogramm Wpopt wurden mit einer Wärmeleitfähigkeit von 2,4 W/(mK) im Report 3 x 80 Bohrmeter ausgewiesen.

AUSLEGUNG ÜBER EIN INGENIEURBÜRO FÜR GEOLOGIE

Nach der Planung wurden mit dem Softwareprogramm EED (Earth Energy Designer) 2 x 130 Meter Erdsonden mit Doppel-U-Rohrsonden (dA 32) ermittelt.

Wie aus den vorangegangenen Beispielen ersichtlich ist, gibt es erhebliche Unterschiede bei der Ermittlung der benötigten Bohrmeter. Rein zufällig liegt hier die 50-W/m-Regel im Ergebnis in der Nähe der Berechnung mit einem Softwareprogramm eines Fachplaners. Woher rühren die Unterschiede, und wie kommt man zu einer **VERLÄSSLICHEN BERECHNUNG**?

Bei der **50-W/M-REGEL** wird nur mit einer angenommenen mittleren Entzugsleistung je Bohrmeter gerechnet, welche je nach Standort unterschiedlich weit abweichen kann. Für den eigenen Standort lässt sich dieser Wert über eine Auskunft bei der zuständigen unteren Wasserbehörde oder mithilfe des Geothermie-Atlas der Länder (siehe Seite 88) jedoch präzisieren. Die Betriebsstunden der Wärmepumpenanlage und die über das Jahr benötigte Gesamtenergie beziehungsweise die Jahresentzugsenergie für das jeweilige Gebäude werden bei dieser Methode nicht berücksichtigt. Daher sollte diese Regel nur zur ungefähren Abschätzung für die Vorplanung zur Anwendung kommen.

Die Ermittlung aus **TABELLENWERTEN NACH VDI 4640** berücksichtigt die Betriebsstunden, die Wärmeleitfähigkeit des Bodens am Standort und basiert auf Berechnungen mit einem üblichen Lastprofil für die Wohngebäude und

Soleaustrittstemperaturen aus der Wärmepumpe. Diese Werte wurden mit der Neuausgabe der VDI im Juni 2018 novelliert, woraus sich höhere Sondenlängen als nach der vorherigen Fassung ergeben.

Noch genauer sind Berechnungen mit Softwareprogrammen, da diese weitere Einflussfaktoren wie die Jahresentzugsenergie berücksichtigen.

DIE SICHERSTE HERANGEHENSWEISE zur Berechnung der Sondenlängen ist eine EED-Simulation (Earth Energy Designer) durch ein Ingenieurbüro für Geologie (Geothermiefachplaner). Bei einer EED-Simulation wird der Temperaturverlauf der Sondenanlage für einen Zeitraum von 50 Jahren simuliert. In der Grafik links kann man deutlich erkennen, dass bei zu groß ausgelegten Erdsonden auch nach 50 Betriebsjahren die Soletemperatur mit circa 1,5 Grad Celsius deutlich über der 0-Grad-Grenze liegt. Deshalb ist man auf der sicheren Seite, wenn die Auslegung optimal oder darüber erfolgt. Wenn eine Simulation nicht im Budget liegt, sollte beim Ein- und Zweifamilienhaus deshalb sicherheitshalber zehn oder 20 Meter tiefer gebohrt werden als nach der 50-W/m-Regel, um eine Unterdimensionierung zu vermeiden.

Firmen und zertifizierte Bohrunternehmen finden Sie auf der Internetseite des Bundesverbands Geothermie (geothermie.de/firmen.html). Filtern Sie einfach nach: Sparte „oberflächennahe Geothermie" und Kategorie „Planung/Beratung" oder „Bohrarbeiten".

Werden **TABELLENWERTE** zugrunde gelegt, so ist es ratsam, nach dem Einbringen der ersten Bohrung anhand des nun zur Verfügung stehenden Schichtenprofils am Standort eine Nachberechnung zu den angenommenen Werten durchzuführen. In dieser Phase kann die ursprünglich vorgenommene Berechnung gegebenenfalls korrigiert werden.

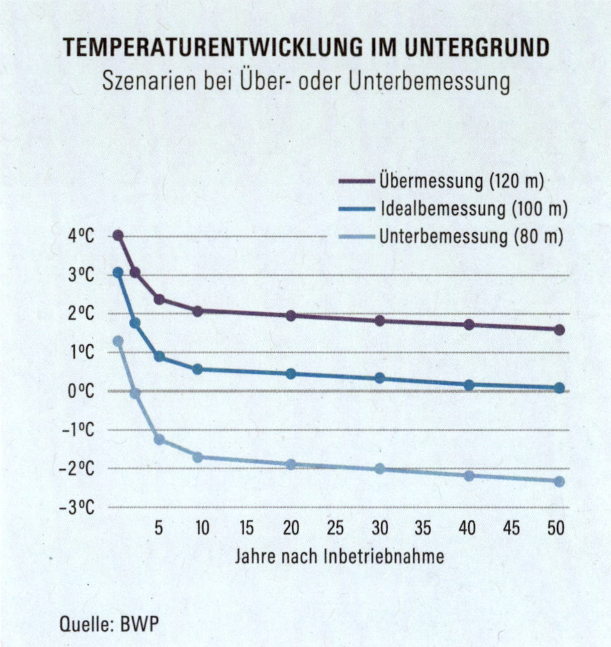

Temperaturverlauf im Untergrund bei verschiedener Dimensionierung

ERDSONDENANLAGEN – WICHTIGE PUNKTE

Bei der Errichtung von Erdsondenanlagen gilt es zahlreiche Punkte zu beachten:

Zunächst ist die Einholung der wasserrechtlichen **GENEHMIGUNG** obligatorisch, bei über 100 Metern Bohrungslänge ist eine zusätzliche Genehmigung vom Bergamt erforderlich.

Denken Sie an eine freie Zufahrt, eine Stellfläche für Ausrüstung sowie an Baustrom und Bauwasser. Achten Sie darauf, dass das ausführende Bohrunternehmen nach DVGW (Deutscher Verein des Gas- und Wasserfaches e. V.) W-120–2 zertifiziert ist und eine schadensunabhängige **VERSICHERUNG** abgeschlossen hat. Die Errichtung von Erdwärmesonden hat sich über viele Jahre bewährt. Ein geringes Restrisiko, dass durch die Bohrarbeiten unvorhergesehene Ereignisse auftreten können, ist jedoch nicht ganz auszuschließen. Achten Sie darauf, dass die Bohrarbeiten nach der VDI-Richtlinie 4640 ausgeführt werden.

Legen Sie die Bohrpunkte gemeinsam fest und kennzeichnen Sie sie deutlich. Schließlich wird die wasserrechtliche Genehmigung auf die Bauherren ausgestellt, die Ansprechpartner der Behörde sind, wenn etwas schiefläuft. Sie wissen so auch am besten, welche Leitungen wo im Grundstück verlaufen und wo die

ABSTÄNDE ZUM NACHBARN

Können Abstände zu Nachbargrundstücken nicht eingehalten werden, so lassen Sie sich vom jeweiligen Nachbarn schriftlich bestätigen, dass Sie bis an die Grundstücksgrenze gehen dürfen. Ist die Zufahrt zu den Bohrpunkten nicht für das Bohrgerät geeignet, kann das Bohrgerät auch erforderlichenfalls mit dem Kran über das Gebäude gehoben werden. Weitere wertvolle Hinweise und Informationen finden Sie auch im „Leitfaden Oberflächennahe Geothermie" der jeweiligen Bundesländer.

Grenzen zu benachbarten Grundstücken liegen. Dabei sind die Festlegungen in der wasserrechtlichen Erlaubnis zu beachten. Achten Sie auf **VORGESCHRIEBENE ABSTÄNDE** der Sonden untereinander, zu Nachbargrundstücken, Gebäuden und Straßen. Achten Sie auf im Grundstück verlaufende Medien wie Telefon- und Strom-, Gas-, Wasser- und Abwasserleitungen. Für eventuell austretendes Wasser bei den Bohrarbeiten ist eine **EINLEITGENEHMIGUNG** zu beantragen (beim Abwasserzweckverband).

Bei mehreren Sonden ist es vorteilhaft, einen Verteilerschacht mit einem Soleverteiler einbauen zu lassen. Dadurch lässt sich die Sondenanlage leichter befüllen und entlüften, und es kann kontrolliert werden, ob alle Kreise gleichmäßig zirkulieren.

Achten Sie sorgfältig darauf, dass die Erdsonden mit dem in der Bohrgenehmigung angegebenen **VERPRESSMITTEL** richtig verfüllt werden.

Beim Einsatz von kompakten Sole/Wasser-Wärmepumpen ist die **SOLEPUMPE** im Gerät verbaut. Hier ist zu prüfen, ob die laut Hersteller angegebene Restförderhöhe zur geplanten Sondenlänge passt. Manche Hersteller geben in den Planungsunterlagen an, dass die integrierte Solepumpe zum Beispiel bei 32er-Sonden nur bis auf 80 Meter Sondenlänge ausgelegt ist.

Bei Sondenlängen über 100 Metern sind bei nicht ausreichender Restförderhöhe der Solepumpe Erdsonden mit einem Außendurchmesser (dA) 40 einzusetzen.

Lassen Sie sich nach Beendigung der Arbeiten die komplette Dokumentation mit Prüfzertifikaten, Druckprotokollen, Bohrpunktvermessung und Schichtenverzeichnis aushändigen.

Dimensionierung und Errichtung horizontaler Flächenkollektoren

Hier gelten im Prinzip die gleichen Richtlinien wie bei den Erdsonden, wobei es hinsichtlich der Dimensionierung eines Flächenkollektors einige spezielle Aspekte zu beachten gibt. Die Auslegung mit einem entsprechenden Softwareprogramm durch einen Geothermiefachplaner ist auch hier die sicherste Variante.

Manche Hersteller bieten in ihren Planungsunterlagen Tabellen für die Auslegung konventioneller Erdwärmekollektoren. Hier werden für verschiedene Bodenarten und Kollektorrohrdurchmesser anhand der Kälteleistung der Wärmepumpen die Anzahl und Länge der Kollektorkreise angegeben, was sich über viele Jahre bewährt hat. Richtwerte für die möglichen spezifischen Entzugsleistungen je Quadratmeter Boden können dem Infoblatt Nr. 43 BDH/BWP (unter bdh-industrie.de/service/publikationen), Seite 17, Abschnitt „Auslegung Erdwärmekörbe" entnommen werden.

Des Weiteren sind die Entfernung des Soleverteilers zum Heizraum und die Kälteleistung der Wärmepumpe zu beachten. Auch hier gibt es Tabellen, über die der Durchmesser der Verbindungsleitung entsprechend der installierten Solepumpe auf bestimmte Entfernungen ausgelegt wird.

In der VDI 4640/2 befinden sich im Anhang A Auslegungstabellen, in denen die maximale flächenspezifische Entzugsleistung und die maximale flächenspezifische Entzugsarbeit abhängig von der Bodenart und der Klimazone für verschiedene Kollektorarten berechnet sind.

Vergewissern Sie sich, dass Ihrem Planer die VDI 4640/2 vorliegt.

Vorteilhaft für die Dimensionierung ist es, wenn die Bodenschichten und -arten bis zur Verlegetiefe etwa aus einem **BODENGUTACHTEN** bekannt sind. Ist nicht eindeutig, welcher Wert aus den Spalten der Bodenart entspricht, sollte immer mit der in der Tabelle nebenstehend ungünstigeren spezifischen Entzugsleistung/-arbeit gerechnet werden.

Angaben, dass für den Flächenkollektor das Zwei- bis Zweieinhalbfache der beheizten Fläche benötigt wird, sind mit Vorsicht zu verwenden, da die Entzugsleistung von vielen Faktoren (Bodenart, wasserführend, feucht oder trocken, Klimazone, Kollektorart ...) abhängig ist. Beachten Sie: Zu gering ausgelegte horizontale Erdwärmekollektoren können zu Hebungen und Setzungen an der Erdoberfläche führen. Sicherer ist es, das Zweieinhalb- bis Dreifache der beheizten Fläche zugrundezulegen.

SONDERFORMEN VON ERDWÄRME-KOLLEKTOREN

Kollektormatten, Grabenkollektoren und Erdwärmekörbe werden oft dort eingesetzt, wo die Grundstücksfläche für einen konventionellen Flächenkollektor zu klein ist. Sie bilden eine gute Alternative zu Erdwärmesonden, vor allem wenn die Bohrkapazitäten knapp sind. Aufgrund ihrer Konstruktion haben diese Sonderformen höhere Entzugsleistungen, müssen aber auch tiefer verlegt werden. Wenn sie richtig ausgelegt sind, liegen die Investitionskosten oft nicht weit auseinander. Sie können auch untereinander kombiniert werden. Die Auslegung erfolgt in der Regel durch den Hersteller dieser Sonderbauformen. Ein Ingenieurbüro für Geologie mit einzuschalten ist in schwierigen Fällen zu empfehlen.

FLÄCHENKOLLEKTOREN – WICHTIGE PUNKTE

Bei der Installation konventioneller Flächenkollektoren (Kollektorkreise mit Rohr dA 32 oder dA 25) gibt es unterschiedliche Ausführungsvarianten. Die **ROHRE** sollen frostfrei (etwa 1,10 bis 1,20 Meter tief und je nach Rohrdurchmesser im Abstand von 0,5 bis 0,7 Metern) verlegt werden. Meistens werden 100-Meter-Rollen PE 100 Rohr angeliefert und dann ab dem Soleverteiler in Kollektorkreisen von je 100 Metern Länge verlegt. Je nach Tiefbauer wird entweder die ganze benötigte Fläche Erde freigelegt und danach wieder aufgetragen oder es werden Gräben in 0,6 oder 0,8 Metern Breite und 1,2 Metern Tiefe gezogen. Damit weniger Erdmassen bewegt werden müssen, wird abwechselnd ein Graben geöffnet und der nächste verfüllt.

Zu Gebäuden soll der **ABSTAND** vom Kollektor mindestens 1,2 Meter, zu Wasserleitungen 1,5 Meter und zur Grundstücksgrenze 1,0 Meter betragen.

Der **SOLEVERTEILER** sollte nach Möglichkeit am höchsten Punkt gesetzt werden, damit sich die Anlage gut entlüften lässt. Wichtig ist, dass alle Kollektorkreise die gleiche Länge haben, da ansonsten Soleverteiler mit Durchflussbegrenzern verbaut werden müssen.

Um Kosten zu sparen, werden diese Arbeiten oft in Eigenleistung durchgeführt. Die Begleitung und Überwachung durch einen Fachmann wird dabei dringend empfohlen!

Gelegentlich werden **DRAINAGEROHRE** im Flächenkollektor verlegt. Wenn diese Leitungen frostfrei verlegt werden und das Wasser abfließen kann, spricht nichts dagegen.

ACHTUNG: Erdwärmekollektoren dürfen auf keinen Fall überbaut oder versiegelt werden!

LIEBER ZU GROSS ALS ZU KLEIN

Für alle Erdwärmekollektoren gilt die Aussage, dass ein Erdwärmekollektor niemals zu groß dimensioniert sein kann, höchstens zu teuer! Die Kosten für zu groß ausgelegte Kollektoren sind Garant für eine bessere Effizienz der Wärmepumpe, sorgen für eine hohe Betriebssicherheit und amortisieren sich auf lange Sicht.

ZUSÄTZLICHE KOLLEKTORKREISE

Falls Ihr Grundstück es zulässt, lassen Sie ein oder zwei Kollektorkreise zusätzlich zur geplanten Anzahl verlegen. Das bringt höhere Soletemperaturen, sprich mehr Effizienz und mehr Betriebssicherheit.

Ab und zu ist zu hören, Flächenkollektoren funktionierten nicht richtig, auf ihnen wachse später kein Gras mehr oder es komme zu Bodenhebungen oder -senkungen. Die Antwort darauf lautet, dass dort, wo ein Flächenkollektor richtig dimensioniert und verlegt wurde, keine Probleme auftreten. Je nach Winter und Wärmeentzug kann es zu Vegetationsverzögerungen von ein bis zwei Wochen kommen. Anders gesagt, kann auf dem Kollektorfeld der Schnee etwas länger liegen bleiben und das Gras etwas später wachsen, was jedoch unproblematisch ist.

Auslegung und Installation von Brunnenanlagen

Die Grundwassernutzung mit Wasser/Wasser-Wärmepumpen gehört mit zu den effizientesten Anlagen und ist erlaubnispflichtig. Da die

RICHTWERTE WICHTIGER WASSERINHALTSSTOFFE

Stoffbezeichnung	Grenzwert	Bemerkung
Partikeldurchmesser	< 1 mm	Ablagerungen im Wärmetauscher
pH-Wert	6,5 – 9	Mögliche Korrosion von Edelstahl bei zu hohen Anteilen (saures Wasser)
Sauerstoff (O_2)	< 2 mg/l	
Leitfähigkeit	< 500 µS/cm	
Gesamthärte	> 4 °dH < 8,5 °dH	
Eisen (Fe)	< 2 mg/l	Führt in Verbindung mit Sauerstoff zur Verockerung des Schluckbrunnens
Mangan (Mn)	< 1 mg/l	Führt in Verbindung mit Sauerstoff zur Verockerung des Schluckbrunnens
Aluminium (Al)	< 0,2 mg/l	Korrosionsgefahr für Kupfer
Ammoniak (NH_3)	< 2 mg/l	Korrosionsgefahr für Kupfer
Nitrat (NO_3)	< 70 mg/l	
Sulfat (SO_4)	< 70 mg/l	Mögliche Korrosion von Edelstahl bei zu hohen Anteilen
Chlorverbindungen (Cl)	< 300 mg/l	Mögliche Korrosion von Edelstahl bei zu hohen Anteilen
Gelöste Kohlensäuren (CO_2)	< 5 mg/l	Korrosionsgefahr für Kupfer
Ammonium	< 20 mg/l	

Quelle: Stefan Sobotta: „Praxis Wärmepumpe" (2015)

dazu erforderlichen Voraussetzungen nicht überall gegeben sind, ist ihre Verbreitung auf bestimmte Regionen begrenzt. Die jeweiligen landesspezifischen Regelungen sind unbedingt zu beachten.

Was die **DIMENSIONIERUNG** und Ausführung der Brunnenanlagen betrifft, so sind die Anforderungen in der VDI 4640/2 ausführlich beschrieben. Pro Kilowatt Heizleistung der Wärmepumpe werden demnach bei einer Temperaturspreizung von drei bis vier Kelvin zwischen 0,22 bis 0,29 Kubikmeter Brunnenwasser pro Stunde (m^3/h) benötigt. In der Fachliteratur wird meistens angegeben, dass pro Kilowatt Heizleistung ungefähr 250 Liter Wasser pro Stunde benötigt werden, dessen Temperatur nicht unter sieben Grad Celsius absinken darf. Das bedeutet für eine Wärmepumpe von zehn Kilowatt Heizleistung: Pro Stunde werden etwa 2,5 Kubikmeter Wasser benötigt.

Für die Dimensionierung des Förder- und Schluckbrunnens sind die Grundlagen und Regelwerke des Brunnenbaus, wie DVGW W-118 „Bemessung von Vertikalfilterbrunnen", und für die Errichtung die DVGW-Arbeitsblätter W-119 bis W-123 zu beachten.

Die genau erforderliche **WASSERMENGE** kann man auf dem Typenschild der Wärmepumpe oder im technischen Datenblatt unter „Volumenstrom Wärmequelle" ablesen.

WASSERQUALITÄT

Zur benötigten Wassermenge kommen bestimmte Anforderungen an die **WASSERQUALITÄT** hinzu, wie sie in der Tabelle auf Seite 98 aufgeführt sind. Zur Beurteilung der chemischen Zusammensetzung des Grundwassers ist deshalb eine Wasseranalyse durch ein Fachlabor erforderlich. Die in der Tabelle aufgeführten Grenzwerte sollten in keinem Fall überschritten werden.

HINWEIS: Da die Wärmepumpenhersteller unterschiedliche Wärmeübertrager in ihren Wasser/Wasser-Wärmepumpen einsetzen, sollten immer die Anforderungen des Herstellers bezüglich der Grundwasserchemie, die in der Planungs- und Installationsanleitung enthalten sind, beachtet werden.

VORBEREITUNG DER TAUCHPUMPE

Vor Anschluss der Wärmepumpe an die Brunnenanlage sollte die Tauchpumpe mehrere Tage gelaufen sein, damit Sand und Bohrmaterial ausgespült werden.

Werden die Anforderungen an die Wasserqualität nicht erfüllt, besteht die Möglichkeit, das Wasser aus dem Entnahmebrunnen aufzubereiten oder einen **ZWISCHEN-WÄRMEÜBERTRAGER** (im Sprachgebrauch Zwischenwärmetauscher, ZWT) einzusetzen. Da hierzu eine weitere Umwälzpumpe benötigt und die Temperatur bis zu drei Grad reduziert wird, sind damit Effizienzeinbußen verbunden. Als Zwischen-Wärmeübertrager werden gelegentlich geschraubte Plattenwärmeübertrager verwendet. Je nach Wasserqualität kann der dazu erforderliche Wartungsaufwand hoch werden. Es ist zu prüfen, ob der Einsatz von Erdwärmesonden in speziellen Fällen nicht die bessere, sicherere und wirtschaftlichere Lösung ist.

NUTZUNG EINES VORHANDENEN BRUNNENS

Bei einem vorhandenen Brunnen ist ebenfalls unbedingt ein Pumpversuch durchzuführen, um zu klären, ob die benötigte Wassermenge zu jeder Zeit zur Verfügung steht und ob die Temperatur zu keinem Zeitpunkt unter sieben Grad Celsius fällt. Die thermisch genutzte Wassermenge ist vollständig über einen Schluckbrunnen/Sickerschacht in das Grundwasserstockwerk der Entnahme zurückzuführen.

Für die Planung und den Bau von Brunnenanlagen sind entsprechende Planungsbüros und zertifizierte Brunnenbaubetriebe einzuschalten. Das ausführende Unternehmen muss dabei nach DVGW Arbeitsblatt W-120–1 zertifiziert sein.

Erforderliche hydrogeologische Untersuchungen, eine Probebohrung und der Pumpversuch sind relativ aufwändig und kostenin-

GRUNDWASSER-WÄRMEPUMPENANLAGE

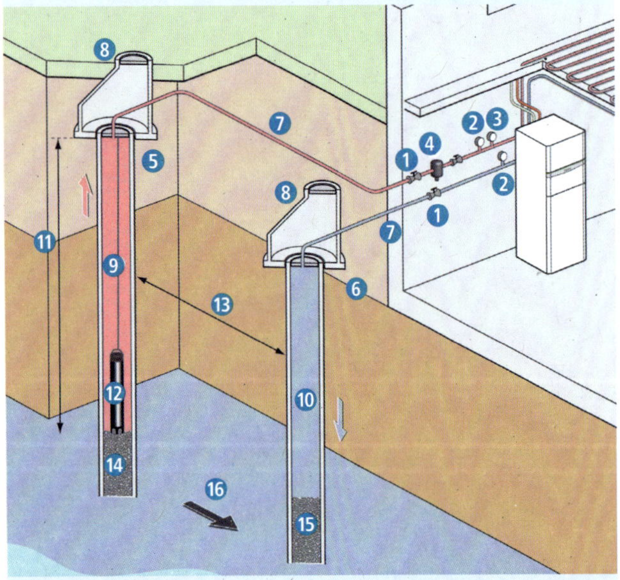

1 Absperrventil
2 Temperaturanzeige
3 Druckanzeige
4 Feinfilter (100–120 µm Maschenweite, große Filteroberfläche, rückspülbar)
5 Saugbrunnen
6 Schluckbrunnen
7 Verlegung der Leitungen mit Gefälle zum Brunnen in frostfreier Tiefe ca. 1,0 bis 1,5 m
8 Abdeckung mit Entlüfter, Eindringen von Kleintieren und Oberflächenwasser muss verhindert werden
9 Förderrohr und
10 Fallrohr luftdicht und korrosionsgeschützt in den Wasserspiegel eingeführt
11 Maximale Tiefe des Grundwassers sollte 15 m nicht überschreiten
12 Tauchpumpe
13 Abstand Brunnen mindestens 15 m
14 Filterrohr mit Kiesschüttung
15 Filterrohr
16 Grundwasserströmungsrichtung vom Saugbrunnen zum Schluckbrunnen

Quelle: Stefan Sobotta: „Praxis Wärmepumpe" (2015)

tensiv und rechnen sich eher bei größeren Anlagen.

BRUNNENANLAGEN – WICHTIGE PUNKTE

Weitere Kriterien zur Systementscheidung sind, dass der Entnahme- und der Schluckbrunnen **MINDESTENS 15 METER ENTGEGEN DER GRUNDWASSERSTRÖMUNG** voneinander angeordnet sein müssen und zu bestehenden Gebäuden ein **ABSTAND** von mindestens zwei Metern eingehalten werden muss. Es muss geklärt sein, wie tief der Brunnen sein muss, damit ausreichend Wasser zur Verfügung steht. Genauso wichtig ist aber, dass der Schluckbrunnen beziehungsweise die Sickerschächte ausreichend groß bemessen sind, damit sie die gesamte geförderte Grundwassermenge sicher aufnehmen können. Dies ist durch geeignete Füllversuche nachzuweisen.

Da es sich bei Brunnenanlagen um offene Systeme handelt, muss die Tauchpumpe im Entnahmebrunnen die statische Förderhöhe überwinden, was relativ hohe Pumpleistungen erfordert. Im Ein- und Zweifamilienhaus sind deshalb tiefere Brunnen über 15 Meter eher unwirtschaftlich.

Dem Betreiber beziehungsweise der Betreiberin muss nach Beendigung der Bohr- und Ausbauarbeiten eine komplette Anlagendokumentation mit eingemessenen Bohrpunkten, Leitungsführung, Schichtenverzeichnis, Ausbauplan, Wasserständen, Wasseranalyse, Protokollen der Pump- und Auffüllversuche, Bedienungs- und Wartungsunterlagen übergeben werden.

Alle Bauteile für den Transport des Grundwassers (das nicht mit Luft in Berührung kommen sollte) bis unter die Wasserunterkante des Schluckbrunnens müssen aus **KORROSIONSBESTÄNDIGEM MATERIAL** hergestellt sein und sind frostfrei zu verlegen. Besonderes Augenmerk ist auf die Dimensionierung der Tauchpumpe zu legen. Zu groß ausgelegte Förderpumpen haben einen hohen Stromverbrauch und führen zur Überbelastung der Brunnenanlage. Zu klein ausgelegte Förderpumpen können hingegen Störungen im Betriebsablauf hervorrufen.

Ein **WASSERZÄHLER** oder Durchflussmesser wird benötigt, um den geforderten Volumenstrom einzustellen und um die erforderlichen Eintragungen (wie beispielsweise die Kontrolle der genehmigten Jahresfördermenge) im Betriebstagebuch vornehmen zu können. In der nebenstehenden Abbildung sind die wichtigsten Merkmale einer Grundwasser-Wärmepumpenanlage bildlich dargestellt.

Planung und Ausführung für die Wärmequelle Luft

Im Kapitel „Wärmepumpenarten", siehe Seite 39, wurden die Bauarten von Luft-Wärmepumpen vorgestellt und in der Tabelle „Verschiedene Arten von Luft-Wärmepumpen", siehe Seite 45, als Gesamtüberblick präsentiert.

Bei der Planung des Aufstellungsorts gibt es unterschiedliche Anforderungen für die Innen- und für die Außenaufstellung. Ein weiteres wichtiges Unterscheidungsmerkmal ist die Bauart: Luft-Wärmepumpen gibt es als Monoblock-Wärmepumpe (Kompaktausführung) und als Split-Ausführung. Bei Luft-Wärmepumpen mit brennbaren Kältemitteln gelten besondere Anforderungen für Transport, Lagerung, Aufstellung und Entsorgung. Verbindlich sind in allen Fällen die Sicherheitsanforderungen in den Installations- und Bedienungsanleitungen der Hersteller.

Aus den Absatzzahlen des Bundesverbands Wärmepumpe für das Jahr 2021 ist ersichtlich, dass der Absatz bei Luft-Wärmepumpen von 2020 auf 2021 um 33 Prozent auf 127 000 Stück insgesamt gestiegen ist. Das Interessante dabei: Der Anstieg bei den Monoblockgeräten verlief mit 48 Prozent am stärksten. Diese Bauweise macht inzwischen rund 66 Prozent des gesamten Luft-Wärmepumpenmarkts aus.

Luft-Wärmepumpen sind weder anmelde- noch genehmigungspflichtig. Dennoch sollten Sie sich über das zuständige Bauamt über spezielle regionale Festlegungen bezüglich der schalltechnischen Anforderungen nformieren.

INNENAUFSTELLUNG VON LUFTWÄRMEPUMPEN

Wenn die Luftwärmepumpe im Haus aufgestellt wird, ist darauf zu achten, dass der vom Hersteller angegebene Kanal-/Rohrquerschnitt für Zu- und Abluft an keiner Stelle reduziert wird. Die **ZU- UND ABLUFTKANÄLE** müssen zudem diffusionsdicht isoliert werden. Die erforderlichen Öffnungen müssen im Bauablauf eingeplant und an den betreffenden Stellen Stürze vorgesehen werden. Wanddurchführungen sind ausreichend zu dämmen und fachgerecht abzudichten.

Zur Sicherung des Mindestvolumenstroms sind **PUFFERSPEICHER** vorzusehen.

Bei der Planung des **AUFSTELLORTS** muss das Einbringgewicht der Anlage mit der zulässigen Bodenbelastung abgeglichen werden. Prüfen Sie, ob für Wartungsarbeiten und Wandabstände der laut Herstellerangaben erforderliche Platz eingehalten werden kann. Es muss zudem sichergestellt sein, dass die Wärmepumpe waagerecht aufgestellt werden kann und dass Aufstellfläche, Rohrleitungen und Kabel schallschutztechnisch entkoppelt werden.Im Aufstellraum sind schallharte reflektierende Flächen zu vermeiden.

Aufstellraum und Kondensatabfluss (mindestens DN 50 = Mindest-Nennweite, also Durchmesser der Entwässerungs-/Abflussleitung) sind **FROSTFREI** zu halten. Bei Ablauf in das Entwässerungssystem ist ein Siphon als Schutz des Verdampfers vor aggressiven Dämpfen einzubauen. Nur vom Hersteller zugelassene Wetterschutzgitter dürfen verwendet werden.

Die Ausblasseite muss ausreichenden Abstand zu schutzbedürftigen Räumen haben, die **ABSTÄNDE** zwischen Zu- und Abluft müssen ausreichend sein – mindestens zwei Meter oder über Eck. Beachten Sie dazu unbedingt die Herstellerangaben und vermeiden Sie einen Kurzschluss.

AUSSENAUFSTELLUNG VON LUFTWÄRMEPUMPEN

Die Ausblasöffnung der Wärmepumpe darf nicht zur Hauptwindrichtung, zu schutzbedürftigen Räumen oder zu Gehwegen ausgerichtet sein. Erforderlichenfalls müssen zusätzliche Schalldämmhauben, eine Schalltrennwand oder ein Sichtschutz installiert werden.

Für die **AUFSTELLUNG** ist ein Fundament auf frostfreier Gründung mit frostfreiem Kondensatablauf erforderlich. Achtung: Monoblockausführungen können mehrere Hundert Kilo wiegen. Das Fundament muss dauerhaft waagerecht bleiben!

VOR- UND RÜCKLAUF DER WÄRMEPUMPE sind mit vorkonfektionierten flexiblen Rohren im Mantelrohr mit PE-Schaumisolierung frostfrei ins Gebäude zu verlegen. Für die

Durchleitung durch das Mauerwerk sind geeignete Mauerwerksdurchführungen zu verwenden. Die Dimensionierung der Verbindungsleitung ist entsprechend der Entfernung vom Aufstellort zum Heizraum vorzunehmen. Lastkabel und Steuerkabel sind getrennt zu führen oder entsprechend abzuschirmen. Die zugeführte Luft muss sauber und frei von aggressiven Stoffen sein.

In strengen Klimazonen sind die Schneehöhen zu beachten. Gegebenenfalls ist ein Untergestell einzubauen oder das Fundament entsprechend auszuführen. Außen aufgestellte Monoblock-Luft/Wasser-Wärmepumpen gehören eventuell nicht mit zur Hausratversicherung und sind gegebenenfalls gesondert gegen Frostschäden zu versichern!

Für einen **STROMAUSFALL** müssen manuelle oder automatische Entleerungsmöglichkeiten vorhanden sein. Gegebenenfalls sind die Rohrleitungen der Wärmepumpe auszublasen.

Bei der Außenaufstellung von Luft-Wärmepumpen mit **BRENNBAREN KÄLTEMITTELN** wird für die Umgebung der Außeneinheit (mindestens ein Meter) laut Hersteller ein Schutzbereich definiert, in dem folgende Gegebenheiten nicht vorhanden sein oder auftreten dürfen:

- Gebäudeöffnungen wie zum Beispiel Fenster, Türen, Lichtschächte, Dachfenster oder andere Öffnungen
- Öffnungen für Zu- und Abluft von Lüftungsanlagen, Einzelraumlüfter
- Grundstücksgrenzen, Geh- und Fahrwege, Straßen und Nachbargrundstücke
- Kanäle, Schächte, Einläufe Abwasser, Fallrohre …
- Senkungen, Vertiefungen, Mulden, Brunnen, Schächte
- Elektrische Hausanschlüsse und Anlagen, Steckdosen, Leuchten, elektrische Schalter
- Schneefangsysteme auf dem Dach

Im Schutzbereich dürfen außerdem keinerlei Zündquellen wie offene Flammen, Flammkörper, Kerzen, Grills, Feuerkörbe und Ähnliches zur Anwendung kommen, dürfen Werkzeuge keine Funken bilden, müssen elektrische Geräte zündquellenfrei sein, ebenso wie mobile Endgeräte mit integriertem Akku wie Mobiltelefone, Fitnessuhren et cetera. Im Leitfaden „Außenaufstellung von Wärmepumpen mit brennbaren Kältemitteln" des Bundesverbands Wärmepumpe finden sich weitere detaillierte Hinweise. Der Leitfaden kann unter der Webadresse waermepumpe.de > Verband > Publikationen kostenfrei heruntergeladen werden.

Für den Aufstellungsort der **AUSSENEINHEITEN DER SPLIT-AUSFÜHRUNGEN** gelten grundsätzlich die gleichen Hinweise wie für die Monoblock-Außenaufstellung außer dem Frostschutz und der Versicherung. Werden Außeneinheiten an der Außenwand befestigt, ist auf die Schallentkopplung besonders hoher Wert zu legen. Sind die Anforderungen an den Schallschutz für den Aufstellort der Außeneinheit außergewöhnlich hoch, ist eine Ausführung zu wählen, bei der sich der Verdichter in der Inneneinheit befindet. Außerdem muss die Wand statisch geeignet und belastbar sein. Dabei sind die Gewichte der jeweiligen Außeneinheiten zu berücksichtigen. Für die Sole/Luft-Wärmeübertrager als Außeneinheit bei Split-Anlagen sind die einschlägigen Richtlinien des Herstellers zu beachten. Besonders wichtig ist dabei, dass die Außeneinheit mit der richtigen Solekonzentration bis minus 20 Grad Celsius befüllt wird.

Unabhängig von den hier aufgeführten Hinweisen sind generell die in den Installationsanleitungen der Hersteller enthaltenen Festlegungen bindend.

Schallemissionen bei Luftwärmepumpen

Die Thematik Schall bei Luft-Wärmpumpen erhitzte viele Jahre die Gemüter. Immer wieder wurden Fälle bekannt, bei denen die Geräuschbelästigung durch eine Luft -Wärmepumpe zu heftigen Auseinandersetzungen führte. Inzwischen wurde die Technik weiterentwickelt, sodass die Geräte so leise geworden sind, dass es – bei Beachtung der Aufstellungsrichtlinien und der Montageanleitung – nur noch selten zu ernsthaften Problemen kommt. Durch eine gute und umsichtige Planung können mögliche Probleme erkannt und von vorneherein verhindert werden.

GRUNDLAGEN

In den technischen Unterlagen werden Schallleistungspegel und Schalldruckpegel angegeben, wobei der ausgesandte Schall der Wärmepumpe als Schallemission bezeichnet und als **SCHALLLEISTUNGSPEGEL** angegeben wird. Als Schallimmission wird die Einwirkung des Schalls auf einen bestimmten Ort genannt und als **SCHALLDRUCKPEGEL** gemessen und ausgewiesen. Die abgegebene Schallleistung wird aus Schalldruckmessungen und definierten Abständen zur Schallquelle rechnerisch ermittelt. Der Schallleistungspegel wird zum Vergleich unterschiedlicher Geräte herangezogen. Der Schalldruck hingegen wird in einer bestimmten Entfernung zur Schallquelle gemessen und nimmt mit zunehmender Entfernung ab. Der gemessene Schalldruckpegel in Dezibel (dB) ist der Wert, welcher gemäß der 32. Bundes-Immisionsschutzverordnung (BImSchG), welche auf die Technische Anleitung zum Schutz gegen Lärm (TA Lärm) zurückgreift, im jeweiligen Gebiet einzuhalten ist. Der Betreiber einer Wärmepumpenanlage ist für die Einhaltung der Immissionsrichtwerte nach TA Lärm verantwortlich.
Die **TA LÄRM** legt die Immissionsrichtwerte in Abhängigkeit von den Gebietstypen und den Tageszeiten fest. Von 6 Uhr bis 22 Uhr gelten dabei im Allgemeinen die Richtwerte für den Tag, von 22 Uhr bis 6 Uhr diejenigen für die Nacht. In der Tabelle rechts sind die **IMMISSIONSRICHTWERTE** außerhalb von Gebäuden dargestellt.

Während bei der Innenaufstellung von Luft-Wärmepumpen die Schallentwicklung neben den baulichen Gegebenheiten des Aufstellungsraums hauptsächlich durch eine fachgemäße Installation beeinflusst wird, kann bei einer Außenaufstellung der Betreiber bei der Auswahl des Aufstellungsorts eventuelle Auswirkungen auf benachbarte Gebäude maßgeblich mit beeinflussen. Anhand der Abbildung auf Seite 104 kann man erkennen, wie sich der Schalldruckpegel in Abhängigkeit zur Umgebung am Aufstellungsort verändert. Dabei wächst der Richtfaktor exponentiell von der freien Aufstellung über die Wand -und Eckaufstellung.

IMMISSIONSRICHTWERTE SCHALL AUSSERHALB VON GEBÄUDEN (TA LÄRM)

Gebietstyp	Tagbetrieb	Nachtbetrieb
Industriegebiete	70 dB(A)	70 dB(A)
Gewerbegebiete	60 dB(A)	50 dB(A)
Kerngebiete, Dorfgebiete und Mischgebiete	60 dB(A)	45 dB(A)
Allgemeine Wohngebiete und Kleinsiedlungsgebiete	55 dB(A)	40 dB(A)
Reine Wohngebiete	50 dB(A)	35 dB(A)
Kurgebiete, für Krankenhäuser und Pflegeanstalten	45 dB(A)	35 dB(A)

MASSNAHMEN

Um Problemen mit eventuellen Geräuschen von vorneherein aus dem Weg zu gehen, sollten die folgenden Punkte beachtet werden:

- → Vergleichen Sie die in den technischen Datenblättern angegebenen Werte zum Schallleistungspegel und Schalldruckpegel.
- → Prüfen Sie die Entfernung vom Aufstellungsort zu Fenstern (besonders Schlafzimmer) und Terrassen vonNachbargebäuden.
- → Achten Sie auf die passende Geräteauswahl wie zum Beispiel Innen-/Außenaufstellung, Heizung und Warmwasser über ein Gerät oder Warmwasserbereitung über Warmwasser-Wärmepumpe.
- → Die Umgebung des Aufstellungsorts sollte möglichst ausreichend schallabsorbierende Materialien enthalten.
- → Die Wahl des Aufstellungsortes sollte eher weiter vom Nachbarn entfernt sein als zum eigenen Gebäude.
- → Ziehen Sie eventuelle Schallschutzwände in Erwägung.
- → Bedenken Sie eine Schallentkopplung der Böden/Podeste (Schallschutzmatten/Unterlagen).
- → Ziehen Sie ebenfalls eine Schallentkopplung von Rohrleitungen und Kabeln in Betracht.

→ Beachten Sie eine automatische Umschaltung auf Nachtbetrieb (Reduzierung der Lüfterdrehzahl, Flüsterbetrieb).

Immerhin muss je Kilowatt installierter Verdampfleistung ein Luftvolumenstrom von etwa 500 bis 700 Kubikmeter pro Stunde bewegt werden. Das sind bei einer kompakten On/off-Luft/Wasser-Wärmepumpe mit einer Heizleistung von 10 Kilowatt bis zu 5000 Kubikmeter Luftvolumenstrom pro Stunde.

Unter waermepumpe.de/schallrechner bietet der Bundesverband Wärmepumpe ein Online-Tool, mit dem sich leicht prüfen lässt, ob die geplante Aufstellvariante die Anforderungen der „Technischen Anleitung zum Schutz gegen Lärm" und die Immissionsrichtwerte für Tag- und Nachtbetrieb erfüllt.

SO ERHÖHT SICH DER SCHALLDRUCKPEGEL ABHÄNGIG VOM AUFSTELLORT

Die Werte gelten gleichlautend für den Luftaustritt einer innen aufgestellten Wärmepumpe. (Raumwinkelmaß K_0)

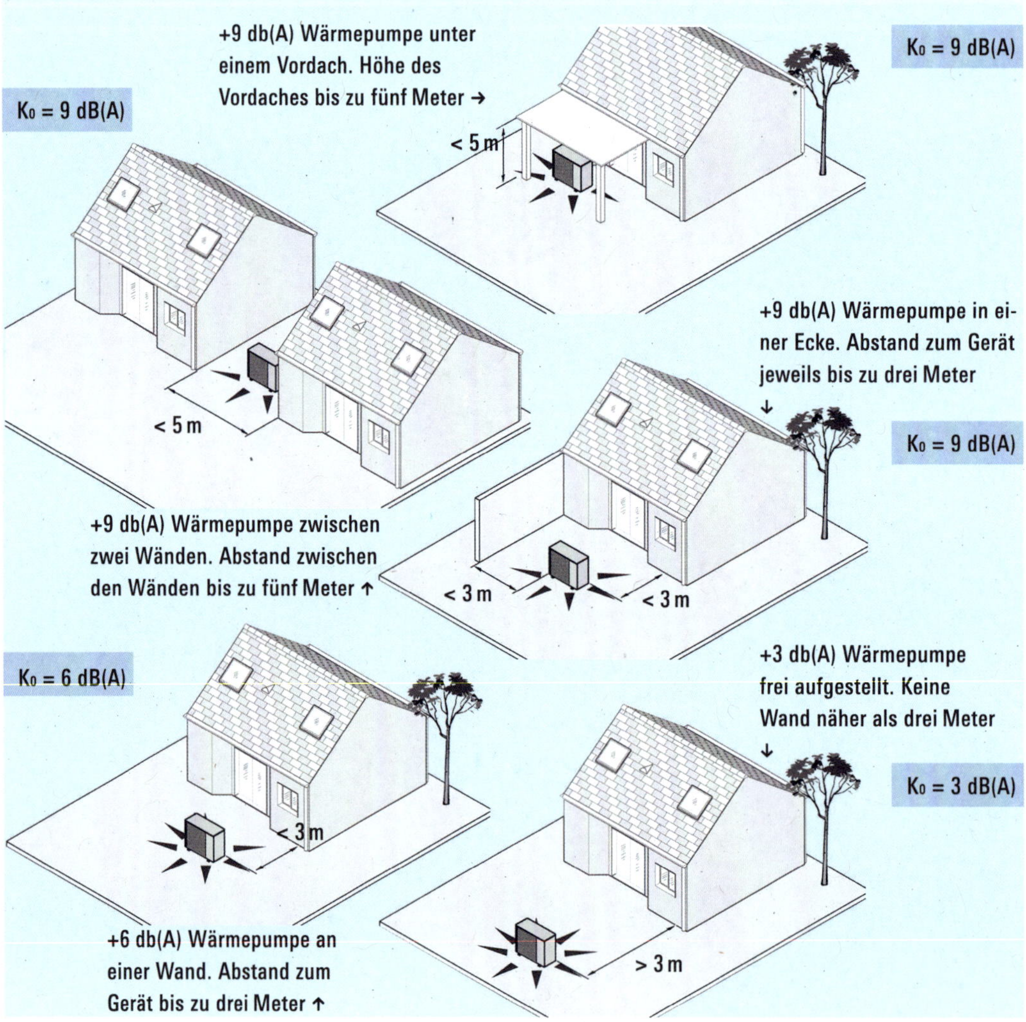

→ Anlagenkonzept und Detailplanung:

Mit den Informationen aus Vorplanung und Grundlagenermittlung als Planungsgrundlage kann nun ein Anlagenkonzept mit den dazugehörigen Hydraulikplänen und Regelungskonzepten erstellt werden.

WAS ERFAHRE ICH?

Alle getroffenen Festlegungen und Erkenntnisse aus Vorplanung und Grundlagenermittlung sollten protokolliert werden, damit es im Nachhinein nicht zu Missverständnissen oder gegenteiligen Auffassungen kommen kann. Dazu kann beispielsweise eine gemeinsam erarbeitete und unterzeichnete Checkliste verwendet werden.

Hydraulikschema mit Hydraulikplan und Regelungskonzept

Das gewählte und ausgeführte Hydraulik- und Regelungskonzept hat erheblichen Einfluss auf die Effizienz der Wärmepumpenanlage. Denn Fehler in der Hydraulik sind nachträglich meistens schwer zu finden und können nur unter hohem Aufwand korrigiert werden. Daher sind eine sorgfältige Auswahl und Planung unerlässlich!

Grundsätzlich gilt für die Auswahl des Hydraulikschemas:

- → Je einfacher die hydraulische Verschaltung aller Anlagenkomponenten ist, umso weniger Fehler können sich einschleichen, desto übersichtlicher ist das Regelungskonzept und desto höher ist die Garantie für eine effiziente Wärmepumpenanlage.
- → Vom Hersteller vorgegebene, geprüfte und freigegebene Hydraulikschemata bereiten weniger Probleme als vom Installateur erstellte Hydraulikpläne und sind im Störungs- beziehungsweise Garantiefall einfacher zu handhaben.

In den Planungshandbüchern und -informationen renommierter Hersteller kann man zahlreiche Hydraulikschemata für die verschiedensten Anwendungsfälle finden. Bei den meisten Schemata wird zugunsten der Übersichtlichkeit weitestgehend auf erforderliche Armaturen und Sicherheitseinrichtungen verzichtet. Sie stellen keine verbindliche Ausführungsplanung dar. Viele Hersteller bieten ihren Installateuren auch online Möglichkeiten zur Auswahl des passenden Hydraulikschemas.

Eine weitere gute Planungsunterlage ist der „Leitfaden Hydraulik" des Bundesverbands Wärmepumpe, der kostenfrei unter der URL waermepumpe.de > Verband > Publikationen heruntergeladen werden kann. Hier sind elf Schemata für die unterschiedlichsten Anwen-

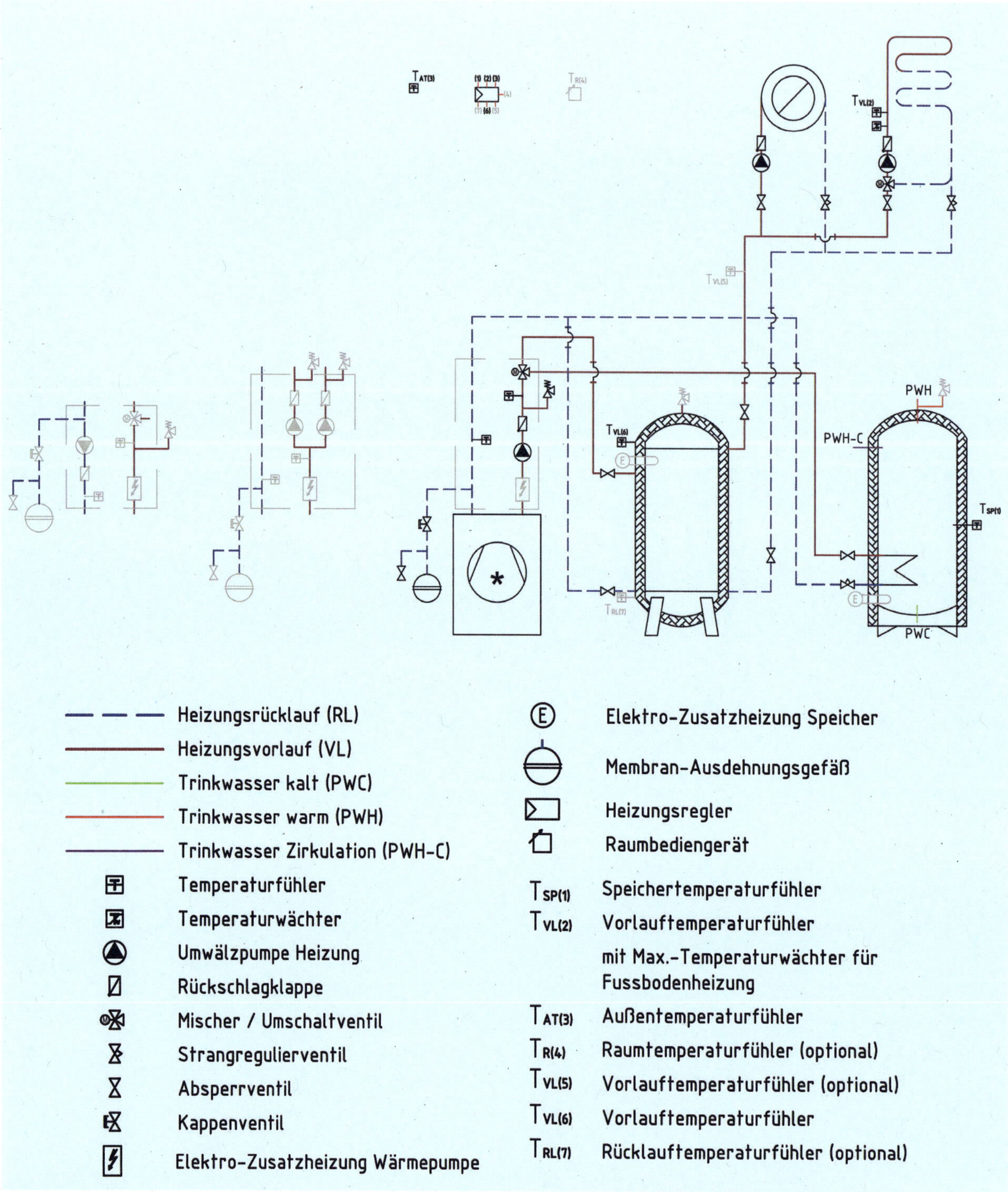

Heizungsseitig belädt die Wärmepumpe den Pufferspeicher. Der Pufferspeicher dient hier als hydraulische Weiche und entkoppelt Wärmepumpe und Heizkreise. Die Heizkreise entziehen dem Pufferspeicher über die Heizkreispumpe die Wärmeenergie. Der Trinkwasserspeicher wird über ein Umschaltventil beladen.

dungsfälle aufgeführt. Anhand der aus der Voruntersuchung und Grundlagenermittlung infrage kommenden Anlagenkomponenten kann aus einer Übersichtstabelle das gewünschte Schema herausgefiltert werden. Jedem Schema ist eine Tabelle mit einer Beschreibung zu den hydraulischen Auslegungs- und Einstellungskriterien beigefügt. Beispielhaft ist links das Schema 3 abgebildet, das häufig in Bestandsgebäuden zum Einsatz kommt.

Obwohl das **HYDRAULIKSCHEMA 3** sehr oft angewendet wird, wäre es effizienter, die beiden Heizkreise zu einem Heizkreis mit Mischer zusammenzulegen. Dadurch könnte eine Umwälzpumpe entfallen. Um eine niedrige Vorlauftemperatur zu fahren, müssten eventuell einige Heizkörper auf Tieftemperaturheizkörper umgerüstet werden. Besonderes Augenmerk ist dabei auf Möglichkeiten für den hydraulischen Abgleich zu legen, da Heizkreise mit Heizkörpern und Flächenheizungen unterschiedliche Druckdifferenzen haben.

In den Erläuterungen wird auf die einzustellenden Temperaturdifferenzen in den verschie-

ERLÄUTERUNGEN ZU HYDRAULIKSCHEMA 3

Anlagenoptionen	– Sole/Wasser-, Wasser/Wasser- oder Luft/Wasser-Wärmepumpen – Flächenheizsysteme oder Heizkörpersysteme
Mindestvolumenstrom	– Herstellerangaben beachten
Mindestvolumen Heizsystem	– wird durch Pufferspeicher bereitgestellt
Volumenstrom Primärseite	– Spreizung 3 bis 5 K bei maximaler Kälteleistung der Wärmepumpe
Volumenstrom zum Pufferspeicher	– Spreizung 5 bis 7 K bei Heizleistung der Wärmepumpe unter Auslegungsbedingungen – für statische Heizflächen bis maximal 10 K
Volumenstrom Trinkwassererwärmung	– Spreizung maximal 10 K bei größter Leistung der Wärmepumpe zur Trinkwassererwärmung
Umwälzpumpen primär	– Volumenstrom gemäß Auslegung (s. o.) – Druckverluste von Sonde, Anbindeleitung und Wärmepumpe – Anlagen mit Soleverteiler: Druckverlust der Strangregulierventile – Dichte und Viskosität des Wärmeträgers berücksichtigen
Umwälzpumpen Pufferladung	– Volumenstrom gemäß Auslegung (s. o.) – Druckverlust Verteilleitungen, Wärmepumpe und ggf. weitere Einzelwiderstände – Wärmeträger in der Regel Wasser
Umwälzpumpen Warmwasser	– Volumenstrom gemäß Auslegung (s. o.) – Druckverlust Wärmeübertrager im Trinkwassererwärmer, Verbindungsleitungen, Wärmepumpe, Einzelwiderstände – Wärmeträger in der Regel Wasser
Umschaltventil Warmwasser	– Auslegung der Mindestgröße nach Volumenstrom und Druckverlust im Heizbetrieb
Trinkwassererwärmer	– Auslegung nach maximaler Heizleistung der Wärmepumpe in der Trinkwassererwärmung – Wärmeübertragerfläche mindestens 0,25 m^2/kW Heizleistung
Pufferspeicher	– zur Laufzeitoptimierung: 20 – 25 l/kW max. Heizleistung Wärmepumpe – zur Überbrückung von Sperrzeiten: 30 bis 40 l/kW max. Heizleistung – für MAP Bonusförderung „Lastmanagement“: Gesamtvolumen Puffer und Warmwasserspeicher mindestens 30 l/kW Nennwärmeleistung

Quelle: BWP

denen Kreisen hingewiesen. Der Mindestvolumenstrom für die Wärmepumpe kann dem technischen Datenblatt oder dem Typenschild entnommen werden. Die Einhaltung dieser Vorgaben ist für den sicheren und effizienten Betrieb der Wärmepumpenheizungsanlage von hoher Bedeutung.

DIMENSIONIERUNG DER ROHRLEITUNGEN

Aufgrund der verhältnismäßig niedrigen Temperaturdifferenzen muss auf die Dimensionierung der Rohrleitungen besonders hoher Wert gelegt werden.

Nach der Formel für die Berechnung des Volumenstromes ist ersichtlich, dass der Volumenstrom umso höher wird, je geringer die Temperaturdifferenz zwischen Vor- und Rücklauf ist. Daraus resultieren wiederum größere Rohrquerschnitte.

$$\dot{V} = \frac{\dot{Q}}{c \times \Delta t \times \varrho} \times 3600\,\text{s/h} \quad [\text{m}^3/\text{h}]$$

Heizleistung	**kW**
spezifische Wärmekapazität	**4,187 kWs/(kg K)**
Spreizung	**K**
Dichte von Wasser	**kg/m³**

Rohrnetzberechnungen werden durch Fachplaner oder Installateure mit entsprechenden Softwareprogrammen durchgeführt. Für überschlägige Ermittlungen reichen oft schon eine App oder ein Pumpenrechenschieber aus.

Sollen bei Bestandsgebäuden vorhandene Rohrleitungen weitergenutzt werden, muss unbedingt überprüft werden, ob ihre Dimensionierung noch den neuen Anforderungen genügt. Denn zu klein dimensionierte Rohrleitungsquerschnitte können zur Unterschreitung der geforderten Volumenströme und dadurch zu Strömungsgeräuschen führen. Wird versucht, dies über eine stärkere Umwälzpumpe auszugleichen, wirkt sich das negativ auf die Effizienz der Anlage aus.

REGELUNGSKONZEPT ABGLEICHEN

Bei der Auswahl des Hydraulikkonzepts ist auch das Regelungskonzept abzugleichen. Im Ein- und Zweifamilienhaus werden selten Regelungsfirmen und Fachplaner für die Regelstrategie sowie frei programmierbare Regelungen eingesetzt. Die integrierten Wärmepumpenregler können die gestellten Anforderungen bezüglich der eingesetzten Anlagenkomponenten meist erfüllen.

In speziellen Fällen ist zu prüfen, ob beispielsweise mehrere Heizkreise, Puffer-, Kombi- und Warmwasserspeicher, die Kühlung, Solarthermie- und Photovoltaikanlagen und die Steuerung weiterer Wärmeerzeuger mitgeregelt beziehungsweise -gesteuert werden können oder ob Schnittstellen für die Software vorhanden sind. Eventuell müssen für den Wärmepumpenregler entsprechende Erweiterungen, Energiezähler oder Zusatzmodule mitgeplant und bestellt werden.

HINWEIS: Die Verwendung von Hydraulikplänen des Herstellers hat den großen Vorteil, dass **ELEKTROPLÄNE** einschließlich Verdrahtungsplänen für die gewählte Schemanummer inklusive Funktionsbeschreibung meistens komplett dazugeliefert werden.

Ein an der Anlage hinterlegter Hydraulikplan mit Elektroplan und Bezeichnung für die Anordnung der Temperaturfühler erleichtert im Störungsfall die Fehlersuche für den Werkskundendienst oder einen Techniker, der die Anlage nicht kennt.

Folgende Besonderheiten sollten im Regelungskonzept beachtet werden:

- → Besondere Vorkehrungen zum Schutz des Verdampfers vorm Einfrieren
- → Schutzvorkehrungen bei Soleverlust (etwa Soledruckwächter)
- → Schutz vor Taupunktunterschreitung bei Kühlung (beispielsweise Taupunktwächter)
- → Trinkwassernacherwärmung (zum Beispiel Legionellenschaltung)
- → Zuschaltung eines zweiten Wärmeerzeugers, Bivalenzpunkt, Grenzwerte
- → Möglichkeiten für den hydraulischen Abgleich (Durchflussmesser, Thermostate mit Voreinstellung, regulierbare Rücklaufverschraubungen, Überstromventile)
- → Sicherheitstemperaturbegrenzer bei Fußbodenheizung

- Beimischregelung für Trinkwarmwasser bei Einsatz von Solarthermie, Photovoltaik oder Festbrennstoffkesseln
- Einzelraumregelung (etwa bei Kühlung umschaltbare Raumregler)

EINZELRAUMREGELUNG

Laut § 63 des Gebäudeenergiegesetzes (GEG) hat der Bauherr oder Eigentümer dafür Sorge zu tragen, dass die heizungstechnische Anlage mit einer selbstständig wirkenden Einrichtung zur **RAUMWEISEN REGELUNG DER RAUMTEMPERATUR** ausgestattet ist. Ausgenommen sind Räume von weniger als sechs Quadratmetern Nutzfläche. Seit Jahren wird darüber diskutiert, ob das in Verbindung mit einer Wärmepumpe sinnvoll ist oder nicht. Unstrittig ist, dass lange Laufzeiten für Wärmepumpen vorteilhaft sind und ein häufiges Zu- und Abschalten sich negativ auf die Wärmepumpe auswirkt. Was die Wirtschaftlichkeit bei Einzelraumregelungen von Fußbodenheizungen in Verbindung mit der Wärmepumpe betrifft, gibt es ebenfalls unterschiedliche Standpunkte.

Logisch und einleuchtend ist der **SELBSTREGELEFFEKT DER FUSSBODENHEIZUNG**. Die mittlere Oberflächentemperatur einer Fußbodenheizung liegt je nach Auslegung zwischen 23 und 25 Grad Celsius. Um Wärmeenergie von der Fußbodenoberfläche auf die Luft übertragen zu können, muss eine Temperaturdifferenz vorhanden sein. Steigt beispielsweise die Lufttemperatur von 21 Grad Celsius durch die Sonneneinstrahlung an, verringert sich die Wärmeabgabe der Fußbodenheizung. Sind die Oberflächentemperatur und die Lufttemperatur gleich, kann die Fußbodenheizung keine Wärmeenergie mehr an die Raumluft abgeben. Umgekehrt verhält es sich ebenso. Sinkt die Raumlufttemperatur, steigt die Wärmeabgabe der Fußbodenheizung. Es findet also auch ohne selbsttätig wirkende Einrichtungen zur raumweisen Regelung der Raumtemperatur (Raumregler und elektrothermischer Stellantrieb) eine automatische Regulierung der Raumtemperatur statt. In diesem Sinne gilt die Anforderung nach einer Einzelraumregelung als erfüllt.

Deshalb konnte für Wärmepumpenanlagen bisher nach der Energieeinsparverordnung ein Antrag auf Befreiung von § 14 Abs. 2 EnEV („Einzelraumregelung") beim zuständigen Bauamt gestellt werden. Nach dem GEG besteht die Möglichkeit, eine Befreiung nach § 5 „Grundsatz der Wirtschaftlichkeit" zu beantragen, wenn die mit den Anforderungen verbundenen Aufwendungen wirtschaftlich nicht vertretbar sind. Weiter besteht die Möglichkeit, eine Befreiung nach GEG § 102 „Befreiungen" zu stellen, insoweit die Ziele dieses Gesetzes durch andere Maßnahmen in gleichem Umfang erreicht werden beziehungsweise die Anforderungen einen unangemessenen Aufwand bedeuten und zu einer unbilligen Härte führen. Hierzu gibt es keine Vordrucke. Die Beantragung kann formlos beim zuständigen Bauamt mit einer guten Begründung erfolgen.

→ Der Einsatz stetig regelnder Ventile ist zwar etwas teurer, aber für die Wärmepumpe eher von Vorteil.

HINWEIS: Ob eine Einzelraumregelung sinnvoll und wirtschaftlich vertretbar ist, sollte im Einzelfall betrachtet werden. Ist etwa die Wärmepumpenanlage an eine Photovoltaikanlage gekoppelt, ist es vorteilhaft, wenn in allen Räumen bei Photovoltaikbetrieb der Wärmepumpe die Stellantriebe automatisch geöffnet werden, sodass der Estrich als Puffer fungiert. Der Einsatz stetig regelnder Ventile ist zwar etwas teurer, aber für die Wärmepumpe eher von Vorteil.

Auswahl und Betrieb von Umwälz- und Förderpumpen

Umwälz- und Förderpumpen können bis zu zehn Prozent des Stromverbrauchs einer Wärmepumpenanlage ausmachen. Sind sie

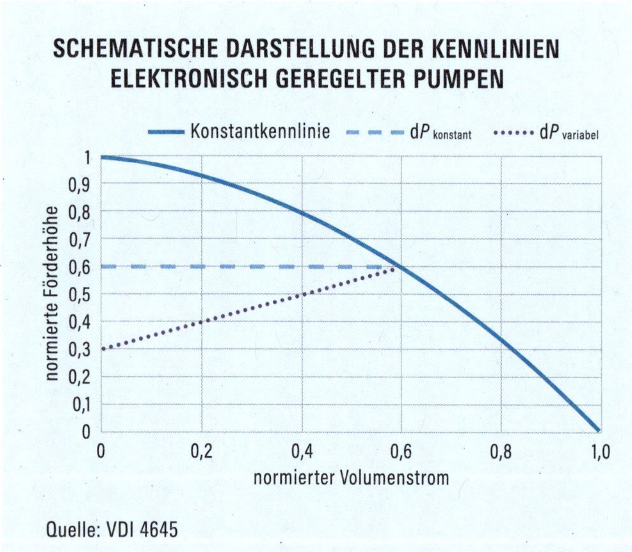

Je nach Einstellung der Betriebsart verändern sich der Förderstrom auf der x-Achse (in m³/h) und die Förderhöhe (H) auf der y-Achse (in m).

nicht richtig eingestellt (falsche Betriebsart, maximale Förderhöhe oder falscher Zeitraum), kann der Anteil am Gesamtverbrauch auch weitaus höher als zehn Prozent liegen. Deshalb ist eine richtige Dimensionierung und Einstellung für einen effizienten Betrieb der Wärmepumpenanlage ein wichtiges Kriterium. Bei der Betrachtung verschiedener Hydraulikschemata fällt auf, dass man bei einfachen Schemata mit nur einer Umwälzpumpe auskommt, wogegen in anderen Schemata vier und mehr Pumpen benötigt werden.

Darüber hinaus wichtig: Förder- und Zubringerpumpen (ZUP) stehen zwischen 1 800 und 2 400 Stunden im Jahr in Betrieb, Heizkreisumwälzpumpen laufen zwischen 5 000 und 6 000 Stunden im Jahr. Auch wenn im Ein- und Zweifamilienhaus Hocheffizienzpumpen mit zum Teil nur 15 bis 30 Watt (Solepumpe zwischen 80 und 120 Watt) betrieben werden, kommt bei vielen Pumpen und langen Laufzeiten ein nicht unerheblicher Verbrauch an Hilfsenergien zusammen. Daher sollte man bereits bei der Auswahl des Hydraulikschemas darauf achten, dass **NUR SO VIELE PUMPEN WIE NÖTIG** im Konzept enthalten sind.

Bei Wärmepumpen in kompakter Ausführung sind in der Regel die Umwälzpumpen für die Wärmequelle (außer der Förderpumpe für Brunnen) und die Wärmesenke in der Maschine integriert. So kommen diese vor allem im **NEUBAU** zur Anwendung, wobei zudem viel Montageaufwand gespart wird. Über den Wärmepumpenregler werden die benötigte Pumpenleistung beziehungsweise die angegebenen Volumenströme für die Primär- und Sekundärpumpen meist prozentual bei der Inbetriebnahme eingestellt.

EINSTELLUNG PRÜFEN

Ob die Einstellung richtig ausgeführt wurde, lässt sich am Besten anhand der empfohlenen **TEMPERATURSPREIZUNGEN** überprüfen. Ist die Spreizung zu hoch, deutet das auf einen zu geringen Volumenstrom hin. Ist die Temperaturspreizung hingegen zu klein, kann man von einem zu großen Volumenstrom ausgehen. Wenn Sie ganz sichergehen wollen, dass die vom Hersteller angegebenen Volumenströme stimmen, ist die Messung mit einem Ultraschall-Volumenstrommessgerät die beste Herangehensweise. In manchen Wärmepumpenreglern werden inzwischen auch Heizwasservolumenströme angezeigt. Sind in der Anlage Wärmemengenzähler integriert, können Sie auch darüber die Volumenströme auslesen. Bei modulierten Wärmepumpen werden die Umwälzpumpen leistungsabhängig über den Wärmepumpenregler gesteuert.

Bei **BESTANDSGEBÄUDEN** sollen vorhandene Pumpen meistens weitergenutzt werden. Falls diese noch nicht gegen Hocheffizienzpumpen getauscht wurden, müssen sie erneuert werden.

BESONDERHEITEN VERSCHIEDENER PUMPENARTEN

Bei **GRUNDWASSERWÄRMEPUMPEN** werden für die Förderung des Grundwassers in der Regel Tauchpumpen (Unterwasserpumpen) in Edelstahlausführung eingesetzt. Die Pumpe ist so auszulegen, dass der geodätische Höhenunterschied zwischen niedrigstem Wasserspiegel und höchstem Anlagenpunkt problemlos überwunden werden kann. Da das Wasser nicht in

Verbindung mit Sauerstoff treten darf (Gefahr des Ausfällens von Eisenoxid), muss die Rücklaufleitung unter dem Wasserspiegel des Schluckbrunnens münden. Es sind geeignete Vorkehrungen (Rückschlagventile et cetera) gegen das Leerlaufen der Leitungen und Abreißen der Strömungen zu treffen.

SOLE-UMWÄLZPUMPEN müssen für Glykolgemische geeignet sein. Bei der Dimensionierung ist die Solekonzentration zu berücksichtigen. Unter den Einstellungen ist die Leistung nicht unter 50 Prozent abzusenken, da es sonst wegen der Viskosität der Sole zu Anlaufproblemen kommen kann.

ZUBRINGERPUMPEN dürfen nicht auf „Autoadapt" eingestellt werden, da dies bei Unterschreitung der Mindestvolumenströme zum Einfrieren des Wärmeübertragers (mit Totalschaden der Wärmepumpe) führen kann.

HEIZUNGSUMWÄLZPUMPEN BEI DER WÄRMESENKE sind elektronisch geregelt und ermöglichen unterschiedliche Betriebsweisen, die den Erfordernissen entsprechend angepasst werden können. Aus der Grafik auf der linken Seite lässt sich das erkennen: Bei der waagerecht gestrichelten Linie bleibt die eingestellte Förderhöhe (der Pumpen- respektive der Differenzdruck) immer konstant, egal wie hoch der Volumenstrom ist oder wie viele Heizkreise beispielsweise bei der Fußbodenheizung geöffnet sind. Damit wird sichergestellt, dass bei allen geöffneten Heizkreisen der erforderliche Pumpendruck zur Verfügung steht, damit alle Heizkreise mit den berechneten Wassermengen durchströmt werden. Da bei einer Zweirohrheizkörperanbindung die Druckverluste geringer sind, ist die Einstellung „dP variabel" die bessere Variante, da die Pumpe nur so viel elektrische Leistung aufnimmt, wie benötigt wird, und damit eventuelle Strömungsgeräusche durch hohe Drücke vermieden werden.

Die Betriebsweise „Konstantdruck" wird für **FUSSBODENHEIZUNGEN** empfohlen. Bei einer Radiatorenheizung (Heizkörper) kommt die Betriebsweise „Proportionaldruck dP variabel" zur Anwendung. Mit steigendem Volumenstrom erhöht sich die Förderhöhe bis zur Leistungsgrenze.

ZIRKULATIONSPUMPEN werden in der Regel dort eingesetzt, wo das warme Wasser nicht innerhalb von 30 Sekunden an der Zapfstelle anliegt beziehungsweise wo mehr als drei Liter Wasser auslaufen, bevor das warme Wasser anliegt. Hier ist darauf zu achten, dass diese Pumpen mit Regeleinrichtungen ausgestattet sind, wonach die Pumpe nur läuft, wenn warmes Wasser benötigt wird. In den meisten Wärmepumpenreglern ist ein Zeitprogramm für die Zirkulationspumpe integriert. Alternativ gibt es auch Regelsysteme, die die Zirkulationspumpe ansteuern, wenn Trinkwasser warm aufgedreht wird, oder selbstlernende Regeleinrichtungen. Bei Zirkulationssystemen ist darauf zu achten, dass die Warmwasserleitung und die Zirkulationsleitung mit 100 Prozent Isolationsstärke isoliert werden. Eine hundertprozentige Isolierung entspricht einer Isolierstärke des Nenndurchmessers (das heißt, dass die Wandstärke der Isolierung der Stärke des Rohrdurchmessers entspricht). Anstelle einer Zirkulationspumpe kann auch eine elektrische Begleitheizung installiert werden, was bei der Integration von Photovoltaikanlagen in das Haustechnikkonzept gut passt.

WICHTIG: DER HYDRAULISCHE ABGLEICH

Voraussetzung für eine optimale Einstellung und einen effizienten Betrieb der Umwälzpumpen ist der fachgerecht durchgeführte hydraulische Abgleich der einzelnen Heizkreise respektive der einzelnen Heizflächen. Oft werden Umwälzpumpen nach dem Motto „Viel hilft viel" auf die maximale Förderhöhe eingestellt, in dem Glauben, dass dann auch schlecht zirkulierende Heizkreise oder Heizflächen besser durchströmt werden. Hierbei wird nicht nur unnötig viel Energie verbraucht, sondern die Einstellung kann proportional das Gegenteil bewirken. Der hydraulische Abgleich sollte vor dem Trockenheizen des Estrichs erfolgen, damit garantiert wird, dass alle Heizkreise die berechnete Durchflussmenge erhalten – sonst steht zwar ein höherer Differenzdruck zur Verfügung, doch die erforderliche Wassermenge reicht nicht mehr aus, um alle Heizkreise zu bedienen.

→ Planung und Dimensionierung der Wärmepumpe: Die richtige Auslegung der Wärmepumpenanlage ist die Voraussetzung für einen störungsfreien und wirtschaftlichen Betrieb. Dabei sollten auch mögliche Veränderungen im Bedarf berücksichtigt werden.

WAS ERFAHRE ICH?

Im Abschnitt „Die richtige Wärmepumpe auswählen" wurden bereits an einem Beispiel die Dimensionierung und Auswahl einer Sole/Wasser-Wärmepumpe erläutert (ab Seite 87). Grundsätzlich gilt es bei der Auslegung einer Wärmepumpenanlage zu beachten: Die Heizleistung der ausgewählten Wärmepumpe sollte in der Nähe der ermittelten Heizlast inklusive dem Zuschlag für die Warmwasserbereitung und dem Zuschlag für die Sperrzeiten liegen.

Für Sole/Wasser-Wärmepumpen mit gut ausgelegter Wärmequelle hat sich eine leichte Unterdimensionierung bei On/off-Wärmepumpen in der Praxis bewährt. Bei Inverter-Wärmepumpen ist eine zu starke Überdimensionierung zu vermeiden, da ansonsten die Wärmepumpe bei zu großem Modulationsbeginn in der Übergangszeit trotzdem ins Takten kommen kann oder zu lange im weniger effizienten Modulationsbereich arbeitet. Außerdem wäre eine Überdimensionierung für die Nutzung von durch Photovoltaik erzeugtem Strom nicht so günstig, da die Eigenstromnutzung erst später einsetzen könnte. Für Luft-Wärmepumpen sollte bei monoenergetischer Betriebsweise der Bivalenzpunkt für den Heizstab auf etwa minus 5 Grad Celsius festgelegt werden, was ebenso für die Auslegung einer bivalenten Anlage zutrifft. Wird der Bivalenzpunkt hierbei zu weit in den Bereich mit Außentemperaturen von über 0 Grad Celsius verlegt, muss der zweite Wärmeerzeuger zu früh zuschalten.

Der Bivalenzpunkt

Anhand eines Beispiels für eine monoenergetische Betriebsweise soll die Ermittlung des Bivalenzpunkts veranschaulicht werden. Als Außentemperatur werden minus 16 Grad Celsius und als Raumtemperatur 20 Grad Celsius zugrundegelegt. Der Wärmebedarf des Beispielgebäudes beträgt neun Kilowatt, der Zuschlag für den Warmwasserbedarf ein Kilowatt, die Sperrzeit zwei Stunden. Der Zuschlagsfaktor für die Sperrzeit wird ermittelt, indem 24 Stunden durch die Freigabedauer dividiert werden:

24 h : 22 h = 1,1

Daraus ergibt sich ein Gesamtwärmebedarf von:

(9 kW +1 kW) x 1,1= 11 kW

Zur Bestimmung des Bivalenzpunkts sind in der nebenstehenden Grafik „Exemplarische Heizleistungskurven“ die blaue Gebäudekennlinie (der außentemperaturabhängige Wärmebedarf des Gebäudes, vereinfacht) und zwei unterschiedliche Heizleistungskurven von On/off-Luft/Wasser-Wärmepumpen (WP 1 und WP 2, jeweils lila) bei 35 Grad Celsius Vorlauftemperatur eingetragen.

Die Heizleistungskurve der Wärmepumpe 1 schneidet die Gebäudekennlinie bei minus fünf Grad Celsius, der Schnittpunkt der Kurve von Wärmepumpe 2 liegt etwa bei minus neun Grad Celsius. Bei Wärmepumpe 1 fehlen zur Deckung des Gesamtwärmebedarfs bei minus 16 Grad Celsius eine Leistung von 5,5 kW (aus senkrechter Linie Punkt 2 bis Leistung WP 1 bei minus 16 Grad Celsius). Dieser Anteil müsste über einen Elektroheizstab mit einer Leistung von sechs Kilowatt abgedeckt werden. In diesem Beispiel wird Wärmepumpe 1 als infrage kommende Wärmepumpe ausgewählt.

Theoretisch könnte Wärmepumpe 2 auch eingesetzt werden, da bei dieser Wärmepumpe bei minus 16 Grad Celsius nur etwa 3,5 Kilowatt zur Deckung des Wärmebedarfs fehlen würden und ein Heizstab mit einer Leistung von vier Kilowatt zur Deckung des Defizites genügen würde.

Folgende Punkte sprechen aber dagegen, eine Wärmepumpe mit größerer Heizleistung bei minus 16 Grad Celsius einzusetzen:

- Liegt der Bivalenzpunkt bei minus 5 Grad Celsius, kann mit Wärmepumpe 1 bei bivalent-parallelem Betrieb ein Wärmepumpendeckungsanteil von 98 Prozent erreicht werden. Wie aus der Tabelle „Deckungsanteile von Luft/Wasser-Wärmepumpen“ im Anhang auf Seite 196 zu erkennen ist, würde das mit Wärmepumpe 2 nur ein Prozent mehr ausmachen.
- Die Investitionskosten von Wärmepumpe 1 gegenüber Wärmepumpe 2 sind geringer.
- Bei einer zu groß dimensionierten On/off-Wärmepumpe kann es durch die wesentlich höhere Heizleistung in der Übergangszeit zu einer zu starken Taktung der Wärmepumpe kommen.

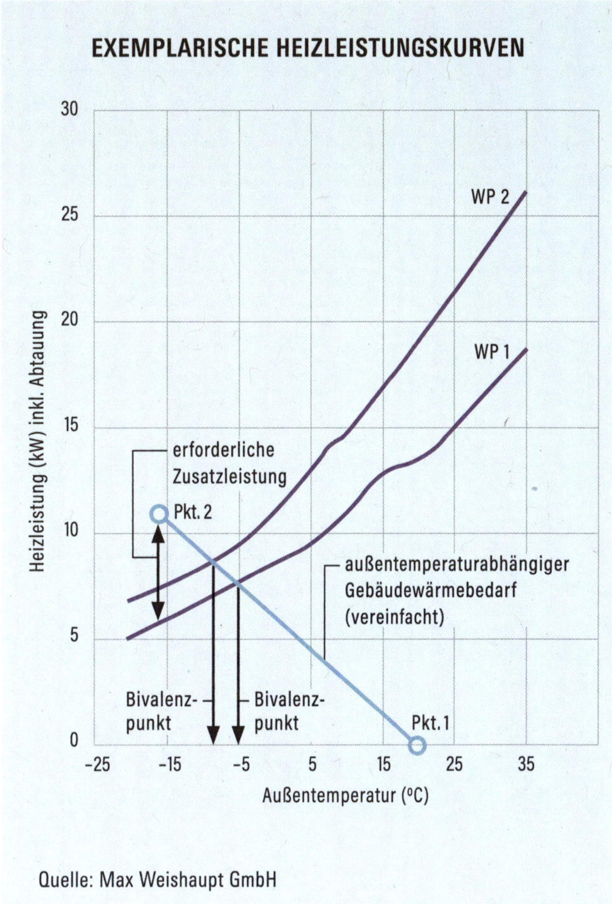

Heizleistungskurven von zwei Luft/Wasser-Wärmepumpen unterschiedlicher Heizleistung für Vorlauftemperaturen von 35 Grad Celsius und außentemperaturabhängigen Gebäudewärmebedarf

Dimensionierung der Wärmepumpe

Während es oft die bessere Lösung ist, eine Wärmepumpe etwas geringer zu dimensionieren, kann die Konstellation bei **BIVALENTEN WÄRMEPUMPENANLAGEN IN BESTANDSGEBÄUDEN** ein wenig anders sein. Das hängt zum Beispiel mit davon ab, wie im Rahmen eines individuellen Sanierungsfahrplans (iSFP) die energetische Ertüchtigung des Gebäudes im Lauf der Jahre verbessert wird oder ob Photovoltaikanlagen hinzukommen. Durch Wärmedämmmaßnahmen (Verringerung der Heizlast) würde sich der Bivalenzpunkt zunehmend nach links verschieben, und zu gering dimensionierte Heizkörper müssten gegebenenfalls nicht ausgetauscht werden.

Ein weiterer Gesichtspunkt sind die **NUTZUNGSGEWOHNHEITEN**, die sich mit der Zeit ebenfalls ändern können. Kinder werden groß und gehen aus dem Haus, weniger Räume werden beheizt und der Warmwasserbedarf sinkt. Aber auch gewisse Vorbehalte wie Sicherheitsbedenken zur Wärmeversorgung an sehr kalten Tagen oder eine anfängliche Skepsis, ob die bivalente Anlage richtig funktioniert, legen sich mit der Zeit, und der Wunsch, nur noch mit der Wärmepumpe zu heizen, nimmt zu. In diesem Fall kann es klüger sein, die Wärmepumpe etwas größer zu dimensionieren. Dabei sollte unbedingt ein entsprechend großer Pufferspeicher eingeplant werden, damit es nicht zu Hochdruckabschaltungen oder zu einer zu starken Taktung kommt. Eine modulierende Wärmepumpe ist hier auch eine gute Alternative.

> → Ein wichtiges Kriterium für die Auswahl der Wärmepumpe ist die Bestimmung der benötigten Vorlauftemperatur, da konventionelle Wärmepumpen in der Regel nur eine maximale Vorlauftemperatur von um die 60 Grad Celsius erreichen.

Vorlauftemperatur bestimmen

Ein weiteres wichtiges Kriterium für die Auswahl der Wärmepumpe ist die **BESTIMMUNG DER BENÖTIGTEN VORLAUFTEMPERATUR**, da konventionelle Wärmepumpen in der Regel nur eine maximale Vorlauftemperatur von um die 60 Grad Celsius erreichen. Im **NEUBAU** werden inzwischen überwiegend Flächenheizungen mit einer maximalen Vorlauftemperatur von 35 Grad Celsius geplant und installiert. Wichtig hierbei: Der Badheizkörper, der meistens benötigt wird, um die Restwärmeleistung vor allem bei kleinen Fußbodenflächen abzudecken, sollte so groß ausgelegt werden, dass er mit über die Fußbodenheizung betrieben werden kann. In Bädern reicht die Fußbodenfläche oft nicht aus, um die berechnete Leistung für 24 Grad Celsius Raumtemperatur abzudecken (durch Badewanne und Dusche fehlt Fläche). Hier gibt es oft Bedenken, dass man gar nicht spürt, dass der Heizkörper warm ist. Aber selbst bei einer mittleren Vorlauftemperatur von nur 30 Grad Celsius trocknen feuchte Handtücher mit der Zeit. Wem das zu wenig ist, der sollte einen Elektroheizstab für den Badheizkörper einplanen (Elektroanschluss nicht vergessen, Schutzbereich beachten) und einbauen lassen. Ein nicht zu unterschätzender Vorteil dabei ist, dass man in der Übergangszeit die Heizung eher ganz abstellen kann und man im Bad schnell über den Elektroheizstab die Wunschtemperatur erreicht. Ideal ist der Elektroheizstab in Kombination mit einer Photovoltaikanlage und Batteriespeicher.

Alternativ kann auch anstelle des Badheizkörpers eine Wandheizung beispielsweise in der Dusche eingebracht werden.

Im **BESTANDSGEBÄUDE** ist die benötigte Vorlauftemperatur oft nicht genau bekannt. Die meisten Anlagen mit Heizkörpern wurden in den vergangenen Jahren mit Vor-/Rücklauftemperaturen von 70/55 Grad Celsius ausgelegt. Entsprechende Berechnungen oder Planungsunterlagen liegen meist nicht vor. Um sicherzugehen, ist es besser, die benötigten Vorlauftemperaturen anhand von Leistungstabellen der Heizkörpergrößen (siehe Tabelle „Leistungsdaten Flachheizkörper", Seite 196) zu ermitteln.

Wenn man die benötigte Heizlast je Raum mit der **SPEZIFISCHEN HEIZLAST** (Tabellen im Internet leicht auffindbar) und beheizter Fläche ermittelt hat, lässt sich überprüfen, ob der im Raum installierte Heizkörper mit maximal 55 Grad Celsius Vorlauf den Wärmebedarf abdecken kann.

Eine andere Möglichkeit ist die **EXPERIMENTELLE ERMITTLUNG** der benötigten Vorlauftemperatur in einer Heizperiode. Dabei wird bei voll geöffneten Heizkörperventilen die Vorlauftemperatur durch Reduzierung der Soll-Raumtemperatur oder durch Absenkung der Heizkennlinie so weit reduziert, dass die gewünschte Raumtemperatur gerade erreicht wird. Wichtig hierbei: In dieser Zeit darf keine Nachtabsenkung vorgenommen werden. Außerdem ist zu beachten, dass die am Heizkessel angezeigte Temperatur nicht immer identisch mit der Vorlauftemperatur des Heizkreises ist. Manche Kessel haben zur Vermeidung von Kondenswasserbildung eine Sockeltemperatur, die sich nicht unterschreiten lässt. Falls ein Heizungsmischer eingebaut ist, sind die Vor- und Rücklauftemperaturen nach dem Mischer zu erfassen. Ist die gewünschte Raumtemperatur erreicht, werden die dabei anliegenden Vor- und Rücklauftemperaturen notiert und mit dem unten stehenden Diagramm abgeglichen.

Werden bei der experimentellen Ermittlung Vorlauftemperaturen über 55 Grad Celsius festgestellt, ist entweder eine Wärmepumpe mit 65 bis 75 Grad Celsius maximaler Vorlauftemperatur auszuwählen, oder es sind in den Räumen, in denen die hohen Vorlauftemperaturen benötigt werden, zielgerichtet die Heizkörper zu vergrößern oder gegen Tieftemperaturheizkörper auszutauschen.

HINWEIS: Die Dimensionierung der Wärmepumpe mit einem unabhängigen Modulationsprogramm oder der Software des Herstellers auf Basis der gewonnenen Daten aus der Vor- und Grundlagenplanung ist die effizienteste Methode für eine optimale Auslegung.

BESTIMMUNG DER SYSTEMTEMPERATUREN

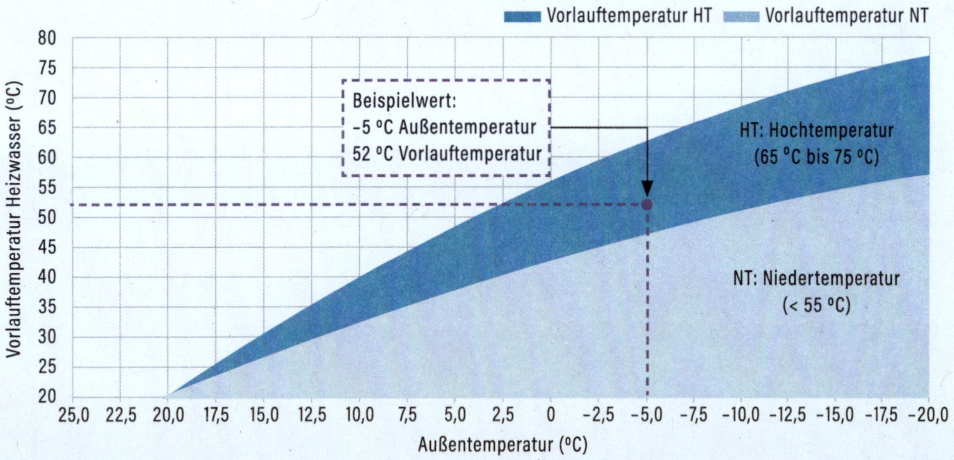

Quelle: Max Weishaupt GmbH

→ **Inbetriebnahme, Dokumentation und Wartung:** Fachkundige Einweisung, lückenlose Dokumentation und regelmäßige Wartung sind Voraussetzungen für den möglichst langen, effizienten und reibungslosen Betrieb der Wärmepumpe.

WAS ERFAHRE ICH?

Inbetriebnahme

Die Heizungsanlage muss vor dem Schließen von Schlitzen und Durchbrüchen, der Einbringung von Dämmungen und vor der Aufbringung des Estrichs einer Dichtheits- und Druckprüfung (nach VOB Teil C DIN 18380) unterzogen werden. In der Grafik auf Seite 117 ist der Ablauf von der Dichtheitsprobe bis zur Inbetriebnahme dargestellt.

Es gibt mehrere gute Gründe, warum die **DICHTHEITSPROBE** sehr gewissenhaft und gründlich durchgeführt werden muss. Feuchteschäden durch Undichtigkeiten in der Heizungsanlage, vor allem im nicht sichtbaren Bereich, können viel Stress und Ärger für alle Beteiligten mit sich bringen und vor allem sehr teuer werden. Das ausführende Unternehmen und der Bauherr sollten deshalb ausreichend gegen Schäden durch Wasser versichert sein. Neben der Vermeidung von Bauschäden durch ausgetretenes Wasser geht es aber auch um die Verhinderung von Sauerstoffeintrag in das Heizungssystem und um die Funktionssicherheit.

In der Regel werden die Anlagen mit Leitungswasser abgedrückt. In Ausnahmefällen (etwa bei Frostgefahr) kann dies auch mit Luft oder Inertgas geschehen. Wenn das Leitungswasser nicht den Anforderungen nach VDI 2035 („Vermeidung von Schäden an Warmwasserheizungsanlagen") entspricht, muss es vor der Inbetriebnahme vollständig entleert und mit aufbereitetem Wasser befüllt werden. Heizungsbauer nutzen hierzu auch mobile Enthärtungsanlagen.

Da infolge von Entlüftungen der Heizflächen, kleinen Undichtigkeiten und Ähnlichem immer wieder einmal nachgefüllt werden muss, ist es angebracht, eine **ENTHÄRTUNGSANLAGE** fest einbauen zu lassen, da das am Standort der Heizungsanlage verfügbare Wasser am Standort oft nicht die nötigen Anforderungen erfüllt. Hier sind die einschlägigen Hinweise in der Installationsanleitung des Herstellers zu beachten. Dies trifft ebenso auf den Prüfdruck und die Dauer der Dichtheitsprüfung zu. Gegebenenfalls sind Bauteile abzusperren oder zu entfernen, die nicht auf den Prüfdruck ausgelegt sind. Lassen Sie sich die

ABLAUF INBETRIEBNAHME FLÄCHENHEIZ- UND KÜHLSYSTEME

1. Sichtprüfung	
Sind die Heizkreise fachgerecht verlegt?	Sind die Klemmverschraubungen am Heizkreisverteiler fachgerecht montiert?

2. Dichtheits- und Druckprüfung	
Druckprüfung mit Wasser (Dichtheitsprüfprotokoll)	Druckprüfung mit Druckluft oder Inertgas (Dichtheitsprüfprotokoll)

3. Spülen	
Im Auslaufverfahren (Spülprotokoll)	Vorgaben für die unterschiedlichen Heizkreisverteiler beachten

4. Wasserqualität und hydraulischer Abgleich	
Wasserqualität VDI 2035 (Einbauprotokoll/Checkliste Heizkreisverteiler)	Hydraulischer Abgleich (Einbauprotokoll/Checkliste Heizkreisverteiler)

5. Estrich (Lastverteilschichten)		
Funktionsheizung/-kühlung (Funktionsheiz- und Kühlprotokoll)	Belegreife feststellen (CM-Messung)	Gegebenenfalls Belegreifheizen (Belegreifheizprotokoll)

6. Einzelraumregelung		
Funktion Anschlussmodule	Funktion Stellantriebe	Funktion Raumthermostate/ Raumbediengeräte

Schematisch dargestellter Ablauf der Inbetriebnahme von Flächenheiz- und Kühlsystemen

Druckprotokolle mit Angabe des Prüfdrucks und der Dauer der Prüfung aushändigen.

Eine weitere Voraussetzung für den sicheren Anlagenbetrieb ist das sorgfältige und effektive **SPÜLEN DER ANLAGE**, damit Verarbeitungsrückstände und Verunreinigungen nicht in hochsensible Anlagenteile wie Hocheffizienzpumpen, Regelarmaturen und Wärmeerzeuger gelangen können und dadurch Störungen verursachen. Vor allem in **BESTANDSGEBÄUDEN**, wo sich im Lauf der Jahre eine Menge Schmutz und Schlamm ablagern konnten, kann es erforderlich sein, dass geeignete Reinigungsmittel hinzugefügt werden müssen. Der Einbau hochwertiger **SCHMUTZ- UND SCHLAMMABSCHEIDER**, am besten in den Rücklauf vor der Wärmepumpe, ist hierbei für einen sicheren und effizienten Betrieb der Wärmepumpe sowie den Schutz hochsensibler Wärmeübertrager und zur Sicherung eventueller Garantieansprüche unbedingt erforderlich.

Nachdem die Anlage fachgerecht nach VDI 2035 Blatt 1 und 2 befüllt und entlüftet wurde, kann die Inbetriebnahme durch den Werkskundendienst oder den geschulten Kundendienstmonteur des Installateurs erfolgen.

Zunächst wird durch eine Elektrofachkraft die elektrische Sicherheit nach DIN VDE 0100–600 und DIN VDE 0701–0702 geprüft. Dann werden entweder durch Inbetriebnahmeprogramme oder anhand von Checklisten die Anlagenkonfiguration und die Einstellwerte im Regler angepasst.

HINWEIS: Sind der Betreiber oder die Betreiberin nicht anwesend, werden Standardwerte eingestellt, welche von den Gewohnheiten und Wünschen der Betreiber weit abweichen können. Nach Möglichkeit sollten Sie daher bei der Inbetriebnahme der Anlage anwesend sein. Achten Sie auch darauf, dass Ihnen das **INBETRIEBNAHMEPROTOKOLL** mitsamt eingestellter Parameterliste der Anlagendokumentation beiliegend übergeben wird.

Der hydraulische Abgleich

Mit der Inbetriebnahme der Wärmepumpe erfolgt in der Regel der hydraulische Abgleich. Weshalb ist der so wichtig, und welchen Einfluss hat er auf die Effizienz der Wärmepumpenanlage?

VORTEILE des hydraulischen Abgleichs sind:

- Alle Heizkreise oder Heizflächen erhalten den berechneten (benötigten) Volumenstrom.
- Das Aufheizen der Räume erfolgt gleichmäßig und schnell.
- Energieeinsparung durch optimale Einstellung der Heizkreispumpe.
- Keine zu hohen Rücklauftemperaturen.
- Keine Geräusche an Heizkörpern und Heizkreisverteilern.

PLANUNGSSEITIGE VORAUSSETZUNGEN sind die Berechnung des Wärmebedarfs für die einzelnen Räume (siehe ab Seite 70), die Auslegung der Heizflächen mit Angabe der Heizleistung und der Systemtemperaturen (siehe Seite 114) und eine vom Fachplaner oder Installateur durchgeführte Rohrnetzberechnung. Für die Einstellung der Umwälzpumpe ist die Druckverlustberechnung der benötigten Förderhöhe für den Heizkreis/Heizkörper mit dem größten Gesamtdruckverlust zu ermitteln. Technische Möglichkeiten sind Thermostatventile mit Voreinstellung, regelbare Rücklaufverschraubungen, Heizkreisverteiler mit Durchflussmesser oder Regulierventile, Differenzdruckregler oder Strangregulierventile.

Im **NEUBAU** ist der hydraulische Abgleich relativ unkompliziert, da in diesem Fall in der Regel Berechnungen zur Heizlast und zur Auslegung der Heizflächen (siehe Beispiel auf Seite 120) vorliegen. Manchmal werden sie auf Verlangen auch nachträglich erstellt und stimmen mit der Installation nicht überein.

Die nach den Heizkreislängen ermittelten Volumenströme werden an den **DURCHFLUSSMESSERN** (Tacosetter) des Heizkreisverteilers bei geöffneten Stellantrieben eingestellt. Im genannten Beispiel liegen die Volumenströme zwischen 0,4 und 1,3 Liter pro Minute. Diese Messung ist vor dem Funktionsheizen beziehungsweise dem Estrich-Trockenheizen durchzuführen und zu protokollieren.

HINWEIS: Oft werden irrtümlicherweise alle Durchflussmesser auf den gleichen Wert eingestellt. Daran kann man etwa erkennen, dass der hydraulische Abgleich nicht richtig durchgeführt wurde.

Im Verteiler sollten die einzelnen Heizkreislängen und die Zuordnung zum Raum beschriftet sein. Das erleichtert eine Nachregulierung im bewohnten Zustand (thermischer Abgleich) und die Zuordnung der elektrischen Stellantriebe zu den Raumreglern.

Weitaus komplizierter ist der hydraulische Abgleich bei **BESTANDSGEBÄUDEN**, wenn weder Unterlagen noch Einstellmöglichkeiten vorhanden sind. Um bei Heizkörpern einen Abgleich vornehmen zu können, müssen entweder voreinstellbare Thermostatventile oder regelbare Rücklaufverschraubungen vorhanden sein oder nachgerüstet werden. Über vereinfachte Verfahren lässt sich überschlägig die raumweise Heizlast beziehungsweise über die technischen Daten der installierten Heizkörper die Wärmeleistung ermitteln. Aus den geplanten Systemtemperaturen der Wärmepumpe und der Wärmeleistung können überschlägig die Volumenströme ermittelt werden. Anhand der vorhandenen Rohrdurchmesser und der Rohrlängen kann die Förderhöhe für die Heizkreispumpe ermittelt werden.

Hilfreich zur Ermittlung der Heizkörpervoreinstellungen und der Pumpenleistung sind Pumpenschieber, Ventilschieber und zahlreiche Apps. Bei der Fußbodenheizung im Bestand lässt sich über die Raumfläche, den Verlegeabstand (über Infrarotthermometer oder Kamera) und über die Anzahl der Heizkreise die jeweilige Heizkreislänge ermitteln. Vereinfachungen sind zulässig (beispielsweise die Rückrechnung über Pauschalwerte pro Quadratmeter Fußbodenheizung nach Verlegeabstand).

Eine andere, zeitaufwendige Möglichkeit ist die Erfassung der Vor- und Rücklauftemperaturen. Bei einer Fußbodenheizung sollte die Temperaturdifferenz zwischen fünf und sieben Kelvin und bei Heizkörpern zwischen zehn und 15 Kelvin liegen. Sind die Temperaturdifferenzen sehr gering, liegt ein sogenannter **KURZSCHLUSS** vor. Das Wasser sucht sich analog zum elektrischen Strom den Weg des geringsten Widerstandes, wodurch dann nicht genügend Mengen für die anderen Heizflächen zur Verfügung stehen. Kurzschlüsse sind unbedingt durch geeignete Einstellungen zu vermeiden.

Magnetit-Abscheider für Anlagen mit Wärmepumpen

Funktionsheizen

Im Neubau beginnt die Einweisung im Falle einer Fußbodenheizung mit dem **FUNKTIONSHEIZEN** beziehungsweise dem **BELEGREIFHEIZEN** (umgangssprachlich wird dieser Vorgang häufig als Estrich-Trockenheizen bezeichnet). Das Auf- und Abheizen erfolgt nach dem vom Estrichbauer mit Datum der Einbringung und Abfolge übergebenen Estrich-Aufheizprotokoll. Je nach Art des Estrichs beginnt das Aufheizen in der Regel sieben oder 21 Tage nach Einbringung des Estrichs, beginnend mit 25 Grad Celsius Vorlauf in Fünf-Grad-Schritten bis zur Erreichung der geplanten maximalen Vorlauftemperatur. Verbindlich sind jedoch immer die im Protokoll enthaltenen Vorgaben. In den meisten Wärmepumpenreglern ist ein Estrichprogramm enthalten, das jedoch nicht immer konform mit dem Estrichprotokoll geht.

Beim Aufheizvorgang sollten einige wichtige Punkte beachtet werden:

- → Planen Sie für das Estrichheizen **GENÜGEND ZEIT** im Bauablauf ein, denn mit der relativ geringen Heizleistung der Wärmepumpe kann der erhöhte Wärmebedarf des Rohbaus selten nach den Vorgaben abgedeckt werden. Gerade an kalten Tagen muss über Elektroheizgeräte zugeheizt werden, und die vorgegebenen Temperaturerhöhungen werden nur langsam erreicht.
- → Bei Luft-Wärmepumpen kann es vorkommen, dass sie bei Unterschreitung der minimalen Vorlauftemperatur nicht starten und der Estrich erst mit einem Elektroheizgerät temperiert werden muss.
- → Auf der Fußbodenheizung darf nichts abgestellt sein.
- → In vorgegebenen Abständen muss über die Fenster eine Stoßlüftung erfolgen. Zugerscheinungen sind zu vermeiden. Alle Fenster und Türen sind ansonsten geschlossen (auch nicht gekippt) zu halten.
- → Wenn die zulässige Restfeuchte nach dem ersten Aufheizvorgang nicht erreicht wird, muss der Vorgang wiederholt werden.
- → Je nach Witterung und Dauer wird viel Strom für das Estrichheizen benötigt. Preiswerter wird es, wenn das Aufheizen nicht über den Baustromzähler erfolgt (bisweilen werden einfache Kanonenöfen aufgestellt, an den Schornstein angeschlossen und mit Holz beheizt).
- → Ein zu schnelles Aufheizen kann zu Rissen und zum „Schüsseln" des Estrichs führen.
- → Anlagen mit Erdsonden dürfen beim Estrichheizen nicht überlastet werden. Mit

STRANGAUFTEILUNG IM HEIZFALL – KREISE NACH VERTEILERN

Strang-Nr.: ST01; Verteiler-Nr.: ST01/VE01 Hersteller: Strangbezeichnung: FBH; Verteilerbezeichnung: Verteiler (WE 1)

Vorlauftemperatur:	θV	=	35,0 °C	**gemittelte Rücklauftemperatur:**	$\theta_{R,m}$	=	26,9°C
vorgegebene minimale Spreizung:	$\Delta\theta_{min}$	=	7,0 K	gemittelte Spreizung:	$\Delta\theta_{mittel}$	=	8,1K
Anzahl Anschlüsse:	n_{ges}	=	10 maximal	mögliche Anschlüsse:	n_{max}	=	14
davon Anzahl angeschlossene Heizkörper:	n_{HK}	=	0	Rohrlänge:	l_{ges}	=	864,6 m
Gesamte Fläche:	A_{ges}	=	110,0m²	Wärme-/Kälteabgabe nach außen:	$\Phi_{außen}$	=	983 W
Wärme-/Kälteabgabe nach innen:	Φ_{innen}	=	4024 W				
Wasserinhalt Rohre:	V	=	114,8 l				
Massenstrom am Verteiler:	m	=	531,2 kg/h	Volumenstrom am Verteiler:	v	=	533,8 l/h
Maximaler Druckverlust am Verteiler:	Δ_p	=	59,1 mbar	das entspricht:	Δ_p	=	5908 Pa

Verteileranschluss	Bezeichnung / Zone / Ort	Regelung	Kreisfläche in Regelraum	Kreislänge	Massenstrom	Volumenstrom	Leistungsabgabe nach innen	Leistungsabgabe nach außen	Geschwindigkeit	Druckverlust Rohr	Druckverlust Ventil / RFV	Druckverlust Heizkreis	Einstellung Ventil / Durchflussregler
			A m²	l_{HK} m	m kg/h	v l/h	Φ_i W	Φ_a W	w m/s	Δp_{Rohr} mbar	Δp_{Ventil} mbar	Δp_{HK} mbar	l/min
01	**–1/01/01 Küche**												
		REG01	11,40	120,0	76,9	77,3	509,8	116,7	0,2	54,2	4,9	59,1	1,3
02	**–1/01/01 Küche**												
		REG01	11,37	119,7	76,7	77,1	508,6	116,4	0,2	53,8	5,2	59,1	1,3
03	**–1/01/02 Kind**												
		REG01	12.,1	83,4	53,1	53,4	402,4	110,7	0,1	14,0	45,1	59,1	0,9
04	**–1/01/03 Schlafen**												
		REG01	13,65	91,7	68,4	68,7	579,7	120,9	0,1	33,9	25,2	59,1	1,1
05	**–1/01/04 Diele**												
		REG01	7,69	50,0	32,2	32,4	243,8	67,4	0,1	5,1	54,0	59,1	0,5
06	**–1/01/05 WC**												
		REG01	2,82	38,2	25,1	25,2	168,0	36,4	0,1	3,0	56,1	59,1	0,4
07	**–1/01/06 Bad**												
		REG01	10,18	106,8	58,0	58,3	369,7	103,1	0,1	19,3	39,8	59,1	1,0
08	**–1/01/07 Gast**												
		REG01	13,62	96,5	68,7	69,0	508,4	130,9	0,1	35,5	23,6	59,1	1,1
09	**–1/01/08 Technik**												
		REG01	10,02	79,1	36,1	36,2	367,2	90,5	0,1	9,3	49,8	59,1	0,6
10	**–1/01/08 Technik**												
		REG01	10,02	79,1	36,0	36,2	366,8	90,4	0,1	9,3	49,8	59,1	0,6

Elektroheizstäben oder Durchlauferhitzern ist für ausreichende Entlastung zu sorgen.

→ Nach Beendigung des Estrichheizens ist die Wärmepumpe bis zur planmäßigen Nutzung auf Frostschutz zu stellen.

Einweisung

Die Einweisung des Betreibers sollte in Ruhe und ausführlich erfolgen. Schwerpunkt ist die Unterweisung in der **BEDIENUNG DES WÄRMEPUMPENREGLERS**. Die Beschreibungen der Hersteller sind oft sehr umfangreich und nicht immer leicht verständlich. Machen Sie sich zusätzlich Notizen! Legen Sie besonderes Augenmerk auf die Kontrolle der Arbeitszahlen, der Betriebsstunden für Heizung und Warmwasser, der elektrischen Zusatzheizung, der Wärmequellenein- und -austrittstemperaturen sowie der Vor- und Rücklauftemperaturen für die Heizung.

Im Wärmepumpenregler gibt es meistens drei **BEDIENEBENEN**. Neben der Ebene für den Betreiber gibt es eine Ebene für den Fachbetrieb und eine für den Hersteller (Expertenebene). Gehen Sie alle Einstellmöglichkeiten für den Betreiber durch und passen die Einstellungen Ihren persönlichen Bedürfnissen an. Besonders wichtig ist die Einstellung der Heizkurve, denn diese muss den Bedingungen entsprechend optimiert werden.

Die Heizzeiten sollten nicht unterbrochen werden, außer für den Warmwasserbetrieb oder bei PV-Nutzung. Stellen Sie die Zirkulationspumpe nur für die Zeiten an, in denen warmes Wasser benötigt wird.

Die Fachbetriebsebene und Expertenebene sind zwar nur über einen Code zugänglich, welcher aber manchmal in den Unterlagen steht oder bekannt ist. Beachten Sie: Nicht fachliche Veränderungen können zu hohen Stromkosten und Schäden an der Wärmepumpe führen. Lassen Sie sich auch in den Notbetrieb der Anlage einweisen.

Neben den Einstellungen im Wärmepumpenregler sind die Kontrolle des Heizungsanlagendrucks und des Drucks der Wärmequelle besonders wichtig. Der **HEIZUNGSANLAGENDRUCK** wird nach der maximal benötigten Förderhöhe plus zwei Zehntel Sicherheitszulage eingestellt. Bei zehn Metern Höhenunterschied zwischen Wärmepumpe und der höchsten Heizfläche (das ist meistens der Badheizkörper im Obergeschoss) entsprechen zehn Meter Wassersäule 1 bar. Der Betriebsdruck ist deshalb auf 1,2 bar einzustellen. Oft ist dieser viel zu hoch (über 2 bar) eingestellt, sodass das Ausdehnungsgefäß nicht richtig arbeiten kann und es zu Druckschwankungen kommt. Das Nachfüllen von Heizungswasser (Ergänzungswasser) hat mit Wasser nach VDI 2035 zu erfolgen. Achtung bei Sole/Wasser-Wärmepumpen: Sole darf **NUR VON DER GLEICHEN ART** nachgefüllt werden (Angaben des Herstellers beachten). Dies sollte durch den Fachbetrieb durchgeführt werden. Der Solekreislauf darf keinesfalls mit Wasser nachgefüllt werden!

SPEZIELLE THERMOSTATVENTILE

Etwas teurer, aber lohnenswert und bei fehlender Berechnung genauer ist der Einsatz von Thermostatventilen und Heizkreisverteilern mit automatischer Durchflussregelung/Begrenzung.

Dokumentation und Wartung

Lassen Sie sich die kompletten Revisionsunterlagen für die Anlage übergeben. Regelmäßig benötigte Herstellerunterlagen wie Bedienungsanleitung, Installationsanleitung des Reglers, Hydraulikplan und Ersatzteilliste sollten als Zweitexemplar bei der Wärmepumpe aufbewahrt werden. Halten Sie Servicenummern, die Hersteller- und die Identifikationsnummer für den Störungsfall bereit.

Schließen Sie einen Wartungsvertrag ab und lassen Sie die Wärmepumpenanlage jährlich überprüfen.

WIRTSCHAFTLICHKEIT UND ERTRAG OPTIMIEREN

4

Um die Wirtschaftlichkeit und den Ertrag Ihrer neuen Heizungsanlage optimal auszurichten, müssen Sie die Fallen umgehen, die sich Ihnen auf dem Weg stellen. Hier erfahren Sie, welche Fehlerquellen zu vermeiden sind und wie Sie später die höchste Effizienz im Betrieb erreichen.

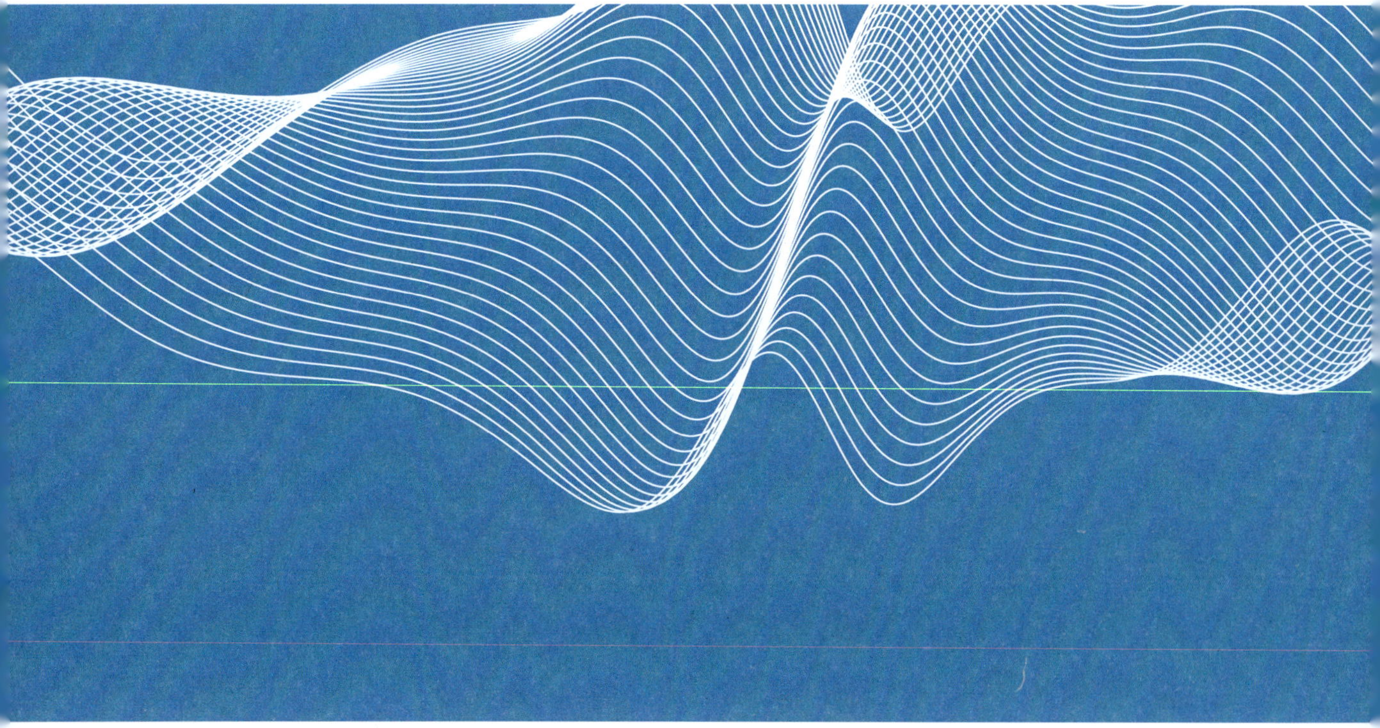

→ **Was rechnet sich wirklich?** Viele Wärmepumpenhersteller bieten auf ihre Produkte zugeschnittene Auslegungsprogramme an. Sie sollten sich zunächst jedoch besser herstellerneutral informieren.

WAS ERFAHRE ICH?

Bei der Suche nach der richtigen Wärmepumpenanlage geht der Blick zunächst auf die Jahresarbeitszahl (JAZ) der infrage kommenden Varianten (Luft, Erde. Wasser).

Doch sollte ein gutes Ergebnis bei der Berechnung der Jahresarbeitszahl auch nicht überbewertet werden. Denn die tatsächliche Effizienz einer Wärmepumpenanlage wird neben der Jahresarbeitszahl von weiteren Faktoren beeinflusst. Wenn zum Beispiel bei der Planung, Installation und dem Betreiben der Anlage simple Fehler unterlaufen, garantiert auch eine Wärmepumpe mit hervorragender Jahresarbeitszahl allein noch keinen effizienten Betrieb.

Im Folgenden wird anhand eines Mustergebäudes gezeigt, wie sich die Jahresarbeitszahl simulieren lässt und wie sich wichtige Parameter (zum Beispiel Dämmstandard, Art der Wärmepumpe, Heizflächen) auf die Effizienz der Wärmepumpenanlage auswirken. Die Ergebnisse der Berechnungen lassen sich in der Tabelle auf Seite 130 auf einen Blick vergleichen.

Jahresarbeitszahl simulieren

Die Jahresarbeitszahl lässt sich auf drei verschiedene Arten im Voraus simulieren. Entweder lässt man die Simulation mit einem Softwareprogramm des Herstellers oder mit dem Jahresarbeitszahlrechner des Bundesverbands Wärmepumpe oder mithilfe eines unabhängigen Softwareprogramms durchführen.

Wichtig ist, dass alle Berechnungen nach dem Verfahren der VDI 4650 Blatt 1: 2019–03 erfolgen. Ansonsten unterscheiden sich die möglichen Simulationsprogramme nach Art und Anzahl der Eingabedaten. Beim **SIMULATIONSPROGRAMM EINES HERSTELLERS** erhalten Sie normalerweise nur die Ergebnisse der Wärmepumpenarten, welche in seinem Lieferprogramm enthalten sind. Beim **JAHRESARBEITSZAHLRECHNER DES BUNDESVERBANDS WÄRMEPUMPE** können Sie mit den förderfähigen Wärmepumpentypen aus der Liste des Bundesamts für Wirtschaft und Ausfuhrkontrolle (Bafa) Simulationen durchführen. Noch mehr Möglichkeiten bieten Ihnen **HERSTELLERUNABHÄNGIGE SIMULATIONSPROGRAMME**.
Mit diesen Programmen lassen sich wesentlich mehr Parameter bezüglich des Gebäudes (zum Beispiel solare und interne Erträge aus elektrischen Haushaltgeräten oder Beleuch-

tung, verschiedene Warmwasserspeichersysteme und ihre Anforderungen oder unterschiedliche Heizflächen und Systemtemperaturen) simulieren.

Je mehr **EINGABEPARAMETER** zur Verfügung stehen, umso genauer wird das Berechnungsergebnis. Deshalb kann es natürlich vorkommen, dass die Ergebnisse aus den unterschiedlichen Berechnungsprogrammen voneinander abweichen und eventuell falsche Schlussfolgerungen gezogen werden. Trotzdem bieten Simulationsprogramme eine gute Orientierung, wenn man sich zwischen unterschiedlichen Wärmepumpenarten (Luft, Erde, Wasser), verschiedenen Herstellern und unterschiedlichen Heizflächen entscheiden muss.
Unter ökonomischen Gesichtspunkten lässt sich so möglichst rational herausfinden, welcher Wärmepumpentyp für die spezifischen Rahmenbedingungen am besten geeignet ist.

Parameter für die Berechnung

Die Simulationsprogramme berücksichtigen für die Kosten-Nutzen-Rechnungen geltende Normen und Richtlinien und simulieren anhand zahlreicher technischer integrierter und Eingabeparameter die verschiedenen Betriebsarten der meisten Wärmepumpenarten, Wärmequellen, Wärmesenken, Temperaturverläufe, mit den verschiedenen Energiepreisen sowie den Stromverbrauch einschließlich der Hilfsenergien. Mithilfe der Simulationssoftware kann das Zusammenwirken der einzelnen Komponenten, wie Größe und Art der Wärmepumpe, Auslegung der Wärmequelle, Strömungsverhältnisse und Temperaturanforderungen, geprüft werden. Dazu vergleichen die Programme eine Vielzahl von Wärmepumpenmodellen: In der Datenbank des im vorliegenden Beispiel gewählten Programms sind über 400 verschiedene Wärmepumpen enthalten, weitere können hinzugefügt werden. Im Report werden Eingabedaten, Stromtarife, Klimadaten, Wärmepumpendaten, monatlicher Wärmebedarf, Energieverbrauch, Jahresarbeitszahlen, Betriebskosten- und Wirtschaftlichkeitsvergleich mit ausgewiesen.

Im Folgenden werden anhand eines Mustergebäudes verschiedene Varianten durchgerechnet, um das wirtschaftlichste System zu finden.

Beispielhaft wurde ein neues Einfamilienhaus mit circa 160 Quadratmetern Wohnfläche gewählt, wie es oft gebaut wird. Das Haus steht in Leipzig. Die **HAUSDATEN** der Tabelle auf der folgenden Seite wurden als übliche, durchschnittliche Werte für die Simulation festgelegt.

Das Simulationsprogramm schlägt aus der Datenbank Wärmepumpen vor, welche optimal zu den Eingabedaten passen. Meistens hat man die Auswahl aus vier, fünf oder mehr Produkten und muss sich dann für ein Produkt entscheiden oder man wählt nacheinander verschiedene Hersteller aus und vergleicht die Ergebnisse. In diesem Fall ist das Mustergebäude mit einer Sole/Wasser-Wärmepumpe mit Erdsonden und Fußbodenheizung ausgestattet. Die Daten der Wärmepumpe sind in der Tabelle auf Seite 127 oben ablesbar.

Die **WARMWASSERBEREITUNG** erfolgt ebenfalls über die Wärmepumpe mit den Werten in der mittleren Tabelle auf der folgenden Seite. Für die **WÄRMEQUELLE** müssen im Simulationsprogramm ebenfalls spezifische Daten eingegeben werden: Die beispielhaft für diesen Fall eingegebenen Daten lassen sich aus der unteren Tabelle ersehen.

Weitere für die Simulation erforderliche Daten sind die Sperrzeiten und die Bibliotheksdaten. Die **SPERRZEITEN** legt der Energieversorger fest. Sie dürfen am Tag maximal dreimal zwei Stunden betragen. Dafür gibt es als Gegenleistung einen Sonderstromtarif, der je nach Anbieter drei bis vier Cent günstiger ist.

BIBLIOTHEKSDATEN sind zum Beispiel im Programm hinterlegte technische Daten der Wärmepumpe oder der Energiepreise, welche ständig gepflegt werden müssen.

Im Beispiel wurden als Sperrzeiten drei Stunden pro Tag angenommen, am Wochenende gibt es keine Sperrzeiten. Bibliotheksdaten sind die Klimadaten für den Standort Leipzig. Es handelt sich um Monatsmittelwerte, die Normaußentemperatur beträgt minus 14 Grad Celsius.

VERWENDETE HAUSDATEN

Heizlast	5.5 kW
Interne Gewinne	3000 kWh/Jahr
Solare Gewinne	4000 kWh/Jahr
Raumtemperatur	20 °C
Heizgrenztemperatur	15 °C
Art der Wärmeverteilung	– Fußbodenheizung zu 100 % – Radiatorenheizung zu 0 % – Wandheizung zu 0 %
maximale Vorlauftemperatur	35 °C
maximale Rücklauftemperatur	28 °C
Solarkollektorfläche	0 m²

WARMWASSERBEREITUNG
Warmwasser mit Wärmepumpe

Speichervolumen	300 Liter
Durchschnittlicher täglicher Warmwasserbedarf	200 Liter
Kaltwassereintrittstemperatur	10 °C
Warmwassertemperatur	50 °C
Elektrische Nachheizung erforderlich	nein

ART DER WÄRMEQUELLE: ERDWÄRMESONDE

Bohrtiefe	95 m
Zahl der Kreise	1
Volumenstrom im Absorber	1.9 m³/h
Bodenbeschaffenheit	– bis 2 m: Kies (durchschnittlich feucht)–(aus Datenbank) – bis 10 m: Sandstein (durchschnittlich feucht)–(aus Datenbank) – bis 50 m: Sand (gesättigt)–(aus Datenbank) – bis 100 m: Sandstein (durchschnittlich feucht)–(aus Datenbank)
Absorberrohr	Durchmesser außen/innen: 32,0/26,5 mm
Material	PE–(aus Datenbank)

Berechnete Daten

Das Simulationsprogramm berechnet die Daten aus der benötigten Heizlast und dem Jahresenergiebedarf. Dabei werden solare Erträge (Sonneneinstrahlung durch Fenster) und interne Erträge (Elektrogeräte, Beleuchtung) gegengerechnet. Im Diagramm „**MONATLICHER WÄRMEBEDARF**" (rechts in der Mitte) kann man erkennen das der Bedarf für die Trinkwassererwärmung über die Monate konstant ist. Der Bedarf für die Heizung steigt ab Oktober an und fällt ab Februar bis Anfang Mai wieder ab.

Aus dem Diagramm „**DURCHSCHNITTLICHE MONATLICHE TEMPERATUR**" direkt darunter kann man den Verlauf der Soletemperaturen über das Jahr ablesen. Im Juli tritt die Sole mit knapp elf Grad Celsius aus der Erde aus und mit etwa 7,5 Grad Celsius wieder in die Sonde ein. Je kälter es wird und je länger die Wärmepumpe läuft, desto mehr sinken die Soletemperaturen ab, sodass die Temperaturen bis zum Januar/Februar bei ca. 2,5 Grad Celsius Soleeintritt -und -0,5 Grad Celsius Soleaustritt aus der Wärmepumpe liegen. Bei einer gut ausgelegten Erdsondenanlage fällt die Soleeintrittstemperatur nicht unter 0 Grad Celsius ab.

Unter Einbeziehung der Hilfsenergien für Regler und Umwälzpumpen ergibt sich für das Beispielgebäude mit den angegebenen Daten eine **BERECHNETE JAHRESARBEITSZAHL** von 4,5.

Die Jahresarbeitszahl beträgt 4,5 mit allen Hilfsenergien.

Auswirkungen von Variablen

Mit einer Reihe von Modellrechnungen auf Basis des Musterhauses wurde untersucht, welche Auswirkungen auf die Effizienz der Wärmepumpe es hat, wenn die folgenden Parameter geändert werden:

- → **DÄMMSTANDARD DES GEBÄUDES** (Heizlast)
- → **ART DER WÄRMEPUMPE** (Luft, Erde, Wasser)
- → **BESCHAFFENHEIT DER HEIZFLÄCHEN** (Fußbodenheizung (Fbhz), Heizkörper (Hzk), Fbhz + Hzk gemischt
- → **AUSLEGUNGSTEMPERATUR DER HEIZFLÄCHEN** (Vor- und Rücklauftemperatur)

Folgende Ausgangspunkte wurden dabei bei allen Varianten gleich eingesetzt:

- → 160 Quadratmeter beheizte Fläche
- → Warmwasserbedarf 200 Liter pro Tag
- → Warmwassertemperatur 50 Grad Celsius
- → Inhalt Warmwasserspeicher 300 Liter
- → Länge der Zirkulationsleitung 10 Meter
- → Zirkulationspumpe 3 Stunden pro Tag
- → solare Gewinne 4000 Kilowattstunden pro Jahr
- → interne Gewinne 3000 Kilowattstunden pro Jahr durch elektrische Geräte, Beleuchtung etc.
- → Pufferspeicher für Heizung 200 Liter
- → Sperrzeiten: 3 Stunden pro Tag, nur an Wochentagen
- → Raumtemperatur 20 Grad Celsius
- → Entzugsleistung bei Erdsonden 50 Watt pro Meter
- → Wassertemperatur bei Entnahmebrunnen 10 Grad Celsius
- → monoenergetisch parallele Betriebsweise bei Luft-Wärmepumpen
- → Berechnung der Abtauenergie bei Luftwärmepumpen automatisch über Werte aus der Datenbank des Programms

Wie man anhand der Eingabedaten erkennen kann, werden bei diesem Programm wesentlich mehr Eingabeparameter berücksichtigt als beispielsweise beim Jahresarbeitszahlrechner vom Bundesverband Wärmepumpe (BWP).

Es wurden **DREI HAUSTYPEN** mit unterschiedliche Dämmstandards gewählt:

- → spezifische Heizlast 48 Watt pro Quadratmeter = 7,6 Kilowatt Heizlast, entspricht etwa Baujahr ab 2005
- → spezifische Heizlast 70 Watt pro Quadratmeter = 11,2 Kilowatt Heizlast, entspricht etwa Baujahr ab 1995
- → spezifische Heizlast 90 Watt pro Quadratmeter = 14,4 Kilowatt Heizlast, entspricht etwa Baujahr ab 1985

Spezifische Heizlasten unter 48 Watt pro Quadratmeter entsprechen heutigen Dämmstandards. Übersteigt die spezifische Heizlast 90 Watt pro Quadratmeter, sollte zunächst unbedingt die Gebäudehülle ertüchtigt werden.

WÄRMEPUMPE

Bez.: Vaillant VWS 82/3_(aus Datenbank), Typ: Sole / Wasser
Leistung bei 0/35 thermisch: 7.8 kW, elektrisch: 1,7 kW

Empfohlener Volumenstrom im Quellkreis	1,9 m³/h
Max. Vorlauftemperatur	62 °C
Betriebsweise	monovalent
Dimensionierungspunkttemperatur	–14 °C
Anzahl der eingesetzten Wärmepumpen	1
Leistungsaufnahme Solepumpe	55 W
Leistungsaufnahme Heizungsumwälzpumpe	32 W

MONATLICHER WÄRMEBEDARF
in kWh

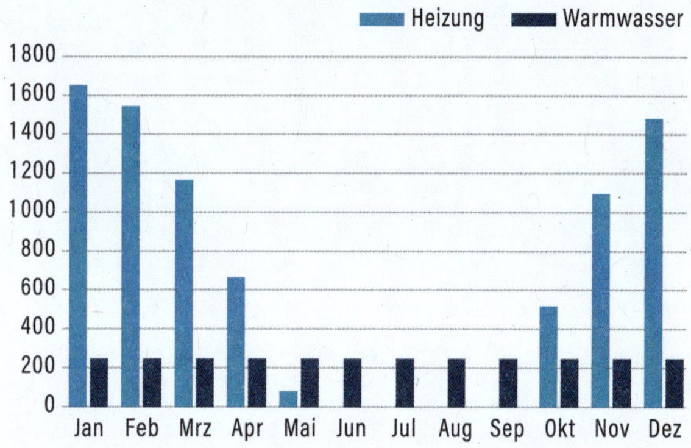

DURCHSCHNITTLICHE MONATLICHE TEMPERATUR
in °C

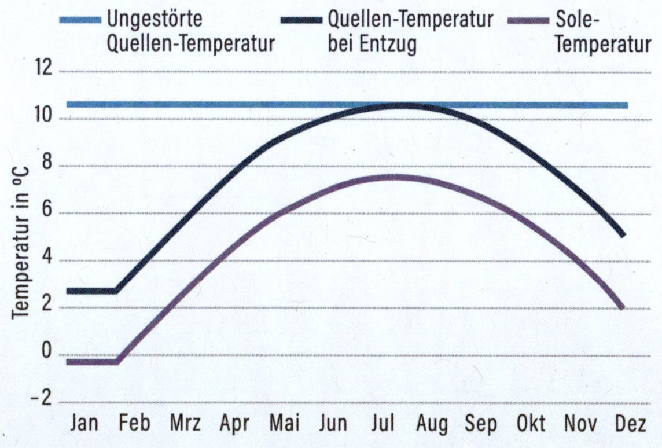

Von den **WÄRMEPUMPEN** wurden die Typen aus der Datenbank verwendet, bei denen die Heizleistung am ehesten der eingesetzten Heizlast entsprach.

Bei den **HEIZFLÄCHEN** wurden folgende Varianten eingesetzt:

- → 100 Prozent Fußbodenheizung
- → 40 Prozent Fußbodenheizung und 60 Prozent Heizkörper gemischt
- → 100 Prozent Heizkörper

Die Eingabe von Wandheizungen wäre auch möglich. Da Wandheizungen noch eher selten sind, wurde diese Variante um der besseren Übersichtlichkeit willen in der Berechnung außer Acht gelassen.

Bei Mischsystemen sollten beide Heizkreise zusammengefasst und mit einer Systemtemperatur betrieben werden.

Für die Auslegungstemperaturen wurden folgende Vor- und Rücklauftemperaturen eingesetzt:

- → Vor-/Rücklauf 35/28 Grad Celsius (wärmepumpengerechte Auslegung)
- → Vor-/Rücklauf 45/38 Grad Celsius (übliche VL/RL-Temperatur bei Fußbodenheizung von Öl- und Gasheizung)
- → Vor-/Rücklauf 55/45 Grad Celsius (z. B. Auslegung für Gasbrennwertgeräte)

Bei Vorlauftemperaturen über 55 Grad Celsius sinken die Arbeitszahlen, wodurch beim Einsatz einer Wärmepumpe kaum noch Einsparungen erzielt werden. Hier sollten unbedingt gezielte Maßnahmen zur Absenkung der Vorlauftemperatur getroffen werden (beispeilsweise durch die Vergrößerung der Heizflächen).

Aufgrund ständiger Preisveränderungen bei den Energieträgern, aber auch bei den Investitionskosten wäre eine Betriebskosten- und Rentabilitätsvorschau nur eine Momentaufnahme, weshalb auf eine Berechnung unter Annahmen bewusst verzichtet wurde. Dies ist nur sinnvoll und zielführend, wenn dies zum Zeitpunkt der Realisierung mit den konkreten regionalen Energiepreisen und tatsächlichen Investitionskosten erfolgt.

- → Für jeden der drei Haustypen mit unterschiedlichem Dämmstandard und damit unterschiedlicher Heizlast wurde jeweils die Jahresarbeitszahl für eine Wärmepumpe mit der Wärmequelle Luft, Erde und Brunnenwasser durchgeführt. Die Berechnungen erfolgten mit jeweils drei unterschiedlichen Heizflächen:
- → Fußbodenheizung im ganzen Haus
- → 40 Prozent Fußbodenheizung und 60 Prozent Heizkörper
- → Heizkörper im ganzen Haus mit den dafür gebräuchlichsten Vor- und Rücklauftemperaturen.

Jeder Eigenheimbesitzer kann einschätzen, welche Heizflächenvariante bei ihm installiert ist. Danach kann er nach den Arbeitszahlen auswählen, welche Wärmepumpenvariante (Luft, Erde, Wasser) für ihn infrage kommt. Werden höhere Vorlauftemperaturen als 55 Grad Celsius benötigt, so müssen gezielt in den betreffenden Räumen die Heizflächen erweitert oder ersetzt werden, zum Beispiel durch Tieftemperatur-Heizkörper. Meistens ist das höchstens in zwei bis drei Räumen im Haus erforderlich.

Die Eingabewerte und Ergebnisse der Modellrechnungen sind in der Tabelle „Modellrechnungen für 27 Varianten" (siehe Seite 130) zusammengefasst. Mit Hilfe dieser Tabelle können Sie sich einen Eindruck darüber verschaffen, welche Wärmepumpenvariante für Ihr Gebäude am ehesten infrage kommt.

Nutzung der Musterrechnungen

Wie sollten Sie dabei am besten vorgehen? Zuerst müssen Sie sich ein Bild von der bei Ihnen **BENÖTIGTEN HEIZLEISTUNG** machen. Am einfachsten wäre es, wenn Sie auf das Typenschild Ihres vorhandenen Öl -oder Gaskessels schauen und dort die Heizleistung ablesen. Da erfahrungsgemäß die meisten Heizkessel viel größer als benötigt ausgelegt wurden, könnten Sie hiermit aber weit daneben liegen.

Viel besser eignet sich die Ermittlung der Heizleistung aus den mittleren Brennstoffverbräuchen der letzten Jahre. Da dieser Wert jedoch die Warmwasserbereitung beinhaltet und zum Beispiel die letzten drei Winter relativ mild waren, können auch hier größere Abweichungen möglich sein. Eine **NACH DIN TS–12831** berechnete Heizlast würde die größte Genauigkeit aufweisen, wenn die U-Werte Ihrer Gebäudehülle bekannt sind, was im Bestand nicht immer der Fall ist.

Am besten und preisgünstigsten fahren Sie, wenn Sie leicht im Internet zu findende **TABELLEN ZUR SPEZIFISCHEN HEIZLAST** nach Baujahr nutzen. Multiplizieren Sie die Fläche Ihrer beheizten Räume mit der spezifischen Heizlast und vergleichen Sie das Ergebnis mit der Ermittlung über den Brennstoffverbrauch.

Wie Ihre Zimmer prozentual mit **HEIZKÖRPERN ODER FLÄCHENHEIZUNG** ausgestattet sind, ist Ihnen bekannt. Etwas schwieriger ist die Ermittlung der benötigten **VOR -UND RÜCKLAUFTEMPERATUREN**. Zu einem brauchbaren Ergebnis kommen Sie, indem Sie in Ihren wärmsten Räumen die Raumregler beziehungsweise Thermostatventile an den kältesten Tagen vollaufdrehen und dabei die Heizkurve oder die Raumsolltemperatur Schritt für Schritt zurücknehmen, bis Ihre Wohlfühltemperatur gerade so erreicht wird. Wichtig ist dabei, dass eventuelle Nachtabsenkungen ausprogrammiert werden. Ist Ihnen das zu umständlich, so gehen Sie einfach auf die Betriebsart „Party" und drehen den Kesseltemperaturbegrenzer Stück für Stück zurück. Hier kann es allerdings passieren dass die Warmwasserbereitung nicht mehr richtig funktioniert.

Am sichersten gehen Sie vor, wenn Sie Ihren Heizungsbauer konsultieren und sich zeigen lassen, wo Sie die Vor -und Rücklauftemperatur richtig ablesen können.

Mit diesen Ergebnissen finden Sie heraus, welche von den 27 Varianten am ehesten zu Ihrem Gebäude passen und welche Wärmequelle für Ihr Haus am wirtschaftlichsten ist.

STANDARDMINDEST- UND -ZIELWERTE DER JAZ

Energiequelle/ -senke	Mindestwert Jahresarbeitszahl	Zielwert Jahresarbeitszahl
Luft/Wasser	2,5	2,8
Erdreich/Wasser	3,3	3,7
Wasser/Wasser	3,5	4,2

Standardmindest- und -zielwerte der Jahresarbeitszahl für Wärmepumpen, die für Raumheizung und Trinkwarmwasserbereitung in nachgerüsteten Gebäuden genutzt werden (für Mitteleuropa typische Werte)

Bewertung der Varianten

HINWEIS: Bei den Simulationen wurde aus der Datenbank jeweils diejenige Wärmepumpe ausgewählt, deren Heizleistung am besten zur angenommenen Heizlast passte. Hierbei handelt es sich um den Idealfall. In der Praxis wird normalerweise das Produkt aus der Palette des Herstellers ausgewählt, auf das sich der Heizungsbauer festgelegt hat.

Folgende **TRENDS** lassen sich aus den unterschiedlichen Varianten ableiten:

- → Wasser/Wasser-Wärmepumpen bringen auch bei weniger gut gedämmten Gebäuden und Heizungsanlagen mit Heizkörpern sowie hohen Vorlauftemperaturen respektable Arbeitszahlen (Variante 18 und 27).
- → Sole/Wasser-Wärmepumpen mit Erdsonden können auch bei hohen Vorlauftemperaturen akzeptable Ergebnisse bringen (Variante 24).
- → In gut gedämmten Gebäuden werden bei Luft-Wärmepumpen bis 45 Grad Celsius Vorlauftemperatur ordentliche Ergebnisse erreicht (Variante 02). Bei Systemtemperaturen über 45 Grad Celsius werden mit der Wärmequelle Luft bei dieser Simulation weniger akzeptable Jahresarbeitszahlen erreicht (Variante 03, 10, 21). Hier sollten die Betriebspunkte A -7/W 55 respektive die Leistungsdiagramme mit COPs unter 0 Grad Celsius Außen- und Vorlauftemperaturen über 50 Grad Celsius verglichen werden. Luft-Wärmepumpen, die ab 2 Grad Celsius mit einer zusätzlichen Heißgaseinspritzung betrieben werden, haben bei Temperaturen unter 0 Grad Celsius meistens bessere Heizleistungen und Leistungszahlen.
- → Ab Heizleistungen über 10 Kilowatt steigen die Kosten für die Erdsonden im Verhältnis

MODELLRECHNUNGEN FÜR 27 VARIANTEN

Mithilfe dieser Tabelle können Sie sich ein erstes Bild machen, welche Variante für Sie beim Einbau einer Wärmepumpe konkret in Ihrem Bestandsgebäude unter den tatsächlichen Gegebenheiten bezüglich der Betriebskosten auf Grundlage der Jahresarbeitszahl am besten geeignet ist.

Variante Nr.	Heizlast (kW)	Spezif. Heizlast (w/m^2)	Wärmepumpenart	Fußbodenheizung (%)	Heizkörper (%)	VL Temp. (°C)	RL Temp. (°C)	JAZ
01	7,6	48	Luft-WP	100	–	35	28	3,9
02	7,6	48	Luft-WP	40	60	45	35	2,8
03	7,6	48	Luft-WP	–	100	55	45	2,4
04	7,6	48	Sole/Wasser-WP	100	–	35	28	4,4
05	7,6	48	Sole/Wasser-WP	40	60	45	35	3,5
06	7,6	48	Sole/Wasser-WP	–	100	55	45	3,2
07 *	7,6	48	Wasser/Wasser-WP	100	–	35	28	4,3
08	7,6	48	Wasser/Wasser-WP	40	60	45	35	4,2
09	7,6	48	Wasser/Wasser-WP	–	100	55	45	3,5
10	11,2	70	Luft-WP	100	–	35	28	2,9
11	11,2	70	Luft-WP	40	60	45	35	2,7
12	11,2	70	Luft-WP	–	100	55	45	2,4
13	11,2	70	Sole/Wasser-WP	100	–	35	28	4,4
14	11,2	70	Sole/Wasser-WP	40	60	45	35	4,2
15	11,2	70	Sole/Wasser-WP	–	100	55	45	3,1
16	11,2	70	Wasser/Wasser-WP	100	–	35	28	4,9
17	11,2	70	Wasser/Wasser-WP	40	60	45	35	4,1
18	11,2	70	Wasser/Wasser-WP	–	100	55	45	3,8
19	14,4	90	Luft-WP	100	–	35	28	3,0
20	14,4	90	Luft-WP	40	60	45	35	2,7
21	14,4	90	Luft-WP	–	100	55	45	2,5
22	14,4	90	Sole/Wasser-WP	100	–	35	28	4,5
23	14,4	90	Sole/Wasser-WP	40	60	45	35	4,1
24	14,4	90	Sole/Wasser-WP	–	100	55	45	3,6
25	14,4	90	Wasser/Wasser-WP	100	–	35	28	5,3
26	14,4	90	Wasser/Wasser-WP	40	60	45	35	4,8
27	14,4	90	Wasser/Wasser-WP	–	100	55	45	4,2

* mit Zwischenwärmeübertrager (ZWT)

zur Wärmepumpe diametral an, sodass die Luft-Wärmepumpen in der Gesamtbetrachtung deutlich vorn liegen (Förderungen der Wärmequelle bei Sanierungen nicht berücksichtigt).

- → Hochtemperatur-Wärmepumpen schaffen die benötigten Vorlauftemperaturen und sind effizienter, aber kostenintensiver. Es ist auch ohne Veränderungen an den Heizflächen der Austausch gegen fossile Wärmeerzeuger möglich. Im Einzelfall ist zu prüfen, ob die Hochtemperatur-Wärmepumpe bei der Normaußentemperatur die benötigten Temperaturen bringt. Mit gezieltem Austausch der betreffenden Heizkörper gegen Tieftemperaturheizkörper kann eine kostengünstigere Niedertemperaturwärmepumpe verwendet werden. Diese Variante ist auf Dauer effizienter.
- → Arbeitszahlen über 1,9 bringen gegenüber Gas- und Ölheizungen CO_2-Einsparungen, welche aber bei besseren Jahresarbeitszahlen noch höher sind.

Es sollten schon deshalb die im Anhang der DIN EN 15450 enthaltenen Mindestarbeitszahlen und Zielwerte angestrebt und übertroffen werden!

FAZIT: Mit Wasser/Wasser- und Sole/Wasser-Wärmepumpen, niedrigen Systemtemperaturen und moderatem Warmwasserverbrauch bei Temperaturen von 50 Grad Celsius lassen sich von der Anlagenkonstellation aus gesehen die günstigsten Jahresarbeitszahlen und die geringsten Betriebskosten erzielen. Noch bessere Ergebnisse lassen sich praktisch nur mit Direktverdampfung-/Direktkondensation-Wärmepumpensystemen oder Direktverdampfung/Wasser erreichen. Bei diesen effizienten Anlagen werden Wärmeübertrager eingespart, indem das Kältemittel direkt in die Wärmequelle, zum Beispiel über Kupferrohre in den Flächenkollektor oder direkt in die Fußbodenheizung, geleitet wird. Dabei müssen einige Besonderheiten wie große Kältemittelmengen, brennbare Kältemittel, die Ölrückführung im Kältekreislauf, die Regelbarkeit der Räume und vieles mehr beachtet werden. Bei dieser Technik werden zudem zertifizierte Kältetechniker benötigt. Die Marktanteile dieser Technologie sind jedoch gering.

Betrachtet man die verschiedenen Wärmepumpenarten und Anlagenkonstellationen aus Sicht der Investitions- und der Betriebskosten zusammen, so schneiden die immer besser werdenden Luft-Wärmepumpen beachtlich ab. Das bestätigen die stark wachsenden Marktanteile dieser Geräte.

Wie aus dem Report der Wärmepumpensimulation zu erkennen ist, lohnt es sich besonders bei Bestandsgebäuden, verschiedene Anlagenkonzepte auf Basis der Vorplanung und Grundlagenermittlung sowie aktueller Material- und Energiepreise anfertigen zu lassen.

HINWEIS: Steigen die Preise für Öl, Gas, Holz und Pellets ungefähr in gleichem Maß wie der Strompreis für die Wärmepumpe, sind im Bestandsgebäude spürbare Einsparungen bei den Betriebskosten nur bei Vorlauftemperaturen bis 45 Grad Celsius zu erreichen. Geht die Schere zwischen den Stromkosten und den Kosten für fossile Brennstoffe weiter auseinander, so werden sich auch Einsparungen bei höheren Vorlauftemperaturen von 55 Grad Celsius und darüber erreichen lassen.

ZUSAMMENFASSUNG: Im Neubau und bei wärmepumpengerechter Auslegung der Heizflächen können bei allen Wärmepumpenarten gute bis sehr gute Ergebnisse erzielt werden. Bei Bestandsgebäuden ist zu prüfen, ob die energetische Ertüchtigung der Gebäudehülle Vorrang vor dem Einbau einer Wärmepumpe hat, da somit grundsätzlich der Jahresheizwärmebedarf gesenkt wird. Gleichzeitig führt dies zu einer Absenkung der benötigten Vorlauftemperatur und so zu geringeren Investitionskosten bei der Wärmepumpenanlage.

→ Häufige Fehlerquellen bei der Planung: Wir zeigen die häufigsten Fehler auf und beschreiben, wie man sie vermeidet. Ausschlaggebend ist, dass die Wärmepumpe und die Leistung der Heizungsanlage optimal aufeinander abgestimmt werden.

WAS ERFAHRE ICH?

„Effizienz ist eine Frage der richtigen Planung", so steht es als Überschrift auf der Planungsinformation eines bekannten Herstellers. Und grundsätzlich lässt sich dieser Befund bestätigen, auch wenn es neben der Planung noch andere Faktoren gibt, die die Effizienz einer Wärmepumpenanlage beeinflussen. Planungsfehler wirken sich meistens auch auf die Installation und Bedienung einer Wärmepumpenanlage aus und lassen sich oft nur schwer korrigieren. Wie auf der Abbildung rechts zu erkennen ist, werden bei einer Erdwärme-Wärmepumpenanlage die meisten Fehler bei der Planung der Wärmequelle gemacht: Links die Wärmequellenanlage WQ, rechts oben die Wärmenutzungsanlage (WNA = Heizflächen) und in der Mitte die Wärmepumpe (WP).

Häufige Fehler bei der Planung der Wärmequelle

Am Anfang stehen die sorgfältige **VORPLANUNG UND GRUNDLAGENERMITTLUNG**. Werden diese Schritte zu oberflächlich durchgeführt, fehlt eine verlässliche Basis für die weitere Planung der Anlage. Daraus ergeben sich Folgefehler, wie zum Beispiel die zu geringe Dimensionierung infolge einer fehlenden Heizlastberechnung beziehungsweise eines nicht vorhandenen Energieausweises. Die **DIMENSIONIERUNG** nach Schätzung der Heizlast und der 50-W/m-Regel für Erdsonden ist eine weitere häufige Fehlerquelle. Gehen Sie zur Dimensionierung vor wie ab Seite 92 („Planung und Erschließung der Wärmequellen") beschrieben.

Sollen **FLÄCHENKOLLEKTOREN** zum Einsatz kommen, muss früh geklärt werden, ob die vorhandene Fläche dafür ausreicht. Eine Übersicht über die auf dem Grundstück vorhandene Medienführung (Gas, Wasser, Abwasser, Telefon- und Stromleitungen) ist unerlässlich.

Aufwand und Kosten für die anfallenden **ERDARBEITEN** werden bei der Planung mitunter ebenso außer Acht gelassen wie die Ableitung anfallenden Wassers bei Bohrarbeiten – dafür ist unter Umständen eine **EINLEITGENEHMIGUNG** erforderlich. Auch die Entsorgung des Bohr-

FEHLERHÄUFIGKEIT AM BEISPIEL EINER ERDWÄRME-WÄRMEPUMPENANLAGE

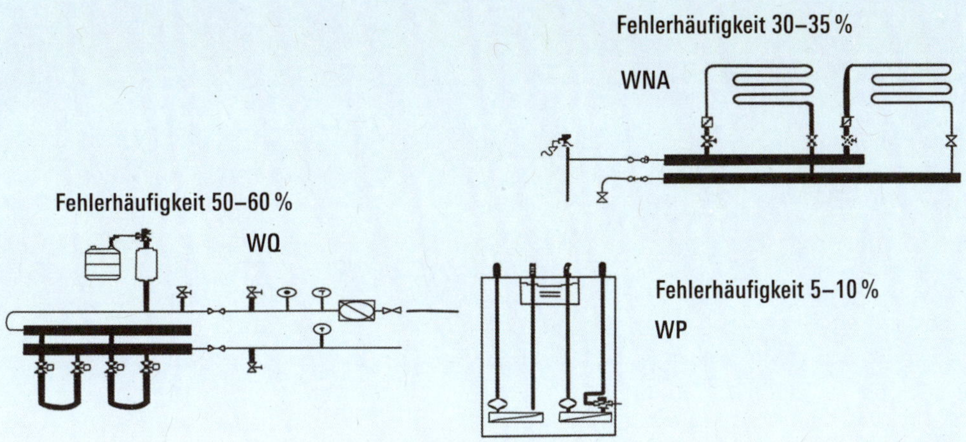

guts sowie Zuschläge für Warmwasserbereitung und Sperrzeiten müssen berücksichtigt werden. Man sollte sich daher nicht unbedingt nach dem preiswertesten Anbieter orientieren.

Die Voranfrage beim zuständigen Energieversorgungsunternehmen (EVU) über die **NETZTAUGLICHKEIT** bezüglich des Anlaufstroms darf nicht vergessen werden.

Bei der Planung von Entnahmebrunnen in der Nähe von Schluckbrunnen müssen in der Nähe liegende Anlagen berücksichtigt werden.

Werden bei Laboruntersuchungen von Brunnenwasser **GRENZWERTE** erreicht, sollte man das auf keinen Fall bagatellisieren. Eventuell ist in einem solchen Fall eine andere Wärmequelle die bessere Lösung.

Häufige Fehler bei der Planung der Heizflächen und Speicher

Ein häufiger Fehler ist die Planung der Flächenheizung im Neubau mit **VORLAUF-/RÜCKLAUFTEMPERATUREN** von 45/38 Grad Celsius.

Es sollte unbedingt eine **HEIZLASTBERECHNUNG** mit anschließender Berechnung der Heizflächen erfolgen. Probleme tauchen regelmäßig auch dann auf, wenn die zu erreichenden Raumtemperaturen nicht im Vorfeld zwischen dem Betreiber und dem Planer oder Installateur vereinbart wurden.

Die Wärmeübergangswiderstände der **BODENBELÄGE** müssen bei der Planung einer Fußbodenheizung unbedingt berücksichtigt werden. Mitunter stellt sich zu spät heraus, dass im vorgesehenen Raum überhaupt keine Fußbodenheizung installiert werden kann, weil als Bodenbelag Parkett verwendet wird, das nicht für Fußbodenheizungen geeignet beziehungsweise nicht für Oberflächentemperaturen bis 29 Grad Celsius zugelassen ist.

Heizkreise dürfen in Fertigteilelemente nicht ohne Berechnung eingefügt werden. Ein Fehler ist die Planung von Heizkreisen mit unterschiedlicher **SYSTEMTEMPERATUR**. Elektroanschlüsse für Heizkreisverteiler, Tieftemperaturheizkörper und Badheizkörper dürfen nicht vergessen werden.

Fehlt die **DRUCKVERLUSTBERECHNUNG**, besteht die Gefahr, dass Zuleitungen zu gering dimensioniert werden. Bei der Dimensionierung der Speicher müssen Ausstattungsgegenstände mit berücksichtigt werden.

Manche Heizungsbauer nutzen pauschal den geringsten **HEIZROHR-VERLEGEABSTAND** von 10 Zentimetern, um sich die Berechnung zur Auslegung der Fußbodenheizung zu sparen. Die Überdimensionierung ist viel zu teuer und führt zu regelungstechnischen und Problemen beim hydraulischen Abgleich.

Wenn über dieselben Heizflächen geheizt und gekühlt werden soll, muss eine **KÜHLLASTBERECHNUNG** durchgeführt und bei der Auslegung der Heizflächen bedacht werden.

Häufige Fehler bei Auswahl und Dimensionierung der Anlage

Wurde die **HEIZLAST** ungenau ermittelt, sind die Warmwassertemperatur, der Wärmebedarf für Warmwasser und die Sperrzeiten nicht bekannt oder werden nicht beachtet, sind Probleme die Folge: Wurde die Heizlast zu hoch eingeschätzt, wird vermutlich die Wärmepumpe zu groß ausgelegt. Die Folge: Sie taktet. Bei zu gering geschätzter Heizlast wiederum können Wärmepumpe und Wärmequelle zu klein ausgelegt sein. Dann muss der Heizstab zu früh zugeschaltet werden. Erdsonden können dann beispielsweise auskühlen. Folgen Sie den Angaben ab Seite 87, um den individuellen Bedarf für Ihr Haus möglichst genau zu ermitteln. Probleme können auch dann auftreten, wenn die **SYSTEMTEMPERATUREN DER HEIZFLÄCHEN** nicht genau bekannt sind beziehungsweise geschätzt werden. Eine deutliche Über- oder Unterdimensionierung führt dazu, dass die Wärmepumpe nicht effizient arbeitet.

Wärmepumpen sollten niemals ohne Gütesiegel und nur vom Fachhandel oder Hersteller bezogen werden.

Fehler bei der Planung vermeiden

Versuchen Sie, Planung und Ausführung **AUS EINER HAND** zu erhalten. Suchen Sie nicht den preiswertesten Fachplaner oder Installateur, sondern beauftragen Sie einen mit Wärmepumpen erfahrenen Fachplaner für Haustechnik und eventuell einen Fachplaner für Geologie/Hydrologie. Die dabei eventuell entstehenden Mehrkosten im Vergleich zum vermeintlich günstigsten Angebot rentieren sich bei der Ausführung und im Betrieb und ersparen Ihnen unter Umständen viel Ärger. Engagieren Sie Installationsfirmen mit Erfahrungen bei Wärmepumpen oder arbeiten Sie mit zertifizierten Fachbetrieben zusammen. Prüfen Sie Referenzen. Informieren Sie sich über Schnittstellen mit anderen Gewerken. Nach Möglichkeit sollten alle Anlagekomponenten (Wärmepumpe, Puffer, Warmwasserspeicher, Pumpengruppen, Regler) von einem Hersteller stammen. Nutzen Sie geprüfte und von den Herstellern freigegebene Hydraulikpläne.

Grundsätze für die richtige Auslegung

Die Voraussetzung für einen effizienten Betrieb ist eine gut gedämmte Gebäudehülle. Gute **DÄMMUNG** senkt die Heizlast, eine geringe Heizlast senkt wiederum die Investitionskosten für die Wärmepumpenanlage.

Bevor Sie sich für eine Wärmepumpe entscheiden, sollten Sie sich über Ihre **PRIORITÄTEN** klar werden: Welche Bedeutung haben Ökologie, Betriebskosten inklusive Wartung, Investitionskosten, Rückflussdauer, Betriebssicherheit, Zuverlässigkeit, Unabhängigkeit von Außentemperaturen, Service? Auch sollte von Anfang an feststehen, ob mit der Wärmepumpe nur geheizt oder auch gekühlt werden soll.

Wärmequellen sollten **REICHLICH DIMENSIONIERT** sein. Niedrige Vor- und Rücklauftemperaturen sind vorteilhaft. Die Raumtemperaturen und die Wassertemperatur sollten nur so hoch wie nötig festgelegt werden (ein Grad Celsius mehr Raumtemperatur entspricht fünf Prozent mehr Energieverbrauch). Der Warmwasserspeicher sollte nicht überdimensioniert sein.

Der Wärmedurchlasswiderstand der Fußbodenbeläge muss beachtet werden; für Fußböden sollten möglichst Fliesen, Naturstein, Vinylbelag oder Teppich verwendet werden.

Der **BIVALENZPUNKT** ist so zu wählen, dass der Anteil des zweiten Wärmeerzeugers nicht über fünf Prozent liegt. Eine einfache **HYDRAULIK** ist vorteilhaft.

Prüfen Sie die erforderlichen Genehmigungen genau, zum Beispiel auf Auflagen aus der wasserrechtlichen Genehmigung für Erdsonden und Brunnen).

→ Mehr Effizienz – Ertrag optimieren:

Welche Stellschrauben gibt es, die eine gesteigerte Wirtschaftlichkeit ermöglichen? Smarte Regelungstechnik hilft, optimale Betriebsbedingungen einzuhalten.

WAS ERFAHRE ICH?

Einflussmöglichkeiten durch den Hersteller

Der Hersteller hat die in der technischen Dokumentation enthaltenen im Labor geprüften Leistungsparameter wie die Heizleistung, Stromaufnahme, Leistungszahl etc. zu garantieren. Der Verbraucher kann die Leistungszahl jedoch nur bedingt über die Jahresarbeitszahl überprüfen. Dafür müssen die Stromaufnahme der Wärmepumpe und der elektrischen Zusatzheizung sowie die erzeugte Wärmemenge für Heizung und Warmwasser **SEPARAT GEMESSEN** werden können. Erforderlichenfalls sind separate geeichte Unterzähler einzubauen. In manchen Wärmepumpenreglern werden Arbeitszahlen, momentane Heizleistung, elektrische Leistungsaufnahme, Volumenströme etc. im Regler angezeigt und über bestimmte Zeiträume registriert. Weiter ist wichtig, dass der Installateur für das Produkt bezüglich Planung, Montage, Inbetriebnahme und Wartung entsprechend **GESCHULT** ist. Installateure ohne eigene Kundendiensttechniker lassen die Inbetriebnahme vom Werkskundendienst durchführen. Die Inbetriebnahme ist zu protokollieren, und die mit dem Verbraucher abgestimmten **EINSTELLPARAMETER** sind dem Betreiber und dem Installateur auszuhändigen. Oft werden hier nur Standardeinstellungen vorgenommen, welche nicht unbedingt mit den tatsächlichen Anlagenkonstellationen und Verbrauchergewohnheiten optimal übereinstimmen. Nach **SPÄTESTENS EINEM JAHR** muss geprüft werden, ob die Anlage effizient arbeitet. Erforderlichenfalls müssen die Einstellungen korrigiert und wieder dokumentiert werden. Deshalb sollte nach der Übergabe ein Wartungsvertrag abgeschlossen werden. Dies geschieht meistens über den Installateur, in manchen Fällen aber auch durch den Hersteller. Bei Fremdvergabe sind die Bedingungen zur Gewährleistung und Garantie zu beachten. Wichtige technische Daten wie Heizleistung, elektrische Leistungsaufnahme, Kältemittelart und Füllmenge, Mindestvolumenströme etc. findet man auf dem Typenschild der Wärmepumpe.

HINWEIS: Bei den meisten Wärmepumpen ist es inzwischen möglich, dass der Betreiber wichtige Einstellungen über eine App auf dem Smartphone vornehmen kann. Gleichzeitig bieten Hersteller dem Betreiber an, dass wenn er einem Ferndatenzugriff zustimmt, die Garantie von zwei auf fünf Jahre verlängert wird. Wenn der Installateur dann über das Internet mit freigeschaltet wird, ist es möglich, Fehler-

MÖGLICHE EINSPARUNGEN DURCH OPTIMALE EINSTELLUNG DER UMWÄLZPUMPEN

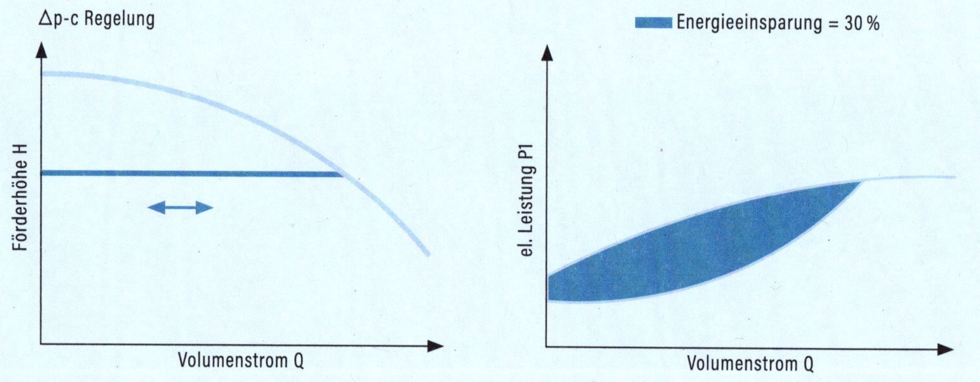

Quelle: VdZ-Leitfaden hydraulischer Abgleich

Energieeinsparung durch die Konstant-Druckregelung Δp-c; bei sich schließenden Ventilen steigt der Druck nicht an → Vermeidung von Strömungsgeräuschen, Reduzierung der elektrischen Leistungsaufnahme bis zu 30 Prozent

meldungen zu übertragen und wichtige Parameter zur Kontrolle der Effizienz zu übermitteln.

Einflussmöglichkeiten durch den Installateur

Eine grundlegende Voraussetzung für den effizienten Betrieb der Wärmepumpe ist die Einhaltung der vom Hersteller vorgegebenen **VOLUMENSTRÖME** für die Wärmequelle und die Wärmesenke. Diese Werte sind in der Regel auf dem Typenschild sowie im technischen Datenblatt zu finden. Die Einstellung erfolgt über Umwälzpumpen, Regulierventile oder Durchflussmesser und/oder Regulierer. Sie kann entweder direkt im Wärmepumpenregler, an Umwälzpumpen, an Wärmemengenzählern oder über Ultraschall-Durchflussmessgeräte abgelesen werden. Sie als Betreiber können die richtige Einstellung behelfsmäßig über die Temperaturdifferenzen zwischen Medium-Ein- und Austritt überprüfen (siehe Tabelle „Erläuterungen zu Hydraulikschema 3", Seite 107).

Die optimale Einstellung des Wärmepumpenreglers erfordert nicht nur Fachwissen über die Wärmepumpe, sondern auch über die **PERIPHERIE DER WÄRMEPUMPENANLAGE**. Hinzu kommt noch das erforderliche Fingerspitzengefühl für die Anpassung der Einstellwerte für die Heizkurve, die Heizgrenztemperatur, Bivalenzpunkt, Soll -Temperaturen, Betriebszeiten etc. nach den Bedürfnissen des Betreibers im Einklang mit einer effizienten Betriebsweise.

Diese Punkte sollten auch im Rahmen der Wartung und Inspektion jährlich mit überprüft und optimiert werden. Durch einen **FERNZUGRIFF** des Installateurs auf den Wärmepumpenregler können schnell Unregelmäßigkeiten erkannt und abgestellt werden. Einen großen Einfluss auf die Effizienz und Funktionssicherheit der Wärmepumpe haben **SAUBERE SCHMUTZFÄNGER UND WÄRMEÜBERTRAGER**. Sie müssen im Rahmen der Wartung regelmäßig kontrolliert und fachgemäß gereinigt werden! Die Dichtheitskontrolle des Kältekreises, die Überprüfung von Ventilen, Pumpen, Armaturen und der Isolation sind ebenfalls wichtige Aufgaben des Installateurs. Ein professioneller **HYDRAULISCHER ABGLEICH** inklusive der optimalen Einstellung der Umwälzpumpen sorgen für einen sparsamen Energieverbrauch und vermeiden unliebsame Geräusche. Sollten bei einer Umstellung der Heizung auf eine Wärmepumpe sich noch alte Umwälzpumpen im Verteilsystem befinden, so sind diese gegen **HOCHEFFIZIENZPUMPEN** auszutauschen, wobei allerdings darauf zu achten ist, dass die Mindestvolumenströme eingehalten werden.

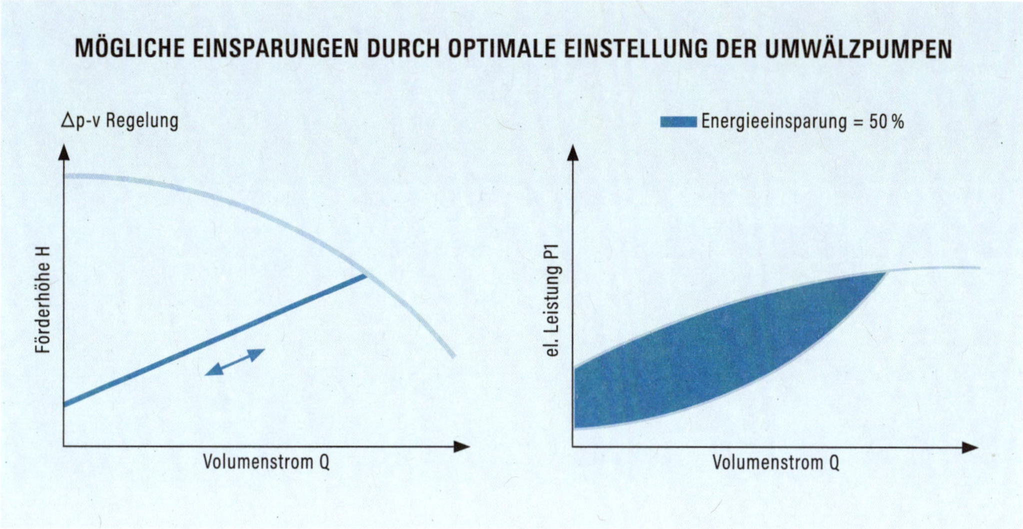

Energieeinsparung durch die Proportional-Druckregelung Δp-v; bei sich schließenden Ventilen sinkt der Druck → Vermeidung von Strömungsgeräuschen und Reduzierung der elektrischen Leistungsaufnahme bis zu 50 Prozent, Unterversorgung von Teilbereichen möglich

Was Betreiber tun können

Im Unterschied zu den fossilen Wärmeerzeugern hat der Betreiber bei der Wärmepumpe einen wesentlich höheren Einfluss auf einen effizienten und effektiven Betrieb seiner Heizung. Eine niedrige Einstellung der Heizkurve, der Raum-Solltemperatur (möglichst nicht über 20 Grad Celsius) und der Warmwassertemperatur (nur bei längerer Abwesenheit über 50 Grad Celsius) schlagen sich genauso wie die Laufzeit der Zirkulationspumpe oder die Warmwassermenge unmittelbar auf den Energieverbrauch der Anlage nieder.

Die **UMSCHALTUNG DER BETRIEBSART** von Winter auf Sommerbetrieb oder die Nutzung des Ferienprogramms bei Abwesenheit sind relativ einfache, aber wichtige Möglichkeiten, um die Heizkosten zu reduzieren. Richtiges Lüften oder Lüftungsgeräte mit Wärmerückgewinnung tragen zur Energieeinsparung, Entfeuchtung und Erhöhung der Behaglichkeit bei. In nicht oder wenig benutzten Räumen sollten die Heizkörper auf Frostschutz stehen,

Noch wichtiger als bei anderen Wärmeerzeugern ist die **REGELMÄSSIGE KONTROLLE** der Jahresarbeitszahl, der Stromzähler und relevanter Daten, wie Laufzeiten der Wärmepumpe, Umwälzpumpen, zweiter Wärmeerzeuger, Anzahl der Einschaltungen und Quellentemperaturen aus dem Betriebstagebuch des Wärmepumpenreglers. Wenn Sie diese Daten regelmäßig **MIT DEM VORJAHR VERGLEICHEN**, können Sie eventuelle Probleme zeitig erkennen und abstellen. Moderne Wärmepumpenregler erfassen und speichern viele der genannten Parameter über längere Betriebszeiträume oder ermöglichen ein Monitoring über längere Perioden. Hierüber sollten Sie sich vor dem Kauf informieren. Schließen Sie einen Wartungsvertrag ab und profitieren Sie von einer regelmäßigen professionellen Wartung.

Wenn Sie Ihre Wärmepumpenanlage mit einer **PV-ANLAGE UND BATTERIESPEICHER** kombinieren, können Sie die automatischen Temperaturanhebungen beim Anliegen von PV-Strom nutzen. Die Ergänzung mit einer thermischen Solaranlage hilft nicht nur Strom zu sparen, sondern trägt auch dazu bei, dass Ihre Erdsondenanlage weniger belastet wird beziehungsweise zu gering dimensionierte Erdsonden sich schneller regenerieren können.

5

Sie wissen nun, was Sie wollen. Im nächsten Schritt müssen Sie mit einer präzisen Ausschreibung anhand der eingehenden Angebote den besten Anbieter finden. Dabei können Sie verschiedene Profis unterstützen.

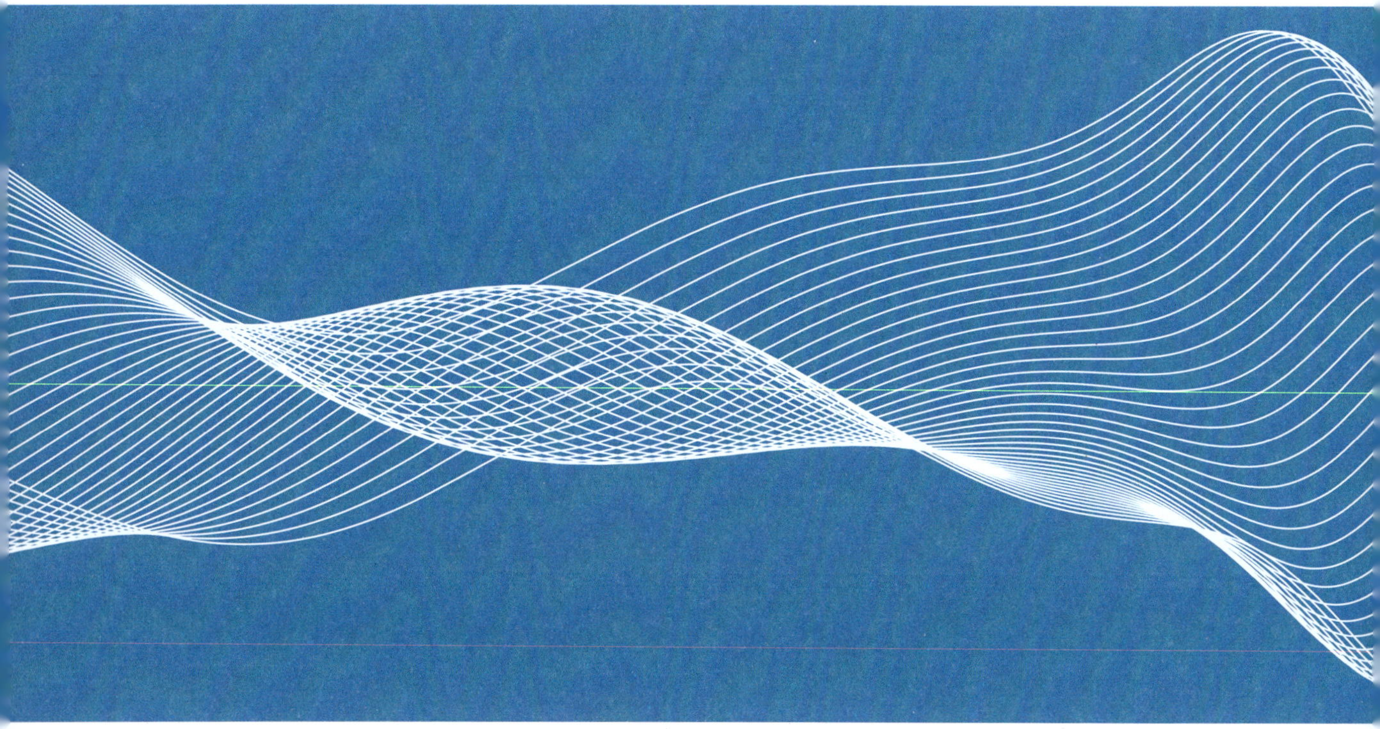

→ **Herstellerangaben bewerten:** Einige wichtige Daten sollten Sie unbedingt verstehen, um die Unterschiede zwischen den einzelnen Fabrikaten erkennen und einordnen zu können.

WAS ERFAHRE ICH?

Herstellerangaben richtig zu verstehen, einzuordnen und zu bewerten ist für Verbraucher und Verbraucherinnen nicht immer ganz einfach. Wir kennen das vom Kraftstoffverbrauch eines Autos, vom Ladezustand einer Smartphone-Batterie oder von der Reichweite eines Elektroautos. Das, was uns versprochen wird, kann oft nur bei einer extremen Schmalspurnutzung erreicht und überprüft werden. Technische Angaben bei einer Wärmepumpe zu begreifen, zu kontrollieren, zu vergleichen und richtig zu interpretieren ist selbst für Fachleute nicht immer leicht, geschweige denn, wenn solche Kenngrößen wie Leistungszahl (COP), saisonale oder jahreszeitbedingte Leistungszahl (SCOP), jahreszeitbedingte Raumheizungs-Energieeffizienz (ηs oder Eta s) erklärt und gegenübergestellt werden müssen. Die jahreszeitbedingte Raumheizungs-Energieeffizienz Eta s ist relativ neu und hat mit der neuen BEG-Förderung die bisher erforderliche Berechnung der Jahreszahl als Bedingung für die Bafa -Förderung abgelöst.

Der **ETA-S-WERT** wird wie folgt ermittelt:

$$\eta s = SCOP : 2{,}5 \times 100$$

und in Prozent angegeben. Dabei steht 2,5 für den Primärenergiefaktor für Strom in Europa; für den Strommix Deutschland liegt er derzeit bei 1,8. Der Eta-s-Wert sollte so hoch wie möglich sein und wird in den Herstellerunterlagen für unterschiedliche Vorlauftemperaturen angegeben (siehe dazu die Tabelle „Mindestanforderungen für elektrisch betriebene Wärmepumpen" auf Seite 197 im Serviceteil).

Nachstehend werden die wichtigsten technischen Kennwerte näher beschrieben, damit Sie sie in der Tabelle auf Seite 142 zum Vergleich technischer Daten besser verstehen können. Mithilfe der Tabelle lassen sich eine Sole/Wasser-Wärmepumpe, eine Luft/Wasser-Wärmepumpe und eine Wasser/Wasser-Wärmepumpe anhand ihrer wichtigsten technischen Daten vergleichen. Am Anfang stehen die Angaben für On/off- und danach für Inverter-Wärmepumpen. Um die Vergleichbarkeit zu verbessern, wurden jeweils Wärmepumpen mit einer Heizleistung um die zehn Kilowatt ausgewählt. Der genaue Typ der Wärmepumpe ist grundsätzlich natürlich wichtig, der Übersichtlichkeit und Vergleichbarkeit halber wurde er hier jedoch weggelassen.

Heizleistung und Leistungszahl

In dieser Spalte werden die Heizleistung und die Leistungszahl der einzelnen Wärmepumpen bei verschiedenen Betriebspunkten einander gegenübergestellt. Interessant sind dabei die **STARKEN VERÄNDERUNGEN** bei der Luft-Wärmepumpe in Abhängigkeit von der Außentemperatur: In diesem Beispiel fällt die Heizleistung der On/off-Wärmepumpe von 11,3 kW bei einer Außentemperatur von sieben Grad Celsius und einer Vorlauftemperatur von 35 Grad Celsius auf 7,3 kW bei einer Außentemperatur von minus sieben Grad Celsius und einer Vorlauftemperatur von 35 Grad Celsius. Ähnlich verhält es sich mit der Leistungszahl: Der COP sinkt hier von 4,7 auf 3,1. Schaut man auf die Inverter-Wärmepumpe, fällt auf, dass sich die Heizleistung von 7,3 kW bei A7/W35 auf 5,8 kW bei A2/W35 und auf 9,7 kW bei A-7/W35 verändert. Der COP fällt allerdings von 5,31 bei A7/W35 auf 4,46 bei A2/W35 und auf 3,16 bei A-7/W35. Die saisonale Leistungszahl liegt bei 4,99.

Was bedeutet das? Obwohl der COP bei A-7/W35 bei beiden Luft -Wärmepumpen in etwa gleich ist, ist die Heizleistung der Inverter-Wärmepumpe in diesem Punkt wesentlich höher. Das hat den Vorteil, dass die Inverter-Wärmepumpe in diesem Beispiel wesentlich länger ohne zweiten Wärmeerzeuger betrieben werden kann.

WICHTIG: Achten Sie beim Vergleich von Herstellerangaben zu Heizleistung und Leistungszahl immer darauf, dass die Kennziffern jeweils auf denselben Betriebspunkt bezogen werden oder dass SCOP mit SCOP verglichen wird. In manchen Prospekten werden nur die Heizleistung und der COP bei A7/W35 angegeben. In diesem Punkt sind die Werte selbstredend wesentlich besser als beim Betriebspunkt A2/W35 – die Nennung dieser Werte erweckt den Anschein, als ob diese Wärmepumpe eine signifikant bessere Heizleistung und eine bessere Leistungszahl aufweisen würde, als das in Wirklichkeit der Fall ist.

Ein genauerer Vergleich wird möglich, wenn Sie sich von der angebotenen Wärmepumpe die Leistungsdiagramme zu Heizleistung und Leistungszahl in Abhängigkeit von der Wärmequellen- und der Vorlauftemperatur vorlegen lassen.

Energieeffizienzklasse

In der Tabelle sind die Energieeffizienzklassen im Heizbetrieb bei Vorlauftemperaturen von 35 und 55 Grad Celsius aufgeführt. In einigen Prospekten wird die Energieeffizienzklasse auch für den Warmwasserbetrieb mit angegeben. Um in die Bafa-Liste der förderfähigen Wärmepumpen aufgenommen zu werden, müssen die höchsten Energieeffizienzklassen erreicht werden.

Einsatzgrenzen

Außerhalb ihrer Einsatzgrenzen bezüglich der Quellen- und Senkentemperaturen schalten Wärmepumpen ab. Wichtig ist das vor allem in Bezug auf die Quellentemperatur bei Luft-Wärmepumpen, also die Außentemperatur.

Befindet sich Ihr Wohnort in einer strengen Klimazone, kann es passieren, dass bei Außentemperaturen von minus 21 Grad Celsius die Wärmepumpe abschaltet, weil die Einsatzgrenze nur bis minus 20 Grad Celsius reicht. Die Wärmepumpe schaltet erst dann wieder zu, wenn die Außentemperatur bei minus 20 Grad Celsius oder höher liegt.

Schallleistungspegel/ Schalldruckpegel

Dies Werte spielen eher bei außen aufgestellten Luft-Wärmepumpen eine Rolle. Innen aufgestellte Geräte sind inzwischen sehr leise geworden. Die Schallleistung beschreibt die von der Schallquelle (Wärmepumpe) abgegebene Leistung des Schalls, unabhängig vom Aufstellungsort und der Umgebung. Der Schalldruck dagegen ist die messtechnisch erfasste Größe der Geräuschentwicklung an einem definierten Ort. Er nimmt mit zunehmender Entfernung von der Schallquelle ab. Maßgebend für den Vergleich von verschiedenen Produkten sind die Schallleistungsangaben, da die Schalldruckangaben auf die

VERGLEICH TECHNISCHER DATEN FÜR ON/OFF- UND INVERTER-WÄRMEPUMPEN

Technische Daten	Angebot 1: Sole/ Wasser-Wärmepumpe	Angebot 2: Luft/ Wasser-Wärmepumpe	Angebot 3: Wasser/ Wasser-Wärmepumpe	Bemerkungen
		On/off-Wärmepumpen		
Heizleistung kW/ Leistungszahl COP	– bei B0/W35: 10,9/4,9 – bei B0/W55: 10,0/2,9	– bei A2/W35: 9,5/4,0 – bei A-7/W35: 7,3/3,1 – bei A7/W35: 11,3/4,7	– bei W10/W35: 9,6/5,9 – bei W10/W55: 8,4/3,2	– Nach EN 14511 – On/off-WP
Energieeffizienzklasse	– VL 35 °C: A+++, 205 % – VL 55 °C: A++, 142 %	– VL 35 °C: A++, 167 % – VL 55 °C: A++, 125 %	– VL 35 °C: A+++, 248 % – VL 55 °C: A+++, 163 %	– Jahreszeitbedingte Raumheizungsenergie-effizienz
Einsatzgrenzen	– Heizung: VL 20 bis 62 °C – Quelle: –5 bis 25 °C	– VL: bis 62 °C – RL: ab 18 °C – Luft: –22 °C bis +35 °C	– Heizung: VL 62 °C – Quelle: +7 bis +25 °C	– Max. VL-Temperatur – Min. und max. Quellen-temperatur
Schallleistungspegel EN12102	– 47 dB(A)	– 54 dB(A)	– 41 dB(A)	
Schalldruckpegel	– 35 dB(A) in 1 m Entfer-nung	– 26 dB(A) in 10 m Entf.	– 30 dB(A) in 1 m Entfer-nung	
Kältemittel/ Gesamtfüllgewicht **GWP-Wert** **CO_2-Äquivalent**	– R410A/3,3 kg – 2088 – 6,89	– R410A/4,78 kg – 2088 – 9,98	– R410A/2,7 kg – 2088 – 5,64	
Nennspannung	– 3 Phasen/N 400 V	– 3 Phasen/N 400 V	– 3 Phasen/N 400 V	
Maximaler Anlaufstrom	– 20 A	– 19 A	– 17 A	– Mit Sanftanlasser
Elektrische Leistungsaufnahme	– bei B0/W35: 2,22 kW	– bei A2/W35: 2,38 kW	– bei W10/W35: 1,6 kW	
Maximale elektrische Leistungsaufnahme	– 4,3 kW	– 4,0 kW	– 3,2 kW	
in Bafa-Liste enthalten	– ja	– ja	– ja	
		Inverter-Wärmepumpen		
Heizleistung kW/ Leistungszahl COP	– B0/W35: 5,31/4,9 [1] – B0/W55: 5,32/3,97	– bei A2/W35: 5,8/4,46 – bei A7/W35: 7,3/5,31 – bei A-7/W35: 9,7/3,16	– W10/W35: 6,96/6,37	– [1] Nennwärmeleistung – Spreizung Sek. 5 K – Sole 3 K
Saisonale Leistungs-zahl SCOP bei W35/bei W55		– W35/4,99 – W55/3,91		
Modulationsbereich min. /max.	– 2,4–11,4 kW	– bei A2/W35: [2] 2,2–11,0 kW – bei A7/W35: 2,6–12,0 KW	– mit Zwischenwärmeüber-trager (ZWT): k. A.	– [2] Siehe Erläuterung
max. VL-Temp.	– 65 °C	– 70 °C	– 65 °C	

Technische Daten	Angebot 1: Sole/ Wasser-Wärmepumpe	Angebot 2: Luft/ Wasser-Wärmepumpe	Angebot 3: Wasser/ Wasser-Wärmepumpe	Bemerkungen
		Inverter-Wärmepumpen (Fortsetzung von S. 142)		
Quelle min./max. bei VL max.	– 10 °C / 25 °C	– 20 °C / 40 °C	7,5 / 25 °C	
Energieeffizienzklasse	– W35: A+++, 205 % – W55: A+++, 151 %	– W35: A+++, 197 % – W55: A+++, 154 %	Mit Zwischenwärmeübertrager (ZWT): k. A.	Nach EU-Verordnung Nr. 813/2013 durchschnittliche Klimaverhältnisse
Kältemittel/ Füllmenge	R410A 2,3 kg	R290 2,0 kg	R410A 2,3 kg	
Treibhauspotenzial (GWP)	1924[3]	0,02	1924	[3] Gestützt auf den 5. Sachstandsbericht des IPCC
CO_2-Äquivalent	4,6 t	0,00004 t	4,8 t	
Nennspannung	3 / N / PE400 V	3 / N / PE400 V	3 / N / PE400 V	
Elektrische Leistungsaufnahme	1,10 kW	3,07 kW	1,09 kW	
Maximaler Anlaufstrom	kleiner 5 A	kleiner 10 A	kleiner 5 A	
Wärmepumpentyp in Bafa-Liste enthalten	ja	ja	ja	

VL: Vorlauf Heizung; B0 / W35: Sole 0 °C / Wasser 35 °C (Vorlauf Heizung); A2 / W35: Luft 2 °C / Wasser 35 °C; W10 / W35: Quelle Wasser 10 °C / Wasser 35 °C; GWP: Global Warming Potential (Treibhauspotenzial)

jeweiligen Aufstellungs- und Umgebungsbedingungen umgerechnet werden müssen.

Kältemittel/Füllgewicht/ GWP-Wert

Die Anforderungen an die Umweltfreundlichkeit der Kältemittel wurden in den letzten Jahren immer weiter verschärft. Parallel dazu haben sich die Preise für Kältemittel enorm erhöht. Kältemittelverluste sind zwar selten, treten sie dennoch auf, kann die Reparatur jedoch sehr teuer werden. Ein Kältemittel mit geringem GWP-Wert beziehungsweise geringem CO_2-Äquivalent ist deshalb zu bevorzugen.

Elektrische Daten

Im Ein- und Zweifamilienhaus gibt es kaum Probleme mit dem Netzanschluss. Modulierende Wärmepumpen haben hier den Vorteil, dass der Anlaufstrom wesentlich geringer ist und sie bei PV-Stromnutzung eher in Betrieb gehen können.

Unabhängig von den aufgeführten technischen Daten sollte die infrage kommende Wärmepumpe in der Bafa-Liste enthalten sein und ein Gütesiegel besitzen. Konzentrieren Sie sich nicht zu sehr auf den COP, sondern denken Sie daran, dass andere Einflussfaktoren sich wesentlich stärker auf die Jahresarbeitszahl auswirken!

→ **Angebote vergleichen:** Schritt für Schritt geht es hier von der Auswertung der vorliegenden Angebote zur Auswahl des besten und zur formvollendeten Auftragserteilung. Und auch wenn es verlockend ist: Das billigste Angebot muss nicht immer das beste für Sie sein.

WAS ERFAHRE ICH?

Zunächst ist es wichtig festzulegen, worum es genau geht: Der Begriff „Angebot" wird mitunter mit den Begriffen „Kostenschätzung", „Kostenvoranschlag", „Bau- und Leistungsbeschreibung", „Leistungsverzeichnis" und „Ausschreibung", „Funktionalausschreibung" oder „Offerte" (kaufmännisches Angebot) verwechselt. Eine klare Trennung ist hier jedoch wichtig, da es sich um unterschiedliche Dokumente handelt.

Begriffsklärung

Um Missverständnissen vorzubeugen, sollen zunächst Unterschiede und Bedeutung der jeweiligen Begriffe näher betrachtet werden.

KOSTENSCHÄTZUNGEN

Nach DIN 276 – Kosten im Bauwesen – finden Kostenschätzungen vorwiegend im Rahmen der Vorplanung von Bauobjekten Anwendung. Die Kostenschätzung ist somit eine **PROGNOSE** auf der Grundlage einer überschlägigen Kalkulation der voraussichtlichen Baukosten und dient als erste Orientierung über die zu erwartenden Kosten.

KOSTENVORANSCHLAG

Der Kostenvoranschlag, im juristischen Sinne auch Kostenanschlag genannt, bildet eine Spezialform der Willenserklärung des Angebots und unterscheidet sich bezüglich der Bindungsform von einem Angebot. Er enthält geschätzte Materialaufwendungen und die dazu benötigten Lohnstunden. Er hat deshalb keinen verbindlichen Charakter und kann von den geschätzten Mengen **ABWEICHEN**, wobei Größenordnungen von 10 bis 20 Prozent und in Einzelfällen auch darüber hinaus akzeptiert werden.

BAUBESCHREIBUNG

Die Baubeschreibung ist ein allgemeiner Bestandteil einer Leistungsbeschreibung für die Ausschreibung einer Baumaßnahme, um ein Angebot einzuholen. Nach BGB § 650 besteht bei einem Verbraucherbauvertrag (siehe Abschnitt Bauvertrag, Seite 164) die Pflicht, eine detaillierte Baubeschreibung anzufertigen.

LEISTUNGSBESCHREIBUNG

Die Leistungsbeschreibung ist die Grundlage für die Erstellung eines Leistungsverzeichnisses und enthält eine detaillierte Beschreibung der zu erbringenden Teilleistungen. Im Neubau wird eine Leistungsbeschreibung auf der Grundlage der Baupläne und der Wünsche der Bauherren erstellt. Bei der Modernisierung liegen oft keine Pläne vor, oder diese sind nicht mehr aktuell. Deshalb ist es zwingend notwendig, dass die Installateurin oder der Planer eine **BESTANDSAUFNAHME** vor Ort durchführt und erforderlichenfalls die betreffenden Räumlichkeiten ausgemessen werden.

LEISTUNGSVERZEICHNIS

Das Leistungsverzeichnis (LV) bildet im Verbund mit der Baubeschreibung die Grundlage für die Angebotskalkulation. Meistens ist das Leistungsverzeichnis nach verschiedenen Teilleistungen gegliedert und beinhaltet Hinweise für alle am Bau beteiligten Gewerke. Leistungsverzeichnisse werden tabellarisch aufgebaut und bestehen generell aus den folgenden Elementen:

- → Mengenangaben
- → Positionsnummer
- → Langtext/Kurztext
- → Einheitspreis
- → Gesamtpreis

AUSSCHREIBUNG

Ausschreibungen gibt es als öffentliche und beschränkte Ausschreibung nach Vergabe- und Vertragsordnung für Bauleistungen (VOB) oder BGB. Sie werden auf der Grundlage der Baubeschreibung und des Leistungsverzeichnisses erstellt. Bei öffentlichen Ausschreibungen können sich alle fachlich geeigneten Bieter beteiligen. Bei beschränkten Ausschreibungen werden ausgewählte Bieter angeschrieben. Die ausgefüllten Leistungsverzeichnisse stellen verbindliche Angebote dar. Die eingegangenen Angebote werden nach einem Bieterspiegel geprüft. Den Zuschlag erhält in der Regel das wirtschaftlichste Angebot. Da bei privaten Bauherren meistens Werkverträge nach BGB zur Anwendung kommen, wird hier auf die Regelungen in der VOB nicht weiter eingegangen. Ausschreibungen im Rahmen eines Vergabeverfahrens werden im privaten Bereich kaum angewendet.

FUNKTIONALAUSSCHREIBUNG

Funktionalausschreibungen beschreiben das Leistungsziel im Rahmen einer Funktionsbeschreibung. Im Gegensatz zu einer Ausschreibung auf Basis einer Leistungsbeschreibung/eines Leistungsverzeichnisses können die Bieter eigene Wege zur Erreichung des Sollwertes anbieten. Im privaten Bereich werden sie kaum angewendet.

ANGEBOT

Ein Angebot kann auf unterschiedliche Arten zustande kommen. Im privaten Bereich sind das überwiegend Kostenschätzungen, Kostenvoranschläge, Baubeschreibungen, Leistungsbeschreibungen und Leistungsverzeichnisse. Beschränkte Ausschreibungen werden für private Wärmepumpenheizungsanlagen eher selten vorgenommen. **HINWEIS**: Bei Kostenschätzungen und Kostenvoranschlägen muss darauf geachtet werden, dass sie für verbindlich erklärt werden!

Leistungsverzeichnisse von Angeboten für Wärmepumpenheizungsanlagen im Ein- und Zweifamilienhaus werden in der Regel durch die Installationsfirma erstellt. Deshalb kann es sowohl inhaltlich als auch preislich zu sehr hohen Abweichungen kommen. Bei Ausschreibungen, welche durch eine Haustechnik-Fachplanerin oder einen -Fachplaner erstellt werden, erhält jeder Bieter das gleiche Leistungsverzeichnis. Dadurch sind die Preisdifferenzen in der Regel wesentlich geringer.

Manche Bauherren kopieren das Leistungsverzeichnis eines Bieters, entfernen die Preise und verwenden dieses als Leistungsverzeichnis zur Angebotsabfrage bei anderen Firmen. Dies wird jedoch als unredlich erachtet, da das in der Regel kostenlos angefertigte Angebot mit Zeitaufwand oder sogar mit einer Ortsbesichtigung und Fahrtkosten verbunden war. Hinzu kommt, dass Bauherrinnen und Bauherren nicht wissen, ob dieses zum Leistungsverzeichnis umgewandelte Angebot auch fachlich einwandfrei und inhaltlich richtig ist. Viele Installateure erkennen diese Vorgehensweise und geben auf solch eine Anfrage gar kein Angebot ab. Andere erkennen an der Angebotsform ihren Mitwettbewerber und sprechen sich mit ihm ab.

Wichtig für den Vergleich von Angeboten ist zunächst die Frage, woher und wie man zu einem oder mehreren Angeboten kommt. Außerdem ist zu klären, wie viele Angebote eingeholt und miteinander verglichen werden sollten. Kann man als Laie überhaupt Angebote bewerten und vergleichen?

Angebote einholen in der Praxis

Folgende Möglichkeiten werden häufig (die Auflistung entspricht einer Rangfolge) in der Praxis angewandt, um Angebote einzuholen:

- Die Interessenten lassen sich vom Installateur/Heizungsbauer beraten und ein Angebot erstellen.
- Die Interessenten bauen oder sanieren ein Haus und erhalten von der Architektin, dem Bauplaner, Bauunternehmen oder Bauträger (Generalunternehmer) ein Gesamtangebot, in dem die Wärmepumpenanlage mit aufgeführt ist.
- Die Interessenten informieren sich auf einer Messe (Baumesse, Hausmesse …) und nehmen ein Sonderangebot mit Messerabatt an.
- Die Interessenten lassen sich vom Haustechnikfachplaner beraten und eine Fachplanung mit Ausschreibung erstellen.
- Die Interessenten informieren sich im Internet, erstellen nach ihren Wünschen und Vorstellungen ein Konzept für ihre Wärmepumpenanlage und versenden es an mehrere Haustechnikunternehmen mit der Bitte um ein Angebot.
- Die Interessenten nehmen ein Angebot direkt aus dem Internet an.

Je nach gewählter Variante gibt es große Unterschiede bezüglich **INHALT UND QUALITÄT** der Angebote (Leistungsverzeichnisse). Wichtig: Die Aufgabenstellung für die Erstellung eines Angebots sollte möglichst präzise besprochen, formuliert und dokumentiert werden.

Bei **BESTANDSGEBÄUDEN** gehen die meisten Interessenten natürlich zu ihrem **HEIZUNGSBAUER** (vorausgesetzt, dass sie bisher zufrieden mit ihm waren) und lassen sich dort beraten. Dabei ist es wichtig, ob der Betreffende bereits über Erfahrungen und Qualifikationen auf dem Gebiet der Wärmepumpen verfügt. Ein großer Teil der Haustechnikfirmen hat bisher noch keine Wärmepumpen eingebaut. Das können die Hersteller oder Großhändler aus ihren Lieferstatistiken erkennen. Es gibt aber auch den umgekehrten Weg, dass Hersteller Ihnen Firmen in Ihrer Region empfehlen. Auch über den Bundesverband Wärmepumpe beziehungsweise über dessen Mitgliederliste kann man sich über mögliche Installationsfirmen informieren. Hier kann man zumindest davon ausgehen, dass Fachhandwerksmitglieder im Bundesverband Wärmepumpe entsprechend qualifiziert sind und Zugang zu Onlineauslegungstools haben. Ist der Heizungsbauer entsprechend qualifiziert und hat bereits Erfahrungen mit der Installation von Wärmepumpenanlagen, so ist dieser Weg eine gute Konstellation auch dann, wenn ein Neubau errichtet werden soll.

Ist Ihnen eine empfohlene Firma nicht bekannt, so sollten Sie zumindest folgende Informationen über das Unternehmen einholen: Rechtsform und Größe des Unternehmens, Unternehmensgeschichte, Anzahl der Mitarbeiter, bei GmbHs Gesellschafter und Geschäftsführer, Alleinstellungsmerkmale. Hinweis: Denken Sie daran, dass ältere Inhaber, Gesellschafter und Geschäftsführer von Heizungsbaubetrieben irgendwann in den Ruhestand gehen, ohne dass die **UNTERNEHMENSNACHFOLGE** geklärt ist. Viele Unternehmen werden deshalb geschlossen, manche auch verkauft. Informieren Sie sich, ob das Unternehmen in den nächsten 15 bis 20 Jahren noch am Markt sein kann, denn Sie brauchen jemanden, der die Wartung ausführt und im Störfall einen Servicemonteur entsenden kann. Einen neuen Betrieb zu finden, der die Wartung und den Service übernimmt, kann sich als äußerst schwierig erweisen.

Im **NEUBAU** werden sehr viele Ein- und Zweifamilienhäuser über einen **GENERALUNTERNEHMER** ausgeführt. Hier ist die Heizungs- und Sanitärinstallation meist im Gesamtangebot enthalten. Das hat den Vorteil, dass der Bauherr sich um Genehmigungen, den Bauablauf bis hin zur Abnahme und Übergabe nur wenig kümmern muss. Der Wunsch ist verständlich, zumal viele Bauherren allein beruflich gar keine Zeit haben oder fachlich schlicht überfordert wären. Diesen Komfort bekommt man freilich nicht umsonst. Bei Generalunternehmen ist es üblich, dass auf Angebote der Subunternehmer als Aufwandsentschädigung für die Koordinierung im Bauablauf **AUFSCHLÄGE** zwischen 10 und 15 Prozent erhoben werden, was völlig legitim ist. Trotz dieser relativ hohen Aufschläge für die Generalunternehmertätigkeit sind in diesen Angeboten oft sehr günstige Preise für die Heizungs- und Sanitärinstallation enthalten. Das ist unter anderem darauf zurückzuführen, dass Generalunternehmer dafür, dass sie ihren Subunternehmen jährlich ein bestimmtes Auftragsvolumen zusichern, entsprechende Tiefstpreise ausgehandelt haben und im Umkehrschluss von den Subunternehmen oft die preiswertesten Produkte verwendet werden. In den Leistungsverzeichnissen sind manchmal anstelle des Namens des Wärmepumpenherstellers Bezeichnungen wie „deutsches Markenprodukt" zu finden.

TIPP: Bestehen Sie darauf, dass der Hersteller und der Typ der Wärmepumpe im Vertrag genau beschrieben werden!

BAU- UND HAUSMESSEN bieten den Bauherren die Möglichkeit, sich während des Messebesuchs persönlich beraten zu lassen. Anhand der ausgestellten Geräte kann man sich meistens einen besseren Eindruck von der Technik

Ob Wartungsarbeiten im laufenden Betrieb mit angeboten werden, ist für die Gesamtkalkulation ein wichtiger Punkt. Oftmals werden Wartungsverträge auch separat abgeschlossen.

ANGEBOT OHNE HINTERGRUNDWISSEN

Fordern Sie ein Angebot ohne Ihr Hintergrundwissen vom Heizungsbauer an und vergleichen danach Ihre im Netz gewonnenen Erkenntnisse mit dem Angebot. Im Anschluss können Sie Ihre Rückfragen immer noch direkt mit den vielversprechendsten Anbietern klären und das Ergebnis in Ihre Entscheidung einfließen lassen.

machen, als das über Internetportale oder Werbeflyer möglich ist. Hierbei sollten Sie jedoch klar unterscheiden, ob es sich bei dem Anbieter um ein Installationsunternehmen oder ein reines Vertriebsunternehmen handelt. Eine Wärmepumpe auf einer Messe zu kaufen ist riskant. Die Vertriebsunternehmen geben zwar meist die Adresse eines Installateurs mit an, kennen diesen aber gar nicht und haben dann zwei separate Verträge – einen für den Kauf und einen für die Installation. Das kann gut gehen, muss es aber nicht. Im Streitfall etwa darum, ob die Wärmepumpe oder das dazugehörige Material passend ausgelegt wurde, gibt es dann zwei Parteien, mit denen Sie sich auseinandersetzen müssen. Besser ist es in diesem Fall, sich ein detailliertes Angebot von einem Installateur machen zu lassen und Planung, Kauf, Installation und Wartung **AUS EINER HAND** zu haben.

Im Ein- und Zweifamilienhaus passiert es eher selten, dass ein Kunde einen **HAUSTECHNIKFACHPLANER** mit der Ausführungsplanung und der Erstellung eines Leistungsverzeichnisses (Ausschreibung) für die Wärmepumpenheizungsanlage beauftragt, obwohl hierbei das Risiko, dass man etwas falsch macht, verhältnismäßig gering ist. Selbstverständlich hat eine Fachplanung ihren Preis, jedoch beschränkt sich das Risiko hierbei auf die Qualität und die Erfahrung des Fachplaners im Umgang mit Wärmepumpenanlagen. Fachplaner favorisieren selbstredend in erster Linie Hersteller, bei denen sie geschult wurden oder mit denen sie Erfahrung haben. Wenn der Fachplaner Angebote einholt, sie auswertet und das wirtschaftlichste Angebot empfiehlt, ist grundsätzlich nichts dagegen einzuwenden. Sehr gute Installateure beteiligen sich jedoch selten an umfangreichen und zeitaufwendigen Ausschreibungen, bei denen meist nur der preiswerteste Anbieter den Zuschlag erhält. Die besten und erfahrensten Firmen bei der Planung und Installation von Wärmepumpenanlagen profitieren in der Regel von Weiterempfehlungen und sind nicht gezwungen, sich an Ausschreibungen zu beteiligen, da sie auch so genügend Anfragen und Aufträge haben. Unabhängig davon muss bei Wärmepumpenanlagen das wirtschaftlichste Angebot nicht unbedingt mit dem effizientesten Angebot konform gehen.

Im **INTERNET** findet man nahezu unüberschaubar viele Informationen zu Wärmepumpen, wobei sehr viel gute und fachlich seriöse Informationen im Umlauf sind. Doch wo Licht ist, ist auch Schatten. Manch einer erhebt sich zum Experten und spricht auch über Dinge, von denen er nichts oder nur wenig versteht. Für Laien ist oft nicht einfach zu unterscheiden, welche Informationen fachlich fundiert und seriös sind. Einen Heizungsbauer frustriert nichts so sehr wie ein Kunde, der ihn belehrt, was er für eine Wärmepumpenanlage einzubauen hat. Das ist so, als käme ein Patient mit der fertigen Diagnose zum Arzt und sagte ihm, was er für ein Medikament zu verschreiben hätte.

Wenn Sie ein **ANGEBOT** für eine Wärmepumpe **IM INTERNET ANNEHMEN**, sollten Sie einen sehr guten Freund vom Fach haben, der Ihnen die Anlage installiert, oder Sie sollten selbst mit der Planung, der Installation, dem Betrieb und der Wartung von Wärmepumpenanlagen vollständig vertraut sein.

Wie Sie sehen, ist es gar nicht einfach herauszufinden, was der richtige Weg ist, um ein Angebot einzuholen. Dabei ist es weitaus schwieriger, Angebote zu bewerten und zu vergleichen. Um es vorwegzunehmen: In der Regel fahren Sie besser, wenn Sie hierzu professionelle Hilfe in Anspruch nehmen.

KRITERIEN ZUR BEWERTUNG VON ANGEBOTEN

Kriterium/Merkmal	Priorität der Bewertungskriterien			Bemerkungen
	hoch	mittel	niedrig	
Bearbeitungsdauer			x	Gute Firmen brauchen meist länger.
Form/Äußerliches			x	Profis achten auf das Äußere.
Vor-Ort-Beratung	x			Eine Vor-Ort-Beratung erhöht die Genauigkeit.
Detailliertheit	x			Je detaillierter, desto besser
Transparenz		x		Aus Gründen der Vergleichbarkeit oft nicht gewollt
Einzelpreise		x		Aus Gründen der Vergleichbarkeit oft nicht gewollt
Material/Lohn getrennt			x	Meist nur bei Kleinaufträgen und Reparaturen
Gesamtpreis		x		Billig und gut gibt es selten.
Festpreis-/Pauschalpreisangebot	x			Achten Sie auf ein detailliertes und vollständiges Angebot.
Hinweis Abrechnung nach Aufmaß	x			Mengen können zu niedrig angesetzt sein.
Rabatte/Sonderpreise			x	Verlockend, aber nicht immer seriös.
Mengenangaben	x			Je genauer, desto besser; werden bei Abrechnung nach Aufmaß oft im Angebot niedrig gehalten.
Alternativpositionen		x		Bei mehreren Möglichkeiten sinnvoll
Eventualpositionen	x			Wichtig für die Leistungsabgrenzung
Nebenleistungen bauseits	x			Bauseits bedeutet, dass die Kosten vom Bauherrn zu tragen sind.
Hinweise auf Schnittstellen	x			Sehr wichtig: Beispiel, Elektriker bringt Sonderstromzähler
Prospekte			x	Gehören zum Angebot
Referenzen		x		Eine gute Firma hat genügend Referenzen.
Vollständigkeit	x			Sämtliche Nebenleistungen müssen aufgeführt sein.
Vergleichbarkeit	x			Z. B. Isolationsstärken, Rohr-Nennweiten, Zusatzleistungen
Hinweise zur Förderung			x	Auftrag erst nach Eingangsbestätigung
Lieferbedingungen		x		Meistens frei Baustelle
Fahrtkosten		x		In der Regel nur bei Kleinaufträgen, Service-Einsätzen
Bindefrist für Preise	x			Meistens vier Wochen bis drei Monate
Zahlungen	x			Vorkasse, Abschläge, Zahlungsziele
Hinweise auf BGB, VOB	x			Bei VOB muss Exemplar übergeben werden
Allgemeine Geschäftsbedingungen		x		Im Handwerk besteht keine Pflicht zu AGBs
Kosten für Angebot			x	Müssen vereinbart sein
Angebot wird persönlich übergeben und erläutert		x		Persönliche Übergabe bedeutet Wertschätzung, persönlicher Eindruck, vertrauensbildend

ÜBERSCHLÄGIGES ANGEBOT ERSPART ZEIT

Wenn Sie sich an den Heizungsbauer Ihres Vertrauens gewandt haben und sich relativ sicher sind, dass Sie ihn beauftragen werden, so ist es hilfreich, dass Sie sich zunächst auf ein überschlägiges Angebot verständigen. Dies geht schneller und reicht aus, um die Förderung zu beantragen. Ehe eine Förderzusage erfolgt, dauert es sowieso mehrere Monate, und bis zum Montagebeginn wird aufgrund der hohen Nachfrage zusätzlich Zeit vergehen. Sinnvoll ist es, kurz vor Montagebeginn das Angebot zu präzisieren und die Preise zu aktualisieren und festzuschreiben. Für die Förderbeantragung beim Bafa ist zurzeit kein Angebot notwendig. Es muss vielmehr die voraussichtliche Investitionssumme eingetragen werden, wozu ein überschlägiges Angebot genügt. Besser ist es allerdings, die **MAXIMAL FÖRDERFÄHIGE SUMME** einzutragen, da keine Nachträge zulässig sind und die Auszahlung der Förderung ohnehin nach den tatsächlich abgerechneten Kosten erfolgt.

Beauftragungsarten

Ohne den an anderer Stelle geschilderten Vertragsarten vorzugreifen, empfiehlt es sich, zunächst die wesentlichen Unterschiede der Angebots- und Vergabearten zu überblicken. Grundsätzlich gibt es folgende Arten der Beauftragung:

- → Stundenlohnauftrag
- → Einheitspreisauftrag
- → Pauschalpreisauftrag
- → Festpreisauftrag

Je nachdem, wie die Beauftragung erfolgen soll, ergeben sich unterschiedliche Anforderungen an ein Angebot. Handelt es sich um ein Pauschalangebot, Festpreisangebot oder um ein Angebot mit Abrechnung zu Einheitspreisen nach Aufmaß?

Pauschalangebote und Festpreisangebote erfreuen sich großer Beliebtheit, denn man erspart sich viel Zeit, gemeinsam ein Aufmaß zu erstellen und die Rechnung zu kontrollieren. Ein weiterer Vorteil besteht darin, dass der Kunde seine Finanzierung mit einem Festpreisangebot sicherer planen kann. Unliebsame Mehrpreise infolge Mengenerhöhungen werden weitestgehend vermieden.

Beim **EINHEITSPREISAUFTRAG** wird ein Preis je Einheit bezogen auf Maß, Gewicht, Stückzahl oder Zeit je Position vereinbart. Die Abrechnung zu den Preisen der Einheit erfolgt dann nach den tatsächlich verbauten Mengen. Meistens fällt die abgerechnete Summe höher als die Angebotssumme der aufaddierten Einheitspreise aus. Stundenlohnvereinbarungen kann man ebenfalls den Einheitspreisaufträgen zuordnen, da die Leistung nach den tatsächlich geleisteten Stunden zum vereinbarten Stundensatz erfolgt. Beim **PAUSCHALPREISAUFTRAG** hingegen wird für die zu erbringende Leistung pauschaliert, und zwar unabhängig davon, ob es bei den verbauten Materialien zu Mehr- oder Mindermengen kommt. Das Risiko höherer Endpreise ist dennoch gegeben, wenn zum Beispiel zusätzliche, nicht im Leistungsverzeichnis erfasste Leistungen realisiert werden. Hier kann es zu Streitigkeiten kommen, welcher Leistungsumfang im Pauschalpreisangebot enthalten ist.

Dazu ein einfaches Beispiel aus der Praxis des Installateurhandwerks, das man sicherlich nicht verallgemeinern kann, das aber recht anschaulich verdeutlicht, wie schnell es zu Missverständnissen kommen kann: In der Leistungsbeschreibung steht „1 Stück Dusche". Geliefert wurde ein Duschbecken mit Einhebelmischer. Die Kundschaft erwartete eine Dusche mit Thermostatbatterie und Duschabtrennung. Da dies in der Leistungsbeschreibung nicht näher definiert wurde, bleibt die Nachforderung umstritten. Der Kunde reklamiert, dass eine Dusche ohne Duschabtrennung nicht nutzbar sei. Daraufhin wird ein Duschvorhang angebracht. Auch wenn dieses Beispiel aus dem Sanitärbereich stammt, können analoge Abläufe bei der Heizung ebenso vorkommen.

Kriterien eines Angebots

Worauf Sie bei Angebotsvergleichen besonders achten sollten, zeigt die Tabelle auf Seite 201. Als Orientierungshilfe sind die Kriterien mit Prioritäten versehen. Diese können je nach

Konstellation oder für den konkreten Fall jederzeit auch anders gewichtet werden. Und sicher gibt es weitere Punkte, die individuell hinzugezogen werden können.

Nachfolgend genauere Erläuterungen zu den einzelnen Bewertungskriterien:

BEARBEITUNGSDAUER

Aus mehreren Gründen haben das Handwerk und besonders die Heizungsbauer derzeit Hochkonjunktur, was voraussichtlich auch länger anhalten wird. Die Nachfrage nach Wärmepumpenanlagen ist ungebremst hoch. Materialengpässe und permanente Preisänderungen sowie die Bearbeitung von Förderunterlagen sind zusätzliche Zeitfresser. Zwangsläufig muss das zu längeren Wartezeiten bei der Angebotsbearbeitung führen. Besonders gefragt sind Firmen mit einem guten Ruf und Erfahrungen mit Wärmepumpen. Längere Wartezeiten müssen deshalb nicht als negatives Zeichen gewertet werden. Hier ist rücksichtsvolle Kommunikation zwischen beiden Parteien erforderlich. Höfliche Nachfragen und Erinnerungen in angemessenen Zeiträumen sind deshalb vollkommen normal. Bedenken Sie, dass jedes Unternehmen auch Großauftraggeber hat, die bevorzugt bedient werden müssen. Vorschnell den Installateur zu wechseln, nach dem Motto „Der hat es wohl nicht mehr nötig!", bringt meist nicht viel, da es dem Mitwettbewerber ganz ähnlich gehen wird.

FORM/ÄUSSERES

Eine ansprechende Form und ein angenehmes Äußeres können Hinweise dazu geben, wie das Unternehmen sich den Kundinnen und Kunden gegenüber positioniert und ob Wert auf Details gelegt wird. Zum Beispiel ist die persönliche Ansprache im Angebot mit Namen ein Zeichen für die Wertschätzung der Kundschaft.

VOR-ORT-BERATUNG

Die Beratung zur Angebotserstellung auf der Baustelle ermöglicht es dem Installateur, das Angebot präziser zu erstellen. Vor allem können Nebenleistungen wie beispielsweise Baustelleneinrichtung, Leitungsführung, Anschlüsse für Entwässerung, Öffnungen/Durchbrüche, Anordnung der Geräte, Bohrpunkte, Abstände zu Nachbarn, Beibehaltung vorhandener Bauteile, Baugruppen in der Sanierung und vieles mehr genauer abgestimmt und erfasst werden.

DETAILLIERTHEIT

Die Frage, ob es besser ist, beim Angebot ins technische Detail zu gehen oder nur Hauptbestandteile oder zusammengesetzte Positionen zu erfassen, ist oft nicht eindeutig zu beantworten. Die eine Kundin möchte möglichst viele Informationen, während der andere Kunde nur wissen möchte, was es kostet. Dabei ist es wichtig zu erkennen, worauf die Kundschaft einerseits und der Installateur andererseits Wert legen. Sagen Sie Ihrem Installateur, was Ihnen wichtig ist. Für beide Seiten bedeutet es vertane Zeit, Varianten zu erarbeiten, die aus Gründen der Finanzierung sowieso nicht infrage kommen.

Trotzdem hat ein detailliertes Angebot viele Vorteile und ist bei Pauschal- und Festpreisverträgen besonders wichtig. Der Kunde kann aus dem Leistungsverzeichnis genau sehen, was im Angebot enthalten ist, welche Alternativ- und Eventualpositionen optional möglich sind und was bauseits (entweder durch Eigenleistung oder andere Firmen) zu erbringen ist. Der Hinweis auf Schnittstellen mit anderen Gewerken sorgt ebenfalls dafür, dass Missverständnisse und Unstimmigkeiten weitestgehend vermieden werden. Bei der Abrechnung zu Einheitspreisen nach Aufmaß, aber auch bei Pauschal- und Festpreisverträgen lässt sich leicht vergleichen, was im Angebot enthalten war oder nicht. Dies trifft besonders für eventuelle Zusatzleistungen oder Nachträge zu.

TRANSPARENZ

Selbst ein detailliertes Angebot kann unter Umständen weniger transparent sein. Das trifft dann zu, wenn zwar die Leistungen im Einzelnen enthalten sind, jedoch weder Hersteller, Typ und Bestell- oder Artikelnummer angegeben sind. Ist dies der Fall, kann der Kunde nur schwer über das Internet Vergleichspreise oder Alternativen recherchieren. Wenn auf einer Internetseite Listenpreise (also Preise ohne Rabatte für den Handwerker) angegeben sind, ist das unproblematisch. Kompliziert wird es dann, wenn dort Preise angeboten werden, die unter dem Einkaufspreis des Handwerkers liegen. Dies ist oft unseriös, weil der Handwerker Gewinn und Wagnis genauestens kalkulieren muss und die Käufer andererseits wohl kaum jemanden finden werden, der diese Wärmepumpe einbauen und die Gewährleistung übernehmen wird.

EINZELPREISE

Nicht alle Bauherren haben die Zeit und das erforderliche Wissen, die Einzelpreise zu kontrollieren und zu vergleichen. Für die Abrechnung nach Aufmaß ist das jedoch eine grundsätzliche Voraussetzung. Um zu vermeiden, dass Kundinnen und Kunden die Einzelpreise mit Angeboten aus dem Internet vergleichen, werden von manchen Handwerkern zusammengesetzte Positionen verwendet, von denen nur der Gesamtpreis angegeben wird.

MATERIAL UND LOHN GETRENNT

Normalerweise kann man in Angebotsprogrammen in der Druckform einstellen, ob die Preise getrennt nach Lohn und Material oder als ein Preis ausgegeben werden sollen. In den Leistungsverzeichnissen von Ausschreibungen werden Material und Lohn üblicherweise getrennt ausgewiesen. Bei privaten Angeboten werden in den Einzelpreisen Material und Lohn meist als ein Preis aufgeführt. Somit kann der Kunde nicht erkennen, wie hoch der im Angebot enthaltene Materialpreis ist, wodurch er diese Preise schlecht mit Materiallisten- oder etwa Preisen aus dem Internet oder anderen Angeboten vergleichen kann. Da das Finanzamt bei bestimmten Rechnungen jedoch den Lohnanteil ausgewiesen haben möchte, ist es üblich, dass der im Angebot oder in der Rechnung enthaltene Lohnanteil separat pauschal ausgewiesen wird. Bei einem Einheitspreis bestehend aus Material und Lohn trägt der Unternehmer das Risiko, dass die im Lohnanteil kalkulierten Lohnzeiten auch eingehalten werden. Bei dieser Konstellation spielt es für den Besteller letztendlich eine untergeordnete Rolle, ob der auf der Baustelle befindliche Monteur schnell oder langsam arbeitet oder zum Beispiel längere Pausen einlegt. Für den Unternehmer besteht das Risiko darin, dass er die Lohnzeit und die Lohnkosten dabei ziemlich genau ermitteln muss. Kommt der Monteur mit der kalkulierten Zeit für die Leistung nicht hin, legt der Unternehmer drauf.

GESAMTPREIS

Der Gesamtpreis ist für viele Bauherren schließlich das entscheidende Kriterium für die Auftragsvergabe, da er schließlich auch in die Finanzierung passen muss. Nur auf die letzte Seite zu schauen, ohne andere Kriterien zu berücksichtigen, birgt aber die Gefahr, den Zuschlag nicht dem günstigsten, sondern dem billigsten Anbieter zu erteilen. Oft ist es nämlich so, dass ein anderes Angebot teurer ist, weil die Mengen genauer ermittelt oder aber Materialien mit höherer Qualität angeboten wurden oder bestimmte Nebenleistungen im Angebot enthalten sind. Es gibt auch Angebote, bei denen nur der Gesamtpreis ausgewiesen wird, damit keine Einzelpreise verglichen werden können.

FESTPREIS-/PAUSCHALPREISANGEBOT

Festpreisangebote werden auch als Pauschalpreisangebote bezeichnet. Bei diesen ist es möglich, Mengenabweichungen zu berechnen. Wünschen Sie ein Festpreisangebot, muss auf dem Angebot explizit der Hinweis „Festpreisangebot" stehen. Ob der Unternehmer bei den zurzeit häufigen Materialpreisänderungen ein Festpreisangebot abgibt, hängt sicher von Art und Umfang der Baumaßnahme ab. Bei dieser Angebotsform ist es ratsam, die Leistungsbeschreibung und das Leistungsverzeichnis detailliert und vollständig zu erstellen, da sonst der Auftragnehmer oder aber der Auftraggeber benachteiligt werden können.

HINWEIS ABRECHNUNG NACH AUFMASS

Die Abrechnung der Leistung nach Aufmaß, also den tatsächlich eingebauten Mengen, ist sicher für beide Seiten die fairste Lösung. Wichtig hierbei ist jedoch, dass die Mengenermittlung für das Leistungsverzeichnis so genau wie möglich vorgenommen wird und sämtliche Nebenleistungen berücksichtigt werden. Wurden die Mengen bewusst oder leichtfertig zu niedrig angesetzt, kann das bei bis zu 30 Prozent Mehrmengen zu erheblichen Preiserhöhungen führen. Erfolgt das im Eigenheimbau bei mehreren Gewerken, kann dies schnell zu einer Finanzierungslücke führen!

RABATTE/SONDERPREISE

Bei Rabatten und Sonderpreisen werden die meisten Bauherren hellhörig und schlagen schneller zu. Bei Abverkäufen aus der Ausstellung oder Restposten etwa ist dies nicht ungewöhnlich. Skonto und Mengenrabatte sind ebenfalls gängige Gepflogenheiten. Vorsicht ist geboten bei hohen Nachlässen auf Messen und Aktionspreisen. Solche Angebote kommen häufig zustande, indem die Preise vorher heraufgesetzt und dann mit scheinbaren Sonderrabatten versehen werden.

MENGENANGABEN

Auch wenn es für den Laien nicht immer möglich ist zu prüfen, ob die angegebenen Mengen in etwa der Realität entsprechen, so sollten doch zumindest die Mengen der einzelnen Angebote miteinander verglichen werden. Schwerpunkte sind dabei die Rohrmeter, die Meter der Rohrisolierung und die Quadratmeter der Flächenheizung beziehungsweise die Anzahl der Heizkörper. Gerade bei den Rohrmetern wird manchmal bewusst niedrig kalkuliert in der Annahme, dass ohnehin ein Vertrag mit Einheitspreisen nach Aufmaß zustande kommt und es zulässig ist, Mehrmengen bis zu 30 Prozent abzurechnen.

ALTERNATIVPOSITIONEN

Gibt es zur aufgeführten Position alternative Varianten, werden für diese Alternativpositionen nur die Einzelpreise angegeben. Sie sind nicht im Gesamtpreis enthalten.

EVENTUALPOSITIONEN

Bei Eventualpositionen ist zum Zeitpunkt der Erstellung des Leistungsverzeichnisses noch nicht klar, ob diese Leistungen erforderlich sind oder durch welches Gewerk sie erbracht werden. Ist beispielsweise noch nicht klar, ob die Wärmepumpe über Sonderstrom betrieben werden soll, bleiben Entscheidungen zum elektrischen Anschluss vorerst offen, etwa die Frage, ob ein neuer Zählerplatz benötigt wird. Erfolgt der elektrische Anschluss über den Hauselektriker oder verfügt der Kundendiensttechniker des Heizungsbauers über die erforderliche Qualifikation? Schließen Elektriker oder Heizungsbauer die thermoelektrischen Stellantriebe für die Fußbodenheizung an? Liefert und montiert der Elektriker oder der Heizungsbauer die Raumregler passend zum Schalterprogramm?

HINWEISE BAUSEITS

Findet sich im Angebot der Hinweis auf bauseits zu erbringende Leistungen, müssen diese durch die Bauherrschaft beziehungsweise die Betreiber der Wärmepumpe erbracht werden. Sie müssen sich also selbst darum kümmern, diese Leistungen sind nicht Teil des Angebots, können aber wesentlich für den Erfolg sein, wie das folgende Beispiel deutlich macht: Wird eine Photovoltaikanlage angeboten, so muss für die Befestigung der Dachhaken die Dacheindeckung geöffnet und wieder verschlossen werden. Diese Leistungen können je nach Art der Dacheindeckung gegebenenfalls nur durch einen Dachdecker erbracht werden. Meistens wird zudem ein Baugerüst mit Fangnetzen benötigt. Den Dachdecker und das Gerüst müssen Sie selbst beauftragen beziehungsweise bestellen.

Ein seriöser Anbieter weist Sie auf bauseits zu erbringende Leistungen hin. Erfolgt dies erst während der Auftragsabwicklung, kann es passieren, dass diese Kosten in der Gesamtkalkulation nicht berücksichtigt werden oder dass es zu Problemen im Terminablauf der Maßnahme kommt.

HINWEISE AUF SCHNITTSTELLEN

Ähnlich wie bei bauseits zu erbringenden Leistungen vermeiden Hinweise auf Schnittstellen mit anderen Gewerken nachträglichen Ärger und Unstimmigkeiten bei den Kosten. Wichtig ist hierbei vor allem die Beschreibung von Leistungsgrenzen. Bei der Errichtung einer Erdsondenanlage ist zum Beispiel zu klären, wo der

Übergabepunkt des Bohrunternehmers ist. Das ist besonders wichtig, wenn der Bauherr das Bohrunternehmen selbst beauftragt hat. Und wer macht die Kernbohrung, welches Gewerk sorgt für die ordnungsgemäße Abdichtung der installierten Soleleitungen? Eigentlich koordiniert die Architektin oder der Bauüberwacher solche Schnittstellen. Oft werden diese aber aus Kostengründen eingespart, was im Nachhinein wesentlich teurer zu stehen kommen kann.

PROSPEKTE

Liegen dem Angebot Prospekte bei, aus denen man sich ein Bild über die angebotene Wärmepumpe und den Speicher machen kann? Sind in den Prospekten aktuelle technische Daten, einschließlich Abmessungen und Gewichtsangaben, enthalten?

REFERENZEN

Firmen, welche gute Arbeit leisten und zufriedene Bauherren haben, können stolz auf Referenzanlagen beziehungsweise Referenzlisten verweisen. Versuchen Sie trotzdem, die Bauherren der Referenzobjekte möglichst selbst zu kontaktieren und allein aufzusuchen. Manchmal werden für positive Referenzen auch Erfolgsprovisionen gezahlt, was nicht unbedingt negativ zu bewerten ist, sofern das Referenzobjekt auch tatsächlich gelungen ist.

VOLLSTÄNDIGKEIT

Ein Angebot, bei dem nichts vergessen wird, mag manchmal etwas teurer sein als das der Mitwettbewerber. Der kluge Bauherr erkennt jedoch leicht, ob das Angebot vollständig oder ob es nur dünn gestrickt ist. Vollständig ist ein Angebot, wenn alle in der Baubeschreibung oder in der Aufgabenstellung beschriebenen Positionen enthalten sind und mit Preisen versehen wurden. Nebenleistungen wie Schlitzarbeiten, Wand- und Deckendurchbrüche sollten ebenfalls enthalten sein, zumindest sollte darauf verwiesen werden, dass sie bauseits zu erbringen sind. Alternativ- und Eventualpositionen sowie der Hinweis auf Schnittstellen zu anderen Gewerken gehören ebenfalls zu einem vollständigen Angebot.

VERGLEICHBARKEIT

Um Angebote wirklich miteinander vergleichen zu können, müsste das Leistungsverzeichnis identisch sein. Das ist jedoch nur bei Ausschreibungen über einen Fachplaner gegeben. Dafür werden Ihnen bei einer solchen Ausschreibung nur die Produkte angeboten werden, die der Fachplaner in seinem Portfolio hat. Bei den einzelnen Angeboten der Installateure werden Ihnen Wärmepumpen, Speicher, Baugruppen, Rohre und Heizflächen verschiedenster Lieferanten und Hersteller angeboten. Dabei fehlen oft genaue Herstellerangaben, Typenbezeichnungen und Artikel- beziehungsweise Bestellnummern. Solche Angebote einigermaßen objektiv miteinander zu vergleichen, ist selbst für Fachleute oft nicht einfach. Folgendes Beispiel soll das verdeutlichen:

Für eine Fußbodenheizung werden verschiede Rohrsysteme angeboten und verwendet. Fußbodenheizungsrohre sind eine wesentliche Komponente der Flächenheizung und haben langfristig nicht nur Bedeutung für die eigene Funktion, sondern auch für die anderen im System integrierten Komponenten. So werden dafür zum Beispiel Kunststoffrohre, Mehrschichtverbundrohre und Kupferrohre verwendet. Bei den Kunststoffrohren werden vernetzte Polyethylen- (PE-X) und Polypropylenrohre (PP) in großen Mengen verbaut. Bei den Polyethylenrohren gibt es unter anderen die Ausführungen PE-RT- (Raised Temperature), PE-Xc- (strahlenvernetzt) und PE-Xa-Rohr (periodisch vernetzt).

In den Kurztexten der Angebote sind meistens nur vage Angaben wie „Fußbodenheizungsrohr lfm (laufende Meter) Rohr 17 x 2" enthalten. Für den Verbraucher sind außer dem Preis meist keine anderen Unterschiede erkennbar. Der Unterschied bei diesen Rohren liegt jedoch unter anderem im Schichtaufbau (drei oder fünf Schichten), der Art der Vernetzung, wo sich die Sauerstoffsperrschicht befindet, im Biegeradius und vielem mehr. Der Preisunterschied bei solchen Rohren kann im Einkauf zwischen 10 bis 15 Cent und mehr pro Meter betragen. Je nach Größe des Ein- und Zweifamilienhauses werden mehrere Tausend Meter Fußbodenheizungsrohr verlegt.

Der Preisunterschied kann also allein bei dieser Position durch unterschiedliche Materialien mehrere Hundert Euro betragen. Laien können die Unterschiede meist nicht erkennen, zumal mit allen eingesetzten Rohrsystemen bei richtiger Planung und Installation die gewünschten Raumtemperaturen erreicht werden.

Der höchste zu erwartende Nutzen beim Einsatz hochwertigerer Rohre liegt in diesem Fall bei der Sauerstoffdichte: Bei einem hochwertigeren Rohr ist mit weniger Sauerstoffeintrag im Lauf der Jahre und demzufolge mit weniger Korrosion und Schlammbildung im System zu rechnen, was die Lebensdauer verlängert.

Lassen Sie sich vom Installateur die einzelnen Positionen des Angebots erläutern und die Vor- und Nachteile der verschiedenen Materialien aufzeigen, oder holen Sie sich kundigen Rat bei einem Fachplaner.

HINWEISE ZUR FÖRDERUNG

Hinweise zu Fördermöglichkeiten, die Unterstützung bei der Antragstellung, neuerdings auch durch die Hersteller, sowie regionale Förderungen und die dabei entstehenden Kosten gehören zu einem vernünftigen Angebot. Seriös ist auch der Hinweis, dass es keinen Rechtsanspruch auf Fördermittel gibt und dass die Finanzierung grundsätzlich auch ohne Fördermittel möglich sein muss. Eine der Fördervoraussetzungen beim Bundesamt für Wirtschaft und Ausfuhrkontrolle (Bafa) ist der hydraulische Abgleich (siehe Seite 105). Achten Sie darauf, dass er im Angebot enthalten ist.

LIEFERBEDINGUNGEN

Normalerweise liefern Großhändler und Hersteller in der Heizungsbranche ohne zusätzliche Kostenberechnung frei Baustelle. Die Formulierung „Lieferung frei Haus" ist nicht gesetzlich festgeschrieben, wird aber als Handelsbrauch nach § 346 Handelsgesetzbuch (HGB) gesehen. Manche Hersteller berechnen jedoch Kosten für Verpackung und Transport je nach Gewicht oder Volumen. Diese Kosten müssen im Angebot explizit aufgeführt werden.

ERST FÖRDERMITTEL, DANN AUFTRAG

Zu beachten ist, dass bei Aufträgen, für die Fördermittel beantragt werden, in der Regel die Auftragserteilung erst nach der Eingangsbestätigung für den Fördermittelantrag erfolgen darf! Prüfen Sie daher die Bedingungen sorgfältig.

FAHRTKOSTEN

Fahrtkosten, auch als Anfahrtskosten bezeichnet, werden bei der Installation von Wärmepumpenheizungsanlagen in der Regel vom Handwerker über die Gemeinkosten kalkuliert und nicht gesondert ausgewiesen. Anders verhält es sich bei Reparaturen, Wartungen und Serviceeinsätzen. Hierbei muss der Installateur dem Verbraucher die zu berechnenden Kosten vorab mitteilen.

BINDEFRIST FÜR DIE PREISE

Gerade in der heutigen Zeit gibt es häufig enorme Preiserhöhungen. Diese stellen an Handwerker und Verbraucher besonders hohe Anforderungen bezüglich der Kalkulation und Finanzierung. Demzufolge kommt der Bindefrist eine außerordentliche Bedeutung zu. Üblicherweise versehen Handwerker ihre Angebote mit einer Bindefrist zwischen vier und acht Wochen. Das Risiko steigt mit zunehmender Geschwindigkeit der Preiserhöhungen für beide Seiten. Deshalb werden Angebote mit immer kürzeren Bindefristen versehen, inzwischen sind zwei Wochen schon geläufig. Andere Handwerke fügen die Formulierung „freibleibend" hinzu, was so viel wie „unverbindlich" bedeutet. Weiter gibt es Preisanpassungsklauseln und Hinweise auf nachträgliche Preisanpassungen. Ob diese Formulierungen rechtlich zulässig sind oder vor Gericht standhalten, sollte am besten durch einen Anwalt geprüft werden. Eine gute Möglichkeit, Streitigkeiten über Materialpreiserhöhungen aus dem Weg zu gehen, ist die Materialbestellung sofort nach Vertragsunterzeichnung, falls gewährleistet ist, dass das Material auch sicher und frostfrei zwischengelagert werden kann.

ZAHLUNGEN

In der Regel werden in den Schlussbemerkungen oder in den Allgemeinen Geschäftsbedingungen Abschlagszahlungen nach Baustand und Zahlungsziele zur Schlussrechnung formuliert. Bei besonders materialpreisintensiven Posten werden unter Umständen Bedingungen für eine Vorkasse festgelegt. Weit verbreitet ist auch die Erstellung eines Zahlungsplans, der von beiden Seiten unterzeichnet wird.

HINWEISE AUF BGB, VOB

In vielen Angeboten ist ein Hinweis enthalten, ob für das Angebot und den Auftrag das Bürgerliche Gesetzbuch (BGB) oder die Verdingungsordnung für Bauleistungen (VOB) zutreffend ist. Im privaten Bereich werden meistens Werkverträge nach BGB abgeschlossen. Möchte ein Bieter, dass der Auftrag nach der VOB zustande kommt, so muss der Bieter dem Verbraucher die VOB aushändigen und sich den Erhalt schriftlich bestätigen lassen.

ALLGEMEINE GESCHÄFTSBEDINGUNGEN

Obwohl im Handwerk für die Unternehmen keine Pflicht besteht, Allgemeine Geschäftsbedingungen (AGB) zu verfassen und dem Auftraggeber zu übergeben, so sind sie in manchen Angeboten doch enthalten. Für den Handwerker besteht der Vorteil darin, dass er bestimmte sich ständig wiederholende Formulierungen und eigene Bestimmungen für das Zustandekommen eines Vertrages benennt. Das können Hinweise auf Zahlungskonditionen, Preisgleitklauseln, Gewährleistungs- und Garantiebestimmungen, Eigentumsvorbehalte, Ausschlussfristen, Widerrufsrechte, Gerichtsstand und vieles mehr sein. Selbstverständlich dürfen diese „eigenen Allgemeinen Geschäftsbedingungen" nicht im Widerspruch zu geltenden Bestimmungen wie dem BGB oder HGB stehen. Werden unzulässige Klauseln eingebaut, werden letztendlich die gültigen gesetzlichen Bestimmungen wirksam. Zu allen vertragsrechtlichen Fragen sollten Sie im Zweifelsfall anwaltlichen Rat einholen. Die hier gegebenen Hinweise haben keine Rechtsform und sind somit nicht bindend.

KOSTEN FÜR EIN ANGEBOT

Obwohl der Zeitaufwand für die Erstellung eines Angebots je nach Aufgabenstellung beträchtlich sein kann, ist es bei Heizungsangeboten nicht üblich, diesen Aufwand zu vergüten. Möchte ein Bieter, dass seine Kosten für die Angebotsbearbeitung vergütet werden, so muss dies zwischen den Parteien vorher schriftlich vereinbart werden. Manche Bieter schreiben dem Verbraucher diese Kosten bei Auftragserteilung wieder gut. Kostenpflichtige Angebote sollen vermeiden, dass sogenannte Angebotssammler in großer Zahl Angebote einholen, ohne überhaupt einen Auftrag erteilen zu wollen.

PERSÖNLICHE ÜBERGABE DES ANGEBOTS

Eine persönliche Übergabe und Erläuterung eines Angebots ist für beide Seiten vorteilhaft, vor allem dann, wenn die Leistungsverzeichnisse von den Bietern selbst gefertigt wurden. Die Installateure nehmen selbstverständlich die Produkte der Hersteller ins Angebot, mit denen sie über die Jahre gute Erfahrungen gemacht haben und auf die ihre Installateure entsprechend geschult sind. Meistens wird der Verbraucher deshalb mit unterschiedlichen Wärmepumpen, Speichern und anderen Materialien konfrontiert, die er selbst nur anhand von Präsentationen im Internet oder auf Empfehlung von Nachbarn, Kollegen oder Freunden bewerten kann. Im persönlichen Gespräch besteht die Möglichkeit zur Erläuterung und zur Diskussion der Vor- und eventuellen Nachteile der angebotenen Komponenten. Wenn der Bieter erklären kann, wie das Angebot aufgebaut ist, welche Vor- und Nachteile enthaltene Alternativen haben, welche eventuellen Zusatzleistungen zu beachten sind, kann der Verbraucher sich ein viel besseres Bild von den angebotenen Produkten machen. Gleichzeitig hat er die Möglichkeit, Fragen zu stellen und sich unklare Positionen erklären zu lassen. Unabhängig davon ist ein persönliches Gespräch immer auch eine vertrauensbildende Maßnahme zwischen Installateur und Kunde.

WARTUNG UND SERVICE

Für die Wartung werden in der Regel separate Wartungsverträge angeboten. Die Wartung umfasst hierbei zum einen die sich im Umfeld der Wärmepumpe befindlichen Bauteile wie Ausdehnungsgefäße, Prüfung der Solekonzentration, Schmutzfänger, Rückschlagventile oder Kondensatabläufe und zum anderen die Überprüfung der Regelung und des Kältekreises der Wärmepumpe einschließlich der Wärmeübertrager. Hierzu sind je nach Art der Arbeiten am Kältekreis entsprechende Sachkundenachweise erforderlich. Deshalb ist es wichtig, bereits in der Angebotsphase herauszufinden, ob der Bieter über geeignete Kundendiensttechniker mit entsprechender Qualifikation für die fachgerechte Wartung der Wärmepumpe verfügt und bei Ausfall der Anlage die Störung beseitigen kann. Viele kleinere Unternehmen haben keine eigenen Kundendienstmonteure und sind darum auf den Werkskundendienst, Kältefirmen oder befreundete Firmen angewiesen. Diesen Punkt sollten Sie keinesfalls unterschätzen, denn selbst bei großen, renommierten Unternehmen mangelt es an erfahrenen Kundendiensttechnikern, und in den nächsten Jahren wird dieser Mangel voraussichtlich noch zunehmen.

Auch wenn die Ausfallquote bei einer Wärmepumpe verhältnismäßig gering ist, könnte es passieren, dass Sie ein bis zwei Wochen oder länger auf einen Kundendienstmonteur warten müssen. Für diesen Fall sollte man wissen, wie die elektrische Zusatzheizung aktiviert wird, oder ein paar elektrische Heizgeräte parat haben. Erkundigen Sie sich, ob der Wärmepumpenhersteller über einen gut funktionierenden, flächendeckenden Werkskundendienst verfügt oder ob Ihr Anbieter diesbezüglich fit ist. Befindet sich der Werkskundendienst nicht in der Nähe, müssen Sie mit höheren Anfahrtskosten rechnen.

Manche Hersteller bedienen sich auch guter Handwerksbetriebe für den Service. Die Betriebsangehörigen werden dafür entsprechend ausgebildet.

Angebote richtig vergleichen

Sie haben sich von Installateuren mehrere Angebote (maximal fünf) für Ihre Wärmepumpenheizungsanlage eingeholt. Jetzt gilt es, die Daten zu sichten, zu analysieren und zu vergleichen. Wie finden Sie heraus, welches das beste Angebot für Ihr Vorhaben ist? Folgende Möglichkeiten können Sie wählen:

- → Sie übergeben einem Fachplaner die Angebote zur Prüfung.
- → Sie erstellen eine Excel-Tabelle und tragen die Leistungsverzeichnisse ein.
- → Sie übersenden die Angebote einem Onlineanbieter zur Prüfung.
- → Sie laden die nach der ersten Sichtung infrage kommenden Bieter zu einem Bietergespräch ein.

Nutzen Sie auch die Checkliste „Angebote prüfen" im Anhang dieses Buches auf Seite 198.

Im öffentlichen Bereich, wo die Ausschreibung und Einholung der Angebote über einen **FACHPLANER** erfolgen, werden die Leistungsverzeichnisse auf Richtigkeit und Vollständigkeit der eingetragenen Angaben und Preise geprüft und in einen Bieterspiegel eingetragen. Falls Nebenangebote zugelassen sind, werden diese geprüft und – falls fachlich mit dem Leistungsverzeichnis konform – einbezogen. Die Ergebnisse der Submission werden zusammengestellt und dem Auftraggeber präsentiert. Den Zuschlag soll das wirtschaftlichste Angebot erhalten, was nicht gleichbedeutend mit dem niedrigsten Angebot sein muss. Der Fachplaner könnte mit den von Ihnen eingeholten Angeboten ähnlich verfahren, sofern die in den Angeboten aufgelisteten Positionen vergleichbar sind. Er kennt die am Markt üblichen Preise und kann erkennen, ob die Leistungsverzeichnisse fachlich richtig und vollständig sind. Das trifft zumindest für die meisten Positionen einer Heizungsanlage zu. Ob er die Vor- und Nachteile der unterschiedlichen angebotenen Wärmepumpen kennt, hängt von seinen Erfahrungen mit Wärmepumpen für das Ein- und Zweifamilienhaus ab. Das Honorar für diese Variante ist sicherlich gut angelegtes Geld.

Wenn Sie die Angebote selbst in eine **EXCEL-TABELLE** eintragen, erhalten Sie zumindest einen Gesamtüberblick, worin sich die Angebote im Wesentlichen unterscheiden. Im Anhang auf Seite 201 finden Sie eine beispielhafte Tabelle dazu. Dieses Beispiel lässt sich ganz beliebig Ihren Vorstellungen entsprechend anpassen.

Was die Auflistung der einzelnen Positionen betrifft, so tragen Sie einfach die Einzelpositionen des ausführlichsten Angebots ein. Damit bekommen Sie eine Übersicht, was in den Angeboten der anderen Bieter fehlt, in anderen Titeln oder in zusammengesetzten Positionen enthalten ist. Dabei werden die Mengenunterschiede überschaubarer, und man kann besser erkennen, durch welche Positionen Preisunterschiede zustande kommen. Bei der fachlichen Einordnung der unterschiedlichen Wärmepumpen und Speicher helfen Ihnen die im nächsten Kapitel (siehe Seite 160) enthaltenen Hinweise. Bei Unklarheiten können Sie zusätzlich eine Online-Recherche zurate ziehen.

Auf zahlreichen **PORTALEN IM INTERNET** lassen sich Angebote von Handwerkern einholen und vergleichen. Auf diese Weise als Laie einen fachlich geeigneten und seriösen Anbieter zu finden ist wahrscheinlich genauso schwierig, wie die selbst eingeholten Angebote zu vergleichen. Sicher wird es auch hier solide Anbieter geben, aber die Gefahr, auf ein Lockangebot hereinzufallen, ist groß. Falls Sie diese Variante wählen, sollten Sie daher über den Portalanbieter zunächst ein paar **WICHTIGE INFORMATIONEN** einholen: Sind die Bieter in die Handwerksrolle eingetragen? Was kostet die Dienstleistung einmalig (monatlich), oder auf welchen Betrag beläuft sich die Provision? Gibt es Referenzen? Unter handwerk.com (Stichworte „Marktvergleich", „Online" und „Auftragsportale") finden Sie eine interessante Übersicht zu den Anbietern im Internet.

Bedenken Sie bei Onlineangeboten jedoch, dass die Bieter die örtlichen Verhältnisse respektive Ihre jetzige Heizungsanlage nicht kennen und Sie auch nicht wissen, über welche Erfahrungen die hier inserierenden Handwerker mit Wärmepumpen verfügen. „Angebote für Wärmepumpen in wenigen Minuten" verschiedenster Hersteller sind als Orientierungsgröße oder für die Fördermittelbeantragung eine brauchbare Hilfe. Wenn es jedoch um eine komplette Wärmepumpenheizungsanlage geht, sollte ein Fachplaner oder ein erfahrener Installateur zurate gezogen werden.

Wenn Sie Bieter darum bitten, Ihnen das Angebot näher zu erläutern, sollten Sie sich auf das **GESPRÄCH** gut vorbereiten. Gehen Sie die Angebote noch einmal durch und markieren Sie die unklaren Punkte farbig. Vergleichen Sie die Preise und Mengenangaben der einzelnen Positionen und markieren Sie Ausreißer.

Ist Ihnen das Angebot zu teuer, fragen Sie nach, welche Möglichkeiten es gibt, um die Kosten gegebenenfalls zu senken (Alternativpositionen). Sprechen Sie Zahlungsbedingungen, -ziele und Skonto an. Achten Sie weiter auf Garantiebedingungen, Gewährleistung, Realisierungszeitraum, Wartung und Service und vergessen Sie nicht, die Nebenleistungen sowie die Leistungsabgrenzung zu anderen Gewerken anzusprechen. Fragen Sie überdies nach der Kombination mit Photovoltaik- und Solaranlagen.

Um die Übersicht beim Vergleich von Angeboten für Wärmepumpenheizungsanlagen zu behalten, nehmen Sie gern unseren Vergleich (siehe Seite 200) mit den besonders zu beachtenden Schwerpunkten am Beispiel einer Erdwärmeanlage mit Erdsonden zur Hilfe.

Häufige Fehler beim Einholen und Vergleichen von Angeboten

SCHAUEN SIE NICHT NUR auf den Gesamtpreis! Denken Sie daran, dass es zahlreiche Einflussfaktoren auf die Effizienz von Wärmepumpen gibt und dass die Betriebskosten über die Jahre entscheiden, ob Sie den richtigen Anbieter gewählt haben. Ähnliches gilt für den COP der Wärmepumpe. Andere Einflussfaktoren können sich viel negativer auf die Effizienz der Wärmepumpe auswirken. Suchen Sie nicht nach dem „billigsten" Anbieter, sondern nach dem besten Preis-Leistungs-Verhältnis. Überspringen Sie nicht die teuersten Angebote, ohne zu prüfen, welche Leistung Sie für den genannten Preis bekommen.

SETZEN SIE NICHT ALLEIN auf einen Hersteller, aber unterschätzen Sie die Bedeutung einer Marke nicht. Denken Sie daran, dass der Installateur einen wesentlichen Einfluss auf den reibungslosen und effizienten Betrieb einer Wärmepumpe hat.

KONZENTRIEREN SIE SICH BEI der Auswahl auf die technischen Details anstatt auf Form und Farbe der Anlage. Vergleichen Sie nicht Äpfel mit Birnen.

VERSUCHEN Sie nicht, so viele Angebote wie möglich einzuholen und zu vergleichen, sonst verlieren Sie schnell den Überblick. Versuchen Sie nicht, die Bieter gegeneinander auszuspielen. Heizungsfirmen informieren sich nicht selten gegenseitig, wenn ein Kunde bei ihnen anfragt. Versuchen Sie nicht, den Installateur zu belehren und mit Preisen aus dem Internet zu konfrontieren. Verlassen Sie sich nicht zu sehr auf „unabhängige" Vergleichsportale.

LASSEN SIE SICH NICHT von Lockangeboten täuschen oder unter Druck setzen. Verlassen Sie sich nicht auf Werbeversprechen mit hohen Jahresarbeitszahlen und geringsten Heizkosten. Glauben Sie nicht, dass Ihnen jemand irgendwelche Leistungen kostenlos angedeihen lassen wird. Seien Sie sehr vorsichtig bei solchen oder ähnlichen Angeboten und Versprechen.

Gehen Sie nicht davon aus, dass jedes unsanierte Gebäude für den effizienten Betrieb mit einer Wärmepumpe geeignet ist und dass Hochtemperatur-Wärmepumpen in jedem Fall das Allheilmittel sind.

Zusammenfassung

Der Wärmepumpenboom scheint sich unaufhaltsam fortzusetzen und alle bisherigen Entwicklungen in den Schatten zu stellen. Permanent gibt es neue Wärmepumpenangebote, neue Bücher, neue Vergleichsportale und Ratschläge, wie man innerhalb kurzer Zeit und ohne Vorkenntnisse zum Wärmepumpenfachmann wird. Dieser Boom täuscht darüber hinweg, dass nicht jede Wärmepumpenanlage störungsfrei und effizient arbeitet und nicht jeder Wärmepumpenbesitzer glücklich und zufrieden ist. Seitens der Hersteller gibt es Planungshandbücher mit über 500 Seiten. Für die Konfiguration des Wärmepumpenreglers gibt es Anleitungen mit über 250 Seiten. Daran kann man erkennen, dass für die Planung und Installation ein hohes und vielseitiges Wissen erforderlich ist. Der Qualifikation des Installateurs kommt in der Prozesskette eine Schlüsselrolle zu.

→ Suchen Sie nicht nach dem „billigsten" Anbieter, sondern nach dem besten Preis-Leistungs-Verhältnis.

Fehler bei der Einholung und dem Vergleich der Angebote sowie bei der Auswahl des wirtschaftlichsten Bieters können viel Ärger bereiten und ziemlich teuer werden. Nehmen Sie sich daher genügend Zeit und greifen Sie gegebenenfalls auf fachmännische Hilfe zurück. Lassen Sie sich nicht verrückt machen! Sie werden trotz eines stattlichen Förderbetrags viel Geld in die Hand nehmen müssen und möchten, dass es gut und sicher angelegt ist. Damit das funktioniert, benötigen Sie ein gutes Produkt, aber auch einen fähigen Installateur, der die Wärmepumpenheizungsanlage richtig auslegt und fachmännisch installiert. Darüber hinaus möchten Sie schließlich auch, dass die Anlage in den folgenden Jahren regelmäßig gewartet und optimiert wird sowie im Störfall der Service funktioniert. Die meisten Hersteller ermöglichen inzwischen über eine Schnittstelle die Datenfernübertragung auf Ihr Smartphone und zum Installateur. Damit können Sie Ihre Anlage dort, wo eine Internetverbindung besteht, weltweit steuern, Daten nachverfolgen und im Störfall benachrichtigt werden.

6 RECHTLICHES, VERTRÄGE, FÖRDERUNG

Mühsam, aber notwendig und sinnvoll: Hier geht es um die gesetzlichen Rahmenbedingungen, die Sie erfüllen müssen, um rechtlich korrekte und vollständige Verträge mit den Lieferanten und – als Bonbon, das Ihnen die Formalitäten versüßt – um finanzielle Förderungen, die rechtzeitig zu beantragen sind.

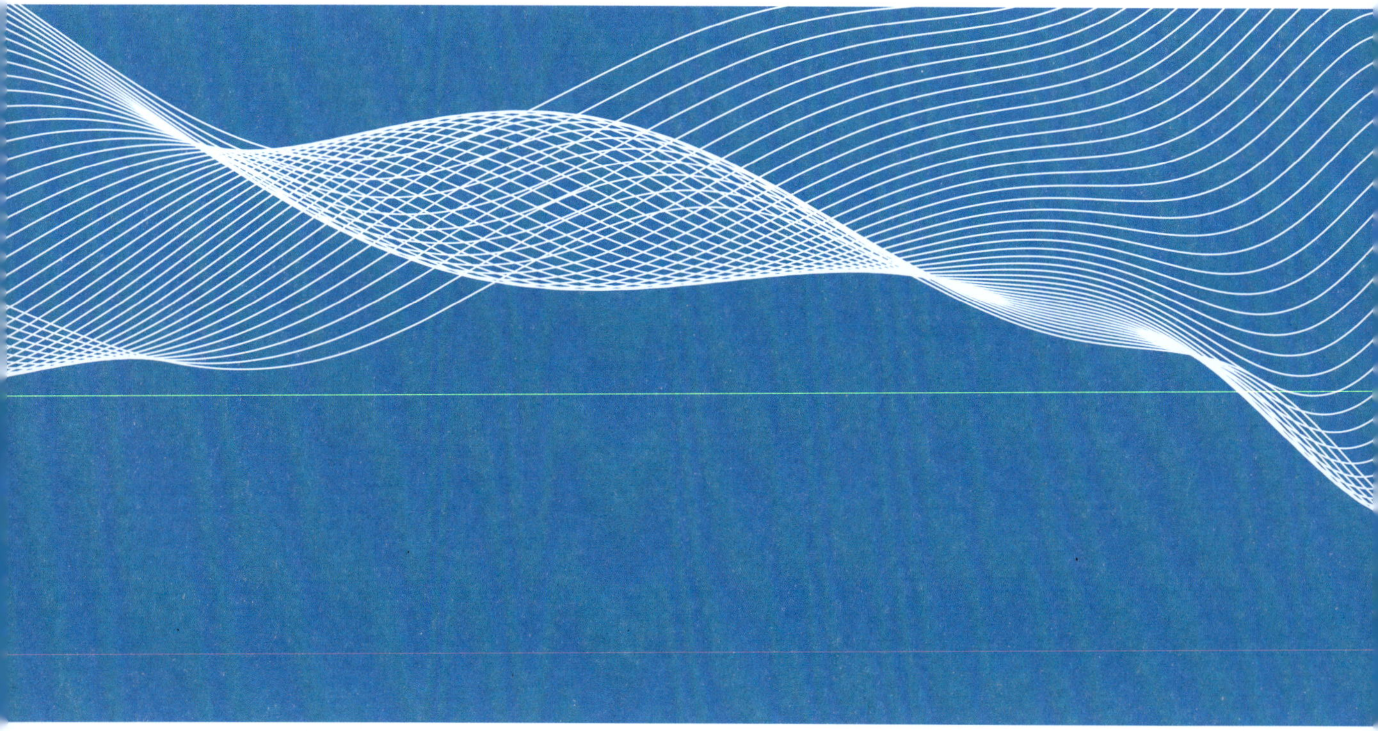

→ Gesetzliche Rahmenbedingungen und Genehmigungen: Abhängig vom Wärmepumpentyp sind unterschiedliche gesetzliche Vorgaben zu beachten und vorab Genehmigungen einzuholen, bevor Sie loslegen können. Auch finanzielle Förderungen müssen vor Baubeginn geklärt sein.

WAS ERFAHRE ICH?

Allgemeine Bestimmungen

Für die Herstellung, Planung, Errichtung und den Betrieb von Wärmepumpenheizungsanlagen gilt es eine Reihe europäischer und landesspezifischer Gesetze, Normen, Richtlinien und Verordnungen zu beachten. Darüber hinaus hat jeder Hersteller eigene Planungsunterlagen, Montage-, Service- und Bedienungsanleitungen für den Betreiber. Die wichtigsten Dokumente, die Sie als Verbraucher kennen sollten, sind folgende:

- → das Gebäudeenergiegesetz (GEG, 2020),
- → die DIN EN 15450 – Heizungsanlagen in Gebäuden – Planung von Heizungsanlagen mit Wärmepumpen (2007),
- → die VDI 4645 – Heizungsanlagen mit Wärmepumpen in Ein- und Mehrfamilienhäusern,
- → das DVGW-Arbeitsblatt W551 – Trinkwassererwärmungs- und Trinkwasserleitungsanlagen sowie
- → die VDI 4650 – Berechnung der Jahresarbeitszahl von Wärmepumpenanlagen.

Bei allen Wärmepumpenarten und Photovoltaikanlagen sind die elektrotechnischen Bestimmungen nach VDE 0100, VDE 0105, VDE 0700 (vor allem für den Installateur wichtig) sowie die technischen Anschlussbedingungen (TAB) des zuständigen Energieversorgungsunternehmen (EVU) zu beachten.

Spezielle Rahmenbedingungen

LUFT-WÄRMEPUMPEN

Obwohl es in Deutschland keine gesonderten gesetzlichen Bestimmungen für die Außenaufstellung von Wärmepumpen gibt, kommt es hin und wieder zu Streitigkeiten durch Lärmbelästigungen. Meistens wird zur Bewertung bei Rechtsstreitigkeiten die Technische Anleitung zum Schutz gegen Lärm (TA Lärm) hinzugezogen. Die Betreiber von Wärmepumpenanlagen sind für die Einhaltung der Grenzwerte (siehe Tabelle im Serviceteil, Seite 197) verantwortlich.

Erkundigen Sie sich beim Bauamt, ob es für Ihre Region landesspezifische Regelungen gibt. Die in den Planungs- und Montageanleitungen der Hersteller enthaltenen Hinweise für die Außenaufstellung sollten unbedingt beachtet werden. Empfehlenswert hierzu ist ebenso der „Leitfaden Schall" vom Bundesverband Wärmepumpe. Die Schallemissionen von Luft-Wärmepumpen können sich in Abhängigkeit von Außentemperatur, Heizleistung, Witterung, Windrichtung, Vereisung des Verdampfers oder Eisbildung ändern. Bedenken Sie bei der Aufstellung von Außengeräten etwaige in Ihrer Nähe befindliche Wohngebäude.

ERDWÄRME-WÄRMEPUMPENANLAGEN

Für die Errichtung von **ERDSONDENANLAGEN** benötigen Sie eine wasserrechtliche Genehmigung der unteren Wasserbehörde des zuständigen Landratsamts. Die Beantragung erfolgt in der Regel über einen Bohrunternehmer, da er die technischen Daten der geplanten Erdsonden eintragen muss. Dazu benötigt er vom Betreiber eine Vollmacht, eine Flurkarte und einen Lageplan mit Angabe der Bohrpunkte. Alle Erdwärmeanlagen sind nach den Regeln der VDI 4640 zu planen und auszuführen. Die im wasserrechtlichen Bescheid enthaltenen Anforderungen und Auflagen sind unbedingt einzuhalten. Vor allem sind die Abstände der Sonden untereinander, zu Versorgungsmedien und zu den benachbarten Grundstücken zu beachten. Das Bohrunternehmen muss nach Arbeitsblatt W120–2 des Deutschen Vereins des Gas- und Wasserfaches e. V. (DVGW) zertifiziert sein. Zertifizierte Bohrunternehmen finden Sie über die Webseite des Bundesverbandes Geothermie. Eine Förderbedingung des Bafa ist der Abschluss einer schuldenunabhängigen Versicherung.

Alle Arten von **FLÄCHENKOLLEKTOREN** sind bei der zuständigen unteren Wasserbehörde anzeigepflichtig. Eventuelle Auflagen sind zu beachten. Bei der Errichtung von **GRABENKOLLEKTOREN** sind besonders bei selbst durchgeführten Tiefbauarbeiten (Graben ausheben, abstützen und wiederverfüllen) die Vorschriften der Bauberufsgenossenschaft zu beachten.

EISSPEICHER sind nicht anzeige- und genehmigungspflichtig.

Weitere wichtige Hinweise zur Nutzung oberflächennaher Geothermie finden Sie im jeweiligen „Leitfaden Erdwärme" des entsprechenden Bundeslandes.

WASSER/WASSER-WÄRMEPUMPEN-ANLAGEN

Für Brunnenanlagen benötigen Sie eine wasserrechtliche Genehmigung der zuständigen unteren Wasserbehörde. Der Brunnenbauer muss nach DVGW-Arbeitsblatt W120–1 zertifiziert sein. Um sicherzustellen, dass am vorgesehenen Standort ausreichend Brunnenwasser mit der erforderlichen Menge, Temperatur und Wasserqualität vorhanden ist, sollte durch Fachplaner ein hydrologisches/geologisches Gutachten erstellt werden. Lassen Sie unbedingt eine Wasseruntersuchung in einem Labor durchführen und prüfen, ob die zulässigen Grenzwerte für Eisen, Mangan, elektrische Leitfähigkeit, Schwebstoffe und pH-Wert eingehalten werden. Entscheidend sind die in den technischen Unterlagen des Wärmepumpenherstellers angegebenen Grenzwerte. Wird ein Grenzwert überschritten, lassen Sie anstatt einer Brunnen- eine Erdsondenanlage errichten. Sie können sich dadurch viel Ärger ersparen.

→ Für die Errichtung von Erdsondenanlagen benötigen Sie eine wasserrechtliche Genehmigung der unteren Wasserbehörde des zuständigen Landratsamts.

→ Vertragsinhalte, Konformitätserklärungen, Versicherungen: „Das Schriftliche" sorgt im besten Fall dafür, dass beide Vertragspartner ihre Aufgaben und Pflichten so genau vereinbart haben, dass es später darüber nicht zum Streit kommen sollte.

WAS ERFAHRE ICH?

Vorbereitungen für einen Vertragsabschluss

Das oberste Gebot bei allem, was Sie bei diesem Schritt tun, ist, dass Sie sich nicht unter Zeitdruck setzen lassen. Achten Sie darauf, dass alle Festlegungen schriftlich formuliert und gegengezeichnet werden.

Vergessen Sie nicht, sich Auskünfte über den Auftragnehmer einzuholen. Wichtig sind dabei vor allem Informationen zur Rechtsform, zu Inhaber, Gesellschafter, Geschäftsführer, Gründungsdatum, Bankverbindungen, Mitarbeiteranzahl, Auszubildenden, Altersdurchschnitt, Nachfolgeregelung, Marktstellung, Alleinstellungsmerkmalen, wirtschaftlicher Leistungsfähigkeit, Zertifizierungen und natürlich zu Erfahrungen und Referenzen für Wärmepumpenanlagen (siehe auch ab Seite 149).

Nach der Reform des Bürgerlichen Gesetzbuches (BGB) wird ab dem 1. Januar 2018 bei privaten Bauherren zwischen Bauherr (Auftraggeber) und Unternehmer (Auftragnehmer) in der Regel ein **WERKVERTRAG** nach BGB §§631 ff. abgeschlossen.

Obwohl eine Anwendung der Verdingungsordnung für Bauleistungen (VOB) nur für öffentliche Auftraggeber verpflichtend vorgeschrieben ist, kann es vorkommen, dass der Auftragnehmer Ihnen einen VOB-Vertrag vorlegt oder Ihnen einen solchen empfiehlt. In diesem Fall muss er Ihnen zwingend die VOB, Teil B aushändigen, erklären und sich den Erhalt von Ihnen bestätigen lassen. Da die VOB ein weit umfassendes, selbst für Leute aus der Baubranche schwer zu überschauendes Vertragswerk ist, sollten Sie besser auf den Werkvertrag nach BGB §§631 ff. (nicht zu verwechseln mit dem Verbraucherwerkvertrag nach BGB § 650) bestehen. Meistens legen Ihnen der Bauträger, Bauunternehmer oder Installateur eigene Vertragsformulare mit eigens formulierten Allgemeinen Geschäftsbedingungen (AGB) vor. Sie haben natürlich auch die Möglichkeit, einen Musterwerkvertrag oder einen durch einen Anwalt geprüften Werkvertrag zu verwenden.

Grundsätzlich sollte ein Bauvertrag so gestaltet werden, dass die Interessen beider Seiten Berücksichtigung finden und das Bauvorhaben kooperativ abgewickelt wird. Werden alle wesentlichen Punkte sauber geregelt, können Unklarheiten und Meinungsverschiedenheiten vermieden werden.

Bevor Sie jedoch die einzelnen Vertragsinhalte durchgehen, sollten Sie zunächst noch einmal das zur Vertragsgrundlage werdende Angebot beziehungsweise **LEISTUNGSVERZEICHNIS** gemeinsam Punkt für Punkt durchgehen und erforderliche Ergänzungen und Korrekturen vornehmen.

Dies betrifft vor allem Bedarfs-, Alternativ- und Eventualpositionen sowie die Abgrenzung zu Leistungen anderer Gewerke. Für die Wärmepumpenheizungsanlage muss eindeutig geklärt sein, welche Wärmepumpe und welcher Speicher (Hersteller und genaue Typenbezeichnung mit Leistungsangabe und COP im Betriebspunkt, Speicherinhalt, Typ) zum Einsatz kommen. Diese Angaben sind dann auch Bedingung für den Abruf der Fördermittel.

Weitere Schwerpunkte sind die elektrischen Anschlussarbeiten, der hydraulische Abgleich, Durchbrüche, Stemm- und Spitzarbeiten, die Inbetriebnahme und Einweisung des Betreibers. Auch um die Abstimmung mit anderen beteiligten Gewerken zu erleichtern, sollten die Aufstellung und Anordnung der Geräte, die Standorte für die Heizkreisverteiler, die Entwässerungsanschlüsse für Sicherheitsventile und eventuelle Durchbrüche bereits in den **AUSFÜHRUNGSPLÄNEN** eingetragen werden.

Bei einer **FLÄCHENHEIZUNG** sind die Standorte der Heizkreisverteiler, die Stärke und Bezeichnung der Zusatzdämmung, die Verkabelung der Stellantriebe und Raumthermostate und das Auf- und Abheizen des Estrichs eindeutig zu benennen und abzugrenzen.

Beim Bestandsgebäude gehört die Demontage und Entsorgung der Altanlage mit ins Angebot und somit auch in den Vertrag. Bei der Entsorgung von Öltanks benötigen Sie einen Entsorgungsnachweis.

Wollen Sie eine **ERDWÄRMEANLAGE** installieren lassen, ist es immer vorteilhaft, dass der Bohrunternehmer und Tiefbauer als Subunternehmer des Installateurs im Vertrag enthalten ist, damit sich bei eventuellen Problemen die Unternehmen nicht gegenseitig den Schwarzen Peter zuschieben. Auch die Erdarbeiten, der Verteilerschacht und die Hauseinführung müssen eindeutig aufgeführt und abgegrenzt sein. Weiter sollte geklärt sein, wer die erforderlichen wasserrechtlichen Genehmigungen, die Anträge beim EVU und die Fördermittelanträge stellt, bearbeitet und wer die Kosten dafür trägt. Eventuelle Eigenleistungen müssen einschließlich der Haftungsbegrenzung klar definiert und abgegrenzt werden!

Bevor es weiter zu den Vertragsinhalten geht, sollten alle Preise noch einmal aktualisiert werden.

Inhalte eines Werkvertrags

Mindestens die folgenden Punkte sollte ein Werkvertrag für eine Wärmepumpenheizungsanlage enthalten, was allerdings als unverbindlicher Vorschlag zu betrachten ist.

ANSCHRIFT AUFTRAGNEHMER UND AUFTRAGGEBER

Sind die Auftraggeber Ehepartner, sollten beide Partner mit Vor- und Zunamen aufgeführt sein. Im Falle einer Trennung können damit einseitige Belastungen vermieden werden. Auf der Seite des Auftragnehmers sollten je nach Rechtsform Inhaber, Geschäftsführer oder Bevollmächtigte eine rechtsverbindliche Unterzeichnung vornehmen. Die **KONTAKTDATEN** (Festnetz, Mobilnummern, Mailadressen) aller Beteiligten sollten ebenfalls mit aufgeführt sein.

ANSCHRIFT BAUVORHABEN

Falls Wohnanschrift und Bauanschrift des Auftraggebers nicht identisch sein sollten, ist die genaue **BAUANSCHRIFT** anzugeben. Ist die Hausnummer noch nicht vergeben, so sollte ein Hinweis auf eine benachbarte Hausnummer oder zumindest die Flurnummer mit angegeben werden.

VERTRETUNG DER VERTRAGSPARTNER

Falls etwa im Neubau ein Bauüberwacher eingesetzt wird, sollte dessen Vertretungsbefugnis und Handlungsspielraum klar im Bauvertrag definiert werden. Dies trifft für bestimmte zusätzliche Leistungen zu, welche oft auf Zuruf erfolgen und zusätzliche Kosten hervorrufen.

VERTRAGSGEGENSTAND UND VERTRAGSBESTANDTEILE

Der Gegenstand des Vertrags ist sauber und eindeutig aufzuführen. Zum Beispiel: Lieferung und Montage einer Wärmepumpenanlage mit Erdsonden. Die Vertragsgrundlage ist ein detailliertes und vollständiges **LEISTUNGSVERZEICHNIS**, in dem auch wichtige Qualitätsmerkmale, wie beispielsweise der Typ der verwendeten Erdsonde und die erforderlichen Bohrmeter, enthalten sind. Auf die Festschreibung von Vorgaben, die von vielen Faktoren beeinflusst werden, wie die Garantie einer Jahresarbeitszahl, sollte verzichtet werden. Der Unternehmer ist laut Normen ohnehin verpflichtet, bestimmte Mindestwerte zu erreichen. Die Angebotsnummer mit dem Datum der Aktualisierung, beim Neubau aktualisierte Baupläne und der Energieausweis nach GEG Teil 5, §§ 79 bis 88 sollten als Vertragsbestandteil angefügt werden.

VERGÜTUNG

Hier soll geregelt werden, welche Art der Vergütung (Pauschal-, Festpreis, die Abrechnung nach Aufmaß zu Einheitspreisen oder Material und Lohn getrennt nach tatsächlichem Aufwand) angewendet werden soll. Für den Auftraggeber ist ein Pauschalpreis bezüglich seiner Finanzierung vorteilhaft. Ob sich der Auftragnehmer darauf einlässt, darf bei sich häufig ändernden Einkaufspreisen wohl bezweifelt werden. Bei der Vereinbarung einer pauschalen Vergütung ist besonders wichtig, dass das Leistungsverzeichnis vollständig ist und die Mengenangaben so genau wie möglich ermittelt wurden.

Während bei einer pauschalen Vergütung eine der Vertragsparteien mehr oder weniger benachteiligt wird, ist die Abrechnung zu Einheitspreisen die für beide Vertragspartner fairste Art der Vergütung. Voraussetzung dafür ist ebenfalls ein detailliertes und vollständiges **LEISTUNGSVERZEICHNIS ZU EINHEITSPREISEN** (Lohn und Material in einer Einheit). Ein gemeinsames Aufmaß erspart bei der Rechnung Nachfragen und Missverständnisse. Bei den Leistungsverzeichnissen sollte besonders auf die Mengenangaben geachtet werden. Mengen können auch bewusst niedrig angesetzt sein, weil man davon ausgeht, dass Mehrmengen von 15 bis 20 Prozent abgerechnet werden können, bisweilen sogar bis 30 Prozent (siehe auch Seite 153). Beim Werkvertrag nach BGB § 650 ff. muss dies allerdings im Vertrag vereinbart sein.

HINWEIS: Bei Pauschalpreisvergütung und Einheitspreisen trägt der Auftragnehmer das Risiko für die kalkulierten Lohnzeiten. Benötigen seine Monteure länger als die kalkulierte Zeit, kann es passieren, dass er bei diesem Auftrag Verlust macht.

Die Vergütung nach Material- und Stundenaufwand ist deshalb eine vom Handwerker gern gesehene Vergütungsform, welche aber seltener angewendet wird. Diese Art der Vergütung wird dann vereinbart, wenn ein Bauherr sich etwa ganz spezielle und sehr große Fliesen selbst besorgt. Dies geschieht dann in Abstimmung mit dem Handwerker, und der benötigte Stundenaufwand wird vom vorher vereinbarten Stundensatz abgerechnet. Bei Wärmepumpenanlagen ist ein ähnliches Vorgehen schon im Hinblick auf Garantie und Gewährleistung schwer nachvollziehbar.

BAUNEBENKOSTEN

Dieser Punkt wird hauptsächlich beim Neubau angewendet. Meistens werden die Kosten für Baustrom, Bauwasser und Bautoilette pauschal in Höhe von 0,2 bis 0,3 Prozent der Auftragsnettosumme in den Bauvertrag aufgenommen. Geregelt werden sollten in diesem Zusammenhang beim Neubau die Kosten für das **FUNKTIONS- UND ESTRICHHEIZEN**, welche meistens über den Baustromzähler erfasst werden. Besonders wenn das Aufheizen im Winter erfolgt oder es sich um eine Erdwärmeanlage mit Erdsonden/Erdkollektoren handelt, kann es hier-zu Kosten von mehreren Hundert Euro kommen. Bei Erdwärmeanlagen darf das Estrichheizen nicht ohne elektrische Zusatzheizung erfolgen, da sonst die Gefahr besteht, dass die Erdsonde überlastet wird oder der Erdkollektor austrocknet oder extrem vereist. Es ist auf alle Fälle besser, im Vertrag zu regeln, wer die Nebenkosten übernimmt.

LEISTUNGSÄNDERUNGEN UND ZUSÄTZLICHE LEISTUNGEN

Leistungsänderungen und zusätzliche Leistungen können vor allem bei der Sanierung älterer Gebäude auftreten, aber auch in anderen Fällen gibt es immer wieder einmal Änderungswünsche des Auftraggebers. Auf alle Fälle sollten alle Ergänzungen und Änderungen schriftlich vereinbart werden. Ein **NACHTRAGSANGEBOT** des Auftragnehmers ist von beiden Seiten zu unterzeichnen.

WIDERRUFSRECHT DURCH DEN AUFTRAGGEBER

Das gesetzlich verankerte Widerrufsrecht des Auftraggebers innerhalb von 14 Tagen nach Unterzeichnung ist vom Ort der Vertragsunterzeichnung abhängig. Das Widerrufsrecht für den Auftraggeber gilt nur dann, wenn der Vertrag entweder bei Anwesenheit beider Unterzeichner außerhalb der Geschäftsräume des Auftragnehmers (zum Beispiel auf einer Baumesse) oder durch Mittel der Fernkommunikation zustande gekommen ist. Ein entsprechender Hinweis muss im Bauvertrag enthalten sein.

AUSFÜHRUNGSFRISTEN, BAUBEGINN, BAUABLAUF, TERMINE

Im Neubau hängen der Baubeginn und der Fertigstellungstermin oft von den Vorleistungen der anderen Gewerke ab. Deshalb wird meist nur der Baubeginn festgelegt und der weitere Verlauf mit „entsprechend dem Baufortschritt" umschrieben. Bei einer Sanierung können Bautermine und der Fertigstellungstermin genauer festgelegt werden. Ist beispielsweise der Bohrunternehmer ein Subunternehmer des Installateurs, lassen sich Termine leichter vereinbaren. Haben Sie das Bohrunternehmen separat beauftragt, kann der Baubeginn für den Installateur erst nach der Einbringung der Erdsonden erfolgen. Demzufolge könnte die Formulierung „Baubeginn nach Einbringung der Erdsonden" so in den Vertrag aufgenommen werden, was aber für den Installateur weniger Planungssicherheit bedeutet. Bei Verträgen mit Bauträgern oder Bauunternehmen sind oft Klauseln zu Vertragsstrafen bei der Nichteinhaltung von Terminen enthalten. Im Werkvertrag zwischen Bauherr und Installateur sind solche Vereinbarungen nicht üblich.

ABNAHME

Im Bauvertrag sollte eine förmliche Abnahme vereinbart werden. Die Beseitigung eventueller Mängel oder die Fertigstellungen von Restleistungen sind im Protokoll festzuhalten und mit Terminen zu untersetzen. Das Abnahmeprotokoll muss von beiden Parteien unterzeichnet werden. Bedenken Sie die vom Gesetzgeber vorgesehene Regelung, dass das Werk als abgenommen gilt, falls Sie der Aufforderung zur gemeinsamen Abnahme innerhalb einer angemessenen Frist (in der Regel 14 Tage) nicht nachkommen – dann ist eine **FIKTIVE ABNAHME** erfolgt. Sie müssen die Abnahme daher unter Angabe mindestens eines Mangels schriftlich verweigern. Besser ist es für diesen Fall, einen Sachverständigen zurate zu ziehen.

ZAHLUNGEN

Nach der Abnahme ist eine prüffähige Schlussrechnung zu erstellen. Da der Installateur Materiallieferungen oder Subunternehmerleistungen nicht unbegrenzt bis zum Abschluss der Baumaßnahme zwischenfinanzieren kann, ist es üblich, Abschlagszahlungen zu vereinbaren. Weit verbreitet sind deshalb Zahlungspläne mit festen Terminen als Vertragsbestandteil. Da Termine zum Bauablauf aus den verschiedensten Gründen verschoben werden müssen, kann das zwischenzeitlich zu einer Überzahlung des Auftragnehmers führen. Besser sind deshalb Vereinbarungen für **ABSCHLAGSZAHLUNGEN** nach Baufortschritt mit konkreten Zwischenzielen, wie etwa Lieferung der Wärmepumpe oder im Neubau Fertigstellung der Fußbodenheizung.

Vorauszahlungen bei Vertragsabschluss werden häufig bei Verträgen mit Bauträgern abgeschlossen. Manche Installateure bieten zusätzliche Nachlässe oder Skonti bei Vorkasse an. Wenn Sie sicher sind, dass der Auftragnehmer finanzstark und seriös ist, ist das eine gute Gelegenheit, Kosten zu sparen – vor allem wenn es sich um eine Finanzierung handelt, in deren Rahmen Bereitstellungszinsen gezahlt werden müssen. Vereinbarungen zu den Zahlungszielen mit und ohne Skonto sowie Nachlässe fallen unter diesen Punkt.

Bei größeren Bauvorhaben ist es üblich, bestimmte **SICHERHEITEN** zu vereinbaren. Dabei kann es sich beispielsweise um eine Zahlungsbürgschaft handeln, die bei Zahlungsunfähigkeit des Auftraggebers das Risiko eines Zahlungsausfalls minimiert. Andererseits kann der Auftraggeber eine Vertragserfüllungsbürgschaft vom Auftragnehmer fordern, falls dieser zum Beispiel wegen Zahlungsausfällen die vereinbarte Leistung nicht vollenden kann. Dies wird aber im Ein- und Zweifamilienhausbereich eher selten angewendet. Üblich ist, dass ein Gewährleistungseinbehalt bis zur vollständigen Erbringung der Restleistung und Mängelbeseitigung in Höhe von fünf Prozent der Auftragssumme vereinbart wird.

GEWÄHRLEISTUNG UND GARANTIE

Die Gewährleistungsrechte sind im Werkvertrag gesetzlich in den §§ 633 bis 639 BGB geregelt, und die Gewährleistungsdauer beträgt je nach Leistung zwei (bei Wartung und Reparaturarbeiten) oder fünf Jahre (bei Neuinstallation einer Heizungsanlage). Die Verjährungsfrist für Mängelansprüche beginnt mit der Abnahme der vereinbarten Leistung entsprechend § 634a Absatz 2 BGB.

Entscheidend ist § 633 BGB, in dem festgelegt ist, wann das erstellte Werk als mangelhaft beziehungsweise frei von Sach- und Rechtsmängeln gilt. Demnach ist das Werk frei von Sachmängeln, wenn es die vereinbarte Beschaffenheit hat, sich für die gewöhnliche Verwendung eignet und eine Beschaffenheit aufweist, die bei Werken gleicher Art üblich ist oder die der Auftraggeber nach Art des Werkes auch erwarten kann. Für eine Wärmepumpenheizungsanlage bedeutet das, dass die Wärmepumpe das Gebäude ausreichend und effizient mit Wärme und Warmwasser versorgt. Wenn die Wärmepumpenanlage mangelhaft ist, kann der Auftraggeber die Nacherfüllung (Nachbesserung) respektive **MÄNGELBESEITIGUNG** oder den Ersatz beziehungsweise die Minderung verlangen oder vom Vertrag zurücktreten und Schadenersatz verlangen. Die Bedingungen hierzu sind in §§ 635 bis 638 geregelt. Wichtig: Der Auftraggeber muss den Auftragnehmer schriftlich mit einer **ANGEMESSENEN FRIST** (meist 14 Tage) zur Mängelbeseitigung auffordern. Erst wenn die Frist verstrichen und die Nacherfüllung erfolglos ist, darf eine Selbstvornahme zur Mangelbeseitigung erfolgen.

Gewährleistung und **GARANTIE** werden oft in einen Topf geworfen, obwohl die gesetzliche Gewährleistung nach §§ 633 ff. BGB auf die Mangelfreiheit zum Abnahmezeitpunkt abzielt und die Garantie eine durch den Hersteller freiwillig eingeräumte Einstandspflicht darstellt, in der für einen bestimmten Zeitraum kein Mangel an der Sache auftritt. Die Gewährleistung ist gesetzlich geregelt, den Inhalt der Garantie legt der Hersteller in den Garantiebedingungen fest. Gesetzliche Vorgaben gibt es hierzu nicht. Bei der Garantie kann es vorkommen, dass der Zeitraum weit über die Gewährleistungsdauer hinausgeht. So gibt es etwa Wärmepumpenhersteller, die zehn Jahre Materialgarantie auf einen Scrollverdichter (zwei senkrecht ineinander stehende rotierende Schnecken ermöglichen geringere Abriebkräfte und somit weniger Verschleiß als bei Kolbenverdichtern, Scrollverdichter zeichnen sich durch eine hohe Langlebigkeit aus) geben. Schon aus diesem Grund sollten Gewährleistungs-/Garantieansprüche und -dauer getrennt behandelt werden. Gewährleistungsansprüche können Sie nur beim Auftragnehmer geltend machen. Bei der Garantie hingegen können Sie unter Vorlage von Rechnung und Garantieschein Ihre Ansprüche direkt beim Hersteller geltend machen. Dies kann etwa erforderlich sein, wenn innerhalb des Garantiezeitraums der Installateur Insolvenz angemeldet hat. Kommt der Hersteller aus dem deutschsprachigen Raum, ist das Vorgehen dann wesentlich einfacher.

SONSTIGES

Sonstige Vereinbarungen können sich zum Beispiel auf die Vorlage einer Konformitätserklärung, die CE-Kennzeichnung, das Energielabel oder das Anlagenlabel beziehen.

In der EU verkaufte Waren müssen eine **KONFORMITÄTSERKLÄRUNG** besitzen und mit einem CE-Kennzeichen versehen sein. Das CE-Zeichen steht für „Communaute Europeenne", auf Deutsch „Europäische Gemeinschaft". Mit dieser Kennzeichnung erklärt der Hersteller, dass das Produkt den geltenden sicherheitstechnischen und gesetzlichen Anforderungen in der Europäischen Union entspricht.

Auf den ersten Blick scheint bei einer Wärmepumpe weitaus weniger **GEFAHRENPOTENZIAL** vorhanden zu sein als bei einem Gasgerät. Dieser Eindruck wird jedoch schnell relativiert, möchte man beispielsweise eine Wärmepumpe mit dem Kältemittel R290 (Propan) installieren, da hierfür spezielle Aufstell-bedingungen gelten. Falls Sie eine Wärmepumpe aus dem Nicht-EU-Raum kaufen wollen, sollten Sie darauf achten, dass die Konformitätserklärung und die CE-Kennzeichnung vorhanden sind. Dies können Sie auch als Qualitätsanforderung im Werkvertrag unter „Sonstiges" vereinbaren.

Manchmal werden unter diesem Punkt auch Stundenverrechnungssätze für Meister, Vorarbeiter, Monteure und Auszubildende und Kilometerpauschalen oder Fahrtkosten aufgeführt, die zum Beispiel bei Regiearbeiten (Tätigkeiten, welche nicht im Leistungsverzeichnis enthalten sind, im Verlauf der Baumaßnahme erst sichtbar werden oder vom Bauherr nachträglich gewünscht werden) zur Anwendung gebracht werden. Diese Dinge können allerdings auch in den Punkten „Vergütung" oder „Zahlungen" verankert werden.

Gerichtsstand, Vertragsausschlüsse und Ähnliches werden oft in den Schlussbemerkungen des Vertrags festgehalten. Der Wartungsvertrag wird meist nach der Abnahme und der Schlussrechnung als separater Vertrag erstellt. Eine Verpflichtung des Auftragnehmers zur regelmäßigen Wartung mindestens im Garantiezeitraum kann ebenfalls unter „Sonstiges" vereinbart werden. Dies ist deshalb wichtig, weil manche Hersteller die Garantie unter der expliziten Bedingung gewähren, dass eine Wartung nach Herstellerangaben erfolgt.

Weitere sonstige Vereinbarungen können etwa den Abschluss von Versicherungen und Arbeiten in Eigenleistung betreffen.

HINWEIS: Im Internet findet man Muster für Werkverträge, die man den eigenen Wünschen anpassen kann. Man sollte den Werkvertrag aber sicherheitshalber durch eine Baufachanwältin prüfen lassen.

Alle in diesem Kapitel gegebenen Hinweise tragen den Charakter unverbindlicher Empfehlungen. Eine Haftung wird deshalb generell ausgeschlossen.

Versicherungen

Je nachdem, ob es sich um einen Neubau oder ein Bestandsgebäude handelt, ist es ratsam und mitunter existenziell, eine entsprechende Versicherung abzuschließen.

BAULEISTUNGSVERSICHERUNG

Die **BAULEISTUNGSVERSICHERUNG** für den Neubau umfasst nicht nur den Bauherrn, sondern auch alle anderen beteiligten Unternehmen. Damit soll garantiert werden, dass das Bauvorhaben sicher fertiggestellt werden kann. Preise und Leistungen unterscheiden sich allerdings stark.

Finanztest hat 21 Bauleistungsversicherungsangebote von 16 Versicherern untersucht (Stand: Oktober 2022). Für ein 400 000-Euro-Projekt kosteten die Policen dabei zwischen 356 und 1 071 Euro. Doch selbst teure Policen bieten nicht immer alle Leistungen. Fehlt im Ernstfall die entscheidende Leistung, kann das Projekt trotz Bauleistungsversicherung vor dem Aus stehen. Die detaillierten Ergebnisse der Untersuchung finden Sie unter test.de, Stichwort „Bauleistungsversicherung".

BAUHERRENHAFTPFLICHTVERSICHERUNG

In jedem Fall unverzichtbar ist der Abschluss einer **BAUHERRENHAFTPFLICHTVERSICHERUNG**, welche Personen- und Vermögensschäden und andere Forderungen gegen die Bauherren abdeckt. Im Finanztest-Vergleich (Stand: Oktober 2022) waren bei einer Bausumme von 400 000 Euro bis zu 259 Euro an jährlicher Ersparnis möglich. Noch wichtiger: Lücken im Schutz können im Extremfall das ganze Vermögen kosten. Eine gute Bauherrenhaftpflicht-Police verringert dieses Risiko auf praktisch Null.

HIER GEHT ES WEITER: → TEST.DE/BAUHERRENHAFTPFLICHT

Unter test.de/bauherrenhaftpflicht finden Sie weitere Informationen und können die Testergebnisse für 31 Bauherrenhaftpflichtversicherungen einsehen (mit Flatrate kostenfrei).

PRIVATHAFTPFLICHTVERSICHERUNG

Für kleine Projekte sind Bauherren unter Umständen bereits über ihre Privathaftpflichtversicherung gut geschützt. Beim Vergleichstest Privathaftpflichtversicherung von Finanztest (Stand: Juli 2022) wurden 76 Angebote mit „sehr gut" bewertet, die höchstens 100 Euro pro Jahr kosten und die Haftpflicht für mindestens bis zu 100 000 Euro teure Bauarbeiten abdecken. Sechs mit „sehr gut" bewertete Policen bieten sogar Schutz für Bauarbeiten ohne Begrenzung der Bausumme. Mehr dazu unter test.de/Privathaftpflicht (mit Flatrate kostenfrei).

VERSICHERUNGEN DER UNTERNEHMEN

Bei öffentlichen Aufträgen müssen die Unternehmen in der Regel nachweisen, dass sie über die erforderliche Haftpflichtversicherung verfügen. Bei privaten Bauherren besteht diese Nachweispflicht jedoch nicht. Trotzdem ist es besser, sich auch im privaten Bereich darüber zu informieren, ob das beauftragte Unternehmen ausreichend versichert ist. Bei Arbeiten im Bestandsgebäude ist der Bauherr in der Regel über die Hausrat- und Gebäudeversicherung gegen Schäden durch Leitungswasser versichert. Obwohl der Installateur normalerweise ebenfalls über eine Haftpflichtversicherung gegen durch ihn oder seine Installateure verursachte Leitungswasserschäden versichert ist, ist eine eigene Versicherung sicherer, da es immer wieder einmal zu einem Leitungswasserschaden infolge von Materialmängeln oder Montagefehlern kommen kann.

Trotz wasserrechtlicher Genehmigungen kam es bei der Errichtung von Wärmepumpenanlagen hin und wieder zu **SCHÄDEN MIT ERHEBLICHEN SACHWERTEN**. Das bekannteste Beispiel sind wohl die Erdwärmebohrungen in Staufen im Breisgau, wo bei den Bohrarbeiten gipshaltige Lagerstätten angebohrt wurden und es durch das eindringende Wasser zu massiven Bodenhebungen im Ortskern kam. Als Konsequenz müssen alle Bohrunternehmen deutschlandweit über eine schadensunabhängige Versicherung verfügen, was natürlich die Kosten für die **BOHRARBEITEN** zusätzlich in die Höhe treibt. Außerdem hat das Bafa den Abschluss einer solchen Versicherung als Fördervoraussetzung festgelegt. Unabhängig davon sollten Sie, bevor Erdsonden in der Nähe von Bestandsgebäuden errichtet werden, Fotos von den baulichen Anlagen fertigen, wodurch Sie im Schadensfall dokumentieren können, ob beispielsweise Risse in einer Wand schon vor den Bohrarbeiten vorhanden waren oder als Folge der Bohrarbeiten entstanden sind. In Gegenden mit gespanntem Grundwasser kann es vorkommen, dass für eine bestimmte Zeit unkontrolliert größere Mengen Wasser aus dem Bohrloch austreten können, was bei benachbarten Gebäuden eventuell Schäden verursacht. Auch solche Dinge sollten ausreichend mitversichert sein.

Ein längerer **STROMAUSFALL** im Winter bei Temperaturen unter null Grad Celsius wurde bisher als unwahrscheinlich eingeschätzt, kann aber nicht mehr völlig ausgeschlossen werden. Sollte ein solcher Blackout tatsächlich auftreten, müssten alle außen aufgestellten Monoblock- beziehungsweise Kompakt-Wärmepumpen umgehend wasserseitig entleert werden, außer es sind automatische Entleerungsventile installiert (siehe Seite 141). Es ist allerdings fraglich, ob alle Betreiber technisch in der Lage wären, dies fachgerecht durchzuführen, ebenso, ob die Servicemonteure der Unternehmen eine solche Entleerung überall gleichzeitig oder zeitnah realisieren könnten. Wenn ein Verflüssiger einer Wärmepumpe weggefriert und Wasser in den Kältekreislauf eindringt, kommt es mit hoher Wahrscheinlichkeit zum Totalschaden solcher Wärmepumpen. Die meisten Betreiber dieser Anlagen gehen davon aus, dass ein solcher Schaden durch die Hausrat- und Gebäudeversicherung übernommen wird. Dies ist jedoch, wie Erfahrungen belegen, nicht der Fall. Sie sollten deshalb unbedingt mit Ihrem Versicherer prüfen, ob die außen aufgestellte Wärmepumpe gegen Frostschäden versichert ist, und gegebenenfalls erforderliche Vorkehrungen treffen.

→ Förderungen: Für den Einbau von Wärmepumpen im Bestand und den Austausch gegen effizientere Anlagen können Bauherren nach der Bundesförderung für effiziente Gebäude – Einzelmaßnahmen (BEG EM) staatliche Fördermittel beantragen.

WAS ERFAHRE ICH?

Richtiger- und erfreulicherweise wurden und werden der Einbau und die Nachrüstung von Wärmepumpen seit vielen Jahren über das Bundesamt für Wirtschaft und Ausfuhrkontrolle (Bafa), die Kreditanstalt für Wiederaufbau (KfW), durch die Bundesländer und regionale Einrichtungen umfangreich gefördert. Einziger Wermutstropfen dabei ist, dass die Förderprogramme und Förderbedingungen fortwährend geändert werden. Überdies sind die Regelungen sehr umfangreich, und die Bearbeitung ist zeitaufwendig.

Um den Förderdschungel zu entflechten, wurde mit Beginn des Jahres 2021 die **BUNDESFÖRDERUNG FÜR EFFIZIENTE GEBÄUDE (BEG)** eingeführt. Sie löst das bisherige Marktanreizprogramm (MAP) ab und wird vom Bafa bearbeitet. Die bisherige Förderung für Einzelmaßnahmen wurde für die Sanierung beibehalten, während im Neubau Einzelmaßnahmen nicht mehr gefördert werden.

Die Bundesförderung für effiziente Gebäude besteht aus der Förderung für Einzelmaßnahmen BEG (EM) im Gebäudebestand sowie für effiziente Wohngebäude und Nichtwohngebäude BEG (WG/NWG). Für die KfW-Effizienzhaus-Förderprogramme ist die Einbeziehung eines **ENERGIEBERATERS** beziehungsweise einer Energieberaterin notwendig. Diese wird unabhängig von der Maßnahme staatlich gefördert. Da der Einsatz eines Energieberaters grundsätzlich erforderlich ist, soll hier auf dieses Thema nicht näher eingegangen werden.

Mit einer weiteren Reform ab dem 15. August 2022 wurden die bis dahin gültigen Fördermaßnahmen und Fördersätze geringfügig reduziert. Die wichtigsten Festlegungen sind in Kurzform:

Zukünftig wird für den Heizungstausch **KEIN ISFP-BONUS** (individueller Sanierungsfahrplan) mehr gewährt. Den iSFP gibt es weiter im Rahmen der Gebäudesanierung für Sanierungsarbeiten am Gebäude.

Der Austausch von funktionstüchtigen Gasheizungen wird mit **ZEHN PROZENT ZUSÄTZLICH** gefördert, wenn der Zeitpunkt der Inbetriebnahme mindestens 20 Jahre zurückliegt. Für den Austausch von funktionstüchtigen Öl-, Kohle- und Nachtspeicherheizungen gibt es zusätzlich einen Bonus von zehn Prozent. Beim

Austausch von Gasetagenheizungen wird der Bonus unabhängig vom Zeitpunkt der Inbetriebnahme gewährt. Nach dem Austausch darf das Gebäude nicht mehr mit fossilen Brennstoffen im Gebäude oder gebäudenah beheizt werden.

→ Laufend aktualisierte Informationen zu Förderungen rund um Hausbau und Sanierung finden Sie online unter test.de/haussanierung.

Beim Einsatz von Wärmepumpen wird zusätzlich ein **BONUS VON FÜNF PROZENT** gewährt, wenn als Wärmequelle Wasser, Erdreich oder Abwasser erschlossen wird.

Der Einbau einer Wärmepumpe als Einzelmaßnahme im **NEUBAU** wird nicht gefördert.

Es werden nur Wärmepumpen gefördert, die die festgelegten Effizienzkriterien erfüllen. Welche Wärmepumpen förderfähig sind, finden Sie in der **BAFA-LISTE** der Wärmepumpen mit Prüfzertifikat auf bafa.de, Stichworte: „Wärmepumpen" und „Prüf-/Effizienznachweis".

Wärmepumpen mit einem wassergeführten Wärmeverteilsystem müssen alle Energieverbräuche sowie die erzeugten Wärmemengen messtechnisch erfassen.

Allgemeine Fördervoraussetzungen

Förderfähig ist die Errichtung von effizienten Wärmepumpen im Gebäudebestand, wenn die Anlage zur überwiegenden Bereitstellung der Raumheizung, zur kombinierten Trinkwassererwärmung und Raumheizung sowie zur Wärmebereitstellung für Wärmenetze verwendet wird. Bei der **ERRICHTUNG VON ERDWÄRMESONDEN** gilt: Das Bohrunternehmen muss nach DVGW W120–2 zertifiziert sein und es muss vor Beginn der Bohrarbeiten eine verschuldensunabhängige Versicherung abgeschlossen werden.

Fristen und Zuständigkeiten

Der Förderantrag muss **VOR VORHABENSBEGINN** gestellt werden. Als dieser gilt der Abschluss eines der Ausführung zuzurechnenden Lieferungs- oder Leistungsvertrags. Planungsleistungen dürfen vor Antragstellung erbracht werden. Der Antrag kann online beim Bafa (bafa.de) oder über den Förderservice eines Herstellers gestellt werden. Maßgeblich für

DIE AKTUELLEN FÖRDERSÄTZE DER BEG EM IM ÜBERBLICK

	Austausch ineffiziente Heizung[1]		Austausch sonstige Heizung	
	Luft, Abluft	Erdreich, Grundwasser, Abwasser	Luft Abluft	Erdreich, Grundwasser, Abwasser
Wärmepumpe	35 %	40 %	25 %	30 %
EE-Hybrid: Wärmepumpe und Solarthermie	35 %	40 %	25 %	30 %
EE-Hybrid: Wärmepumpe und Biomasseheizung	30 %	35 %	20 %	25 %
EE-Hybrid: Wärmepumpe und Biomasseheizung	30 %	35 %	20 %	25 %

Anmerkung: [1]Funktionstüchtige Öl-, Kohle-, Nachtspeicher-, Gasetagen oder mindestens 20 Jahre alte Gaszentralheizung
Quelle: Förderratgeber BWP, August 2022

HIER GEHT ES WEITER: → BAFA.DE, SUCHE NACH „WÄRMEPUMPEN" UND „PRÜF-/EFFIZIENZNACHWEIS"

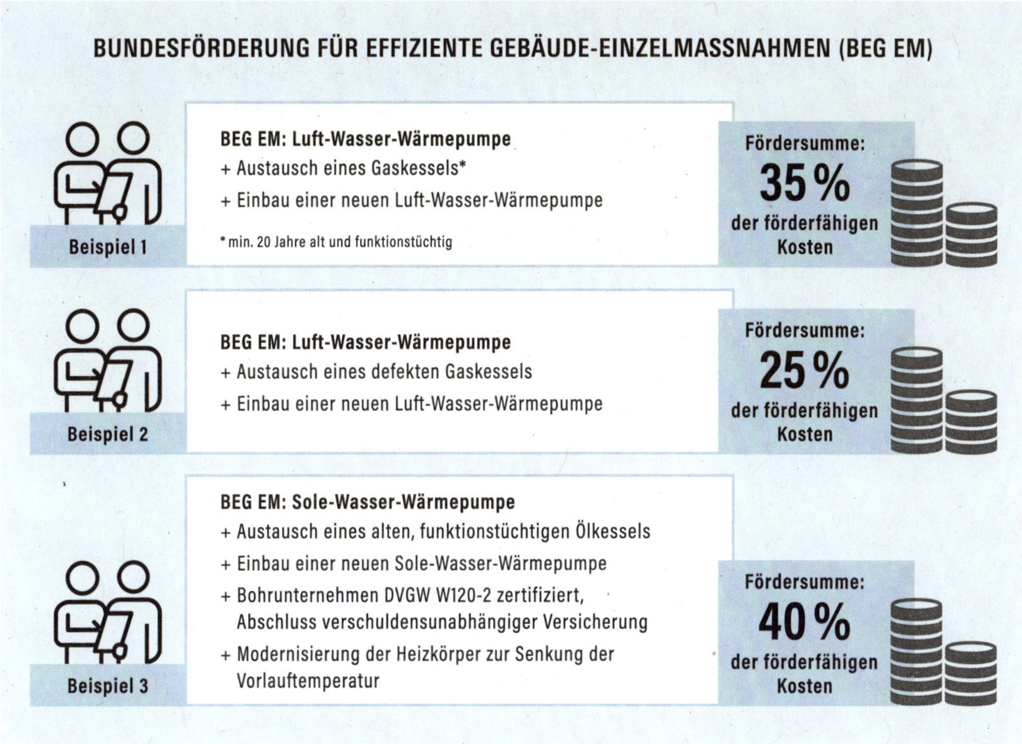

die Einhaltung der Antragsfrist ist das Eingangsdatum des Antrags beim Bafa.

Die meisten Hersteller leisten hierfür kostenlos die entsprechende Unterstützung. Andere Hersteller bieten gegen eine Vergütung sogar eine Fördergarantie an, die natürlich nur für die Produkte des Herstellers gilt. Nähere Informationen dazu finden Sie etwa unter foerder-service.de oder unter foerder-profi.de/ratgeber. Bei der Anmeldung wird nach der voraussichtlichen Investitionssumme gefragt. Hierbei ist es besser, statt der Angebotssumme des Installateurs die **MAXIMAL MÖGLICHE FÖRDERSUMME** zu beantragen, da keine Nachträge zugelassen werden. Förderanträge können nur für Gebäude gestellt werden, die älter als fünf Jahre sind. Wenn die Maßnahme abgeschlossen wird, ist unbedingt der **HYDRAULISCHE ABGLEICH** durchzuführen und zu dokumentieren. Für den Abruf der Fördermittel muss der Fachunternehmer eine **FACHUNTERNEHMERERKLÄRUNG** ausfüllen, welche gemeinsam unterschrieben werden muss. Die **SCHLUSSRECHNUNG** ist gemeinsam mit der Erklärung zum hydraulischen Abgleich und der Fachunternehmererklärung innerhalb der festgelegten Frist bei der Förderstelle hochzuladen.

Förderfähige Kosten

Zu den **FÖRDERFÄHIGEN KOSTEN** gehören die Anschaffungskosten der zu fördernden Anlage und die Kosten für die Installation, Inbetriebnahme, die Bauleitung sowie die Kosten für Maßnahmen im Umfeld, wie die Demontage und Entsorgung der Bestandsanlage, die Erschließung der Wärmequelle, den Austausch von Heizkörpern oder den Einbau von Flächenheizungen. Eine detaillierte Übersicht finden Sie auf der Bafa-Seite (bafa.de, Suche nach „Förderfähige Kosten Wärmepumpe").

Zur besseren Übersicht über die neuen Förderungen zur BEG Einzelmaßnahme finden Sie in der Grafik oben ein paar Rechenbeispiele.

HIER GEHT ES WEITER: → BAFA.DE, SUCHE NACH „FÖRDERFÄHIGE KOSTEN WÄRMEPUMPE"

Mögliche Fallstricke bei der Förderung

- Planen Sie die **FINANZIERUNG** der Maßnahme so, dass sie auch ohne Fördermittel finanziert werden kann! Es gibt keinen Rechtsanspruch, und Sie können Fördermittel nicht einklagen.
- Vergewissern Sie sich hundertprozentig, dass Sie den Handwerker erst nach Vorliegen der **EINGANGSBESTÄTIGUNG** durch das Bafa beauftragen!
- Kontrollieren Sie alle Termine und halten die **VORGEGEBENEN FRISTEN** unbedingt ein.
- Vergewissern Sie sich, dass Ihre Mails beziehungsweise Ihr Schriftverkehr auch zugestellt wurden.
- Vergessen Sie nicht, die Fördermittel in der vorgegebenen **FRIST** abzurufen!
- Falls Sie die Maßnahme nicht in der angegeben Frist realisieren können, dann versäumen Sie nicht, rechtzeitig **VERLÄNGERUNG** zu beantragen.
- Vergewissern Sie sich, dass die angebotene Wärmepumpe in der **PRÜFLISTE** des Bafa enthalten ist.
- Achten Sie streng darauf, dass bei Erdwärmesonden der Bohrunternehmer wie erforderlich qualifiziert ist und die schadensunabhängige **VERSICHERUNG** vorliegt (das ist eine Förderbedingung)!
- Lesen Sie den Zuwendungsbescheid gründlich und achten Sie auf eventuelle **AUFLAGEN** und das Kleingedruckte (für Freiberufler gibt es eventuell Kürzungen!).
- Verlassen Sie sich bei der Beantragung, Bearbeitung und dem Abruf von Fördermitteln nicht zu sehr auf den Installateur. Sie als Verbraucher möchten in den Genuss von Fördermitteln kommen, weshalb Sie sich auch konsequent darum kümmern müssen.
- Machen Sie alle Angaben sorgfältig und wahrheitsgemäß, da Sie bei falschen Angaben in den Verdacht eines Subventionsbetrugs geraten.
- Bevor Sie einen Förderantrag stellen, sollten Sie sich informieren, ob das beabsichtigte Förderprogramm, die Förderbedingungen und die förderfähigen Kosten dem aktuellen Stand entsprechen!

Da die Förderprogramme fortlaufend aktualisiert und geändert werden, müssen vor Antragstellung die aktuell geltenden Förderbedingungen unbedingt geprüft werden. Unter test.de/haussanierung finden Sie **LAUFEND AKTUALISIERTE INFORMATIONEN** zu Förderungen rund um Hausbau und Sanierung. Dort können Sie mit einem Rechner schnell ermitteln, welches Förderprogramm für Sie infrage kommt, und erhaltene einen schnellen Überblick über Höchstbeträge, Laufzeiten, Zinssätze und Tilgungszuschüsse.

Sie können sich auch auf den Internetportalen des Bafa oder der KfW informieren. Ebenfalls einfach und übersichtlich ist der unter waermepumpe.de herunterladbare „Wärmepumpen Förderratgeber" des Bundesverbands Wärmepumpe, der ständig aktualisiert wird.

Die hier aufgeführten möglichen Fallstricke beruhen auf langjährigen und vielfältigen Erfahrungen. Nehmen Sie die aufgeführten Punkte sehr ernst, denn Sie wären nicht der erste Verbraucher, die erste Verbraucherin, dem oder der Fördermittel wegen Formfehlern, Nichteinhaltung von Terminen oder Nichteinhaltung der Förderbedingungen verwehrt oder gekürzt würden. Wenn Ihnen das alles zu aufwendig und zu kompliziert sein sollte, ist es sicherer, etwas Geld in einen professionellen Förderservice zu investieren.

→ Stromversorgung für Wärmepumpen und Zusatzheizer: Um zu funktionieren, benötigen Wärmepumpenanlagen Strom. Dieser kann aus unterschiedlichen Quellen bezogen werden.

WAS ERFAHRE ICH?

Stromversorgung für Wärmepumpen

Elektrisch betriebene Wärmepumpen für Ein- und Zweifamilienhäuser gibt es in Ausführungen mit 230 Volt (Einphasenwechselstrom) und 400 Volt (Dreiphasen-Drehstrom). Die meisten Eigenheime verfügen über einen Drehstromanschluss. Ausschließlich einen Wechselstromanschluss haben meistens sehr kleine Gebäude, etwa Wochenendhäuser. Wärmepumpen mit kleiner Heizleistung gibt es in Ausführungen mit 230 und 400 Volt. Geräte mit größeren Heizleistungen ab etwa acht Kilowatt gibt es meistens in der 400-Volt-Ausführung. Angaben zu den elektrischen Daten finden Sie im Prospekt oder im technischen Datenblatt.

Die 230-Volt-Geräte zeichnen sich, ähnlich wie Haushaltsgeräte, durch eine relativ geringe elektrische Leistungsaufnahme, einen geringen Anlaufstrom und ihre netztechnisch relativ unkomplizierte Handhabbarkeit aus. Bei den Geräten mit größerer elektrischer Leistungsaufnahme ist der maximale Anlaufstrom von Bedeutung; denn wenn viele Wärmepumpen gleichzeitig in Betrieb gehen, könnte es zu großen Belastungen des Stromnetzes und daraus resultierenden Problemen kommen. Deshalb bestehen Netzbetreiber darauf, dass diese Wärmepumpen mit Sanftanlassern (Anlaufstrombegrenzer) ausgestattet werden.

Eine wichtige Rolle im Hinblick auf die Netzstabilität spielen auch der oder die Elektroheizeinsätze (auch als Elektroheizstäbe oder als elektrischer Zusatzheizer bezeichnet). Da diese Zusatzheizer in sehr unterschiedlichen Leistungsstärken in den Wärmepumpen enthalten sind, haben verschiedene Netzbetreiber in ihren technischen Anschlussbedingungen die elektrische Leistungsaufnahme des Zusatzheizers auf das Eineinhalbfache der elektrischen Anschlussleistung der Wärmepumpe begrenzt. Formell muss das Elektroinstallationsunternehmen des Verbrauchers die Wärmepumpe mit einem Datenblatt beim Energieversorgungsunternehmen (EVU) anmelden. Der Elektroanschluss der Wärmepumpe erfolgt dann entsprechend den technischen Anschlussbedingungen (TAB) des EVU. Grundsätzlich gibt es folgende Möglichkeiten des Strombezugs für eine Wärmepumpe:

- → Die Wärmepumpe wird über das Hausstromnetz zum Normaltarif betrieben.
- → Sie beziehen für die Wärmepumpe Sonderstrom über einen Sonderstromzähler.
- → Ihre Heizung soll besonders umweltfreundlich und CO_2-frei sein. Deshalb entscheiden

Sie sich für Wärmeerzeugung mit grünem Strom.

- Sie möchten Ihre Wärmepumpe so viel wie möglich mit Photovoltaikstrom betreiben.

BETRIEB ÜBER DAS HAUSSTROMNETZ

Der Betrieb der Wärmepumpe über den Normalstromtarif ist zwar etwas teurer, hat aber den Vorteil, dass die Wärmeversorgung gerade am Abend nicht durch Sperrzeiten unterbrochen wird. Sperrzeiten für Sonderstrom bedeuten, dass die Stromversorgung der Wärmepumpe in diesen Zeiten unterbrochen ist und die Wärmepumpe weder heizt noch warmes Wasser bereitet. Diese Variante ist für sehr gut gedämmte Eigenheime mit geringem Endenergiebedarf besonders geeignet, vor allem in Kombination mit einer Photovoltaikanlage. In Gebäuden, welche nur mit Plattenheizkörpern ausgestattet sind und in denen kein großer Puffer und Warmwasserspeicher installiert werden können, sollte besser der Normaltarif gewählt werden, da sonst in den Sperrzeiten mit Komforteinbußen gerechnet werden muss.

BETRIEB ÜBER SONDERSTROM

Die Elektroversorgungsunternehmen bieten den Wärmepumpenbetreibern Sonderstromtarife analog etwa zu Nachtspeicheröfen an. Die Sonderstromtarife liegen je nach Stromanbieter vier bis sechs Cent unter dem Normaltarif. Der Energieversorger behält sich allerdings vor, die Stromversorgung bis zu dreimal zwei Stunden am Tag zu unterbrechen. Meistens liegen die Unterbrechungen nur an Wochentagen (in den Elektroenergiespitzenzeiten) ungefähr eine Stunde in der Mittagszeit und etwa eineinhalb Stunden am Abend. In dieser Zeit erscheint dann im Display der Wärmepumpe „EVU-Sperre", was bedeutet, dass die Stromversorgung für die Wärmepumpe unterbrochen ist. Bei einer Fußbodenheizung spürt man das kaum, aber bei Heizkörpern und bei der Warmwasserbereitung kann es in den Abendstunden schon knapp werden. Mit großen Speichern können die Sperrzeiten relativ gut überbrückt werden.

Der Sonderstrombezug erfolgt jedoch über einen separaten **SONDERSTROMZÄHLER**, für den eine monatliche Zählergebühr (je nach Anbieter um die sechs Euro) berechnet wird. Deshalb lohnt sich gerade bei Gebäuden mit sehr geringen Stromverbräuchen der Sonderstromtarif nicht wirklich. Ideal wäre die Nutzung von Photovoltaikstrom, wenn dieser zur Verfügung steht und in den anderen Zeiten die Wärmepumpe über den Sonderstrom gespeist wird. Obwohl es seitens der Bundesnetzagentur keine Einschränkungen dazu gibt, machen die Energieversorger hier ihre eigenen Regelungen und lassen diese Betriebsweise nicht zu. Der Wärmepumpenbetreiber muss sich also entweder für Photovoltaik- und Normalstrom oder für Sonderstrom entscheiden.

BETRIEB MIT ÖKOSTROM

Ökostrom lässt sich rein physikalisch nicht von konventionellem Strom unterscheiden und dessen Fluss sich auch nicht nachverfolgen. Das hat unter anderem damit zu tun, dass viele unterschiedliche Erzeuger wie Wasser-, Gas-, Kohle-, Atom- und Blockheizkraftwerke (BHKW), Wind- und Photovoltaikanlagen in das Stromnetz einspeisen. Entscheidend ist aber nicht, woher der Verbraucher den Strom bezieht, sondern wo er erzeugt und wie er auf vertraglicher Ebene gehandelt wird. Für den Bezieher von Ökostrom wird deshalb im Vertrag garantiert, dass der Verkäufer regenerativen Strom entweder selbst erzeugt oder einkauft, wie es dem Verbrauch des Kunden entspricht. Der Verbraucher kann dabei davon ausgehen, dass der Mehrwert für Ökostrom auch den Produzenten für Ökostrom zugutekommt und dem Erhalt und Ausbau von regenerativen Kraftwerken dient. Zum Vergleich: Die Preise in der Region Aue lagen im Oktober 2022 für 2500 Kilowattstunden im Normaltarif bei 840 Euro und für Ökostrom je nach Anbieter zwischen 1100 und 1152 Euro.

WICHTIG: Als Verbraucher sollten Sie darauf achten, dass der Verkäufer die erforderlichen Herkunfts- beziehungsweise Erzeuger- und die Ökostromzertifizierung nachweist. Vor dem Abschluss eines Vertrags sollten Sie das Ökostromlabel des Anbieters prüfen. Strenge Kriterien legen zum Beispiel das Ok-Power-Label oder das Grüner-Strom-Label an. Empfehlens-

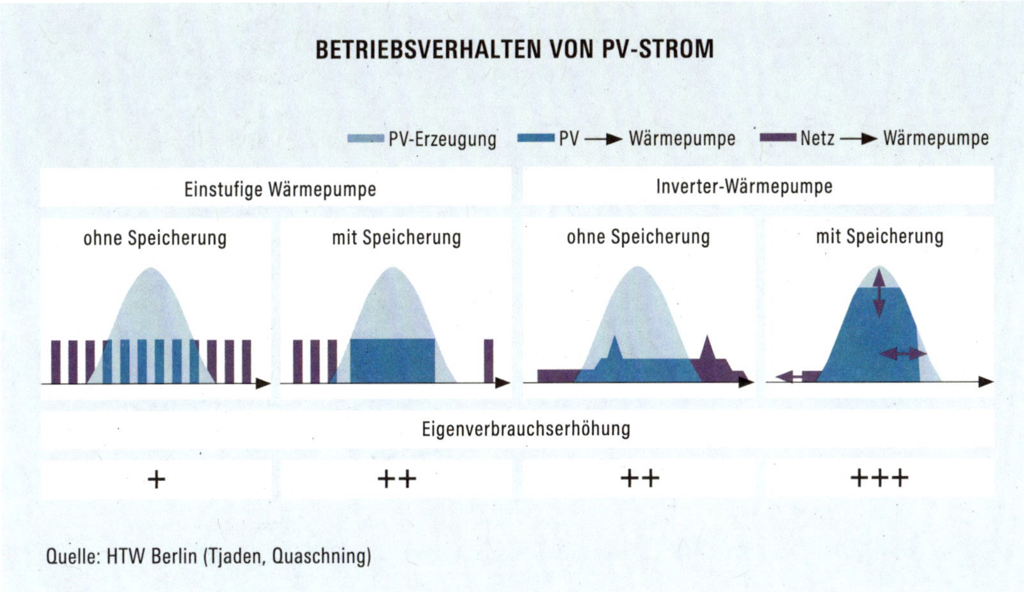

Betriebsverhalten von PV-Strom bei On/off-Wärmepumpen, Inverter-Wärmepumpen und Batteriespeichern

werte Tarife findet man unter anderem auf der Seite des Freiburger Öko-Instituts ecotopten.de/strom/oekostrom-tarife. Auch über Vergleichsportale oder über einen Wechselservice kann man nach Ökostromtarifen suchen.

BETRIEB MIT PHOTOVOLTAIK

Kombinationen aus Wärmepumpe und Photovoltaikanlage werden immer beliebter. Gute Gründe dafür sind unter anderem:

- → Energiekostensenkung durch Eigenstromnutzung
- → Erhöhung der Eigenverbrauchsquote von Photovoltaikstrom
- → Speicherung von Überschussstrom in Form von Wärme im Estrich, Puffer-/Warmwasserspeicher
- → Zusätzliche Speicherung in Form von Wärme durch automatische Temperaturanhebung beziehungsweise gezielte Zuschaltung, wenn Photovoltaikstrom nicht anders genutzt werden kann
- → Erhöhung der Unabhängigkeit bei zukünftigen Preiserhöhungen
- → Optimierung der Photovoltaiknutzung durch leistungsgeregelte Wärmepumpen (siehe Abbildung oben)
- → weitere Optimierung des PV-Stromeigenverbrauchs durch Batteriespeicher
- → Anrechnung des Photovoltaikstroms zur Erreichung der Energieeffizienzklasse 40plus (siehe „Förderungen", Seite 171)

Falls Sie die Wärmepumpe mit Strom aus einer Photovoltaikanlage betreiben wollen, sollten Sie beachten, dass die meisten Wärmepumpenregler so programmiert werden können, dass, sobald eine bestimmte Leistung an der Photovoltaikanlage anliegt, im Wärmepumpenregler automatisch eine **ÜBERHÖHUNG DER SOLLTEMPERATUR** für die Fußbodenheizung, den Puffer- und den Warmwasserspeicher erfolgen kann (siehe Seite 51). Wichtig: Der Wechselrichter der Wärmepumpe muss das erforderliche Signal (MODBUS RTU-Schnittstelle, SunSpec-kompatibler Wechselrichter) geben können, ansonsten müsste obendrein in ein Zusatzmodul (Energiezähler) investiert werden. Der Energiezähler wird auf die elektrische Leistungsaufnahme der Wärmepumpe eingestellt (zum Beispiel auf 2,5 Kilowatt), damit sie sich erst einschaltet, wenn genügend Photovoltaikstrom für die Wärmepumpe von der PV-Anlage anliegt. **MODULIERENDE WÄRMEPUMPEN** wirken sich günstig auf die Eigenstromquote

HIER GEHT ES WEITER: → ECOTOPTEN.DE/STROM/OEKOSTROM-TARIFE

ELETKROUNTERZÄHLER INSTALLIEREN

Lassen Sie für die Wärmepumpe einschließlich Elektrozusatzheizstab einen geeichten Elektrounterzähler installieren. Wird bei Ihnen ein intelligenter Stromzähler (Smartmeter) installiert, kontrollieren Sie regelmäßig den Verbrauch der Wärmepumpe und vergleichen ihn mit dem Unterzähler. Smartmeter können auch **MESSFEHLER** haben. Bei den meisten Smartmetern lässt sich die momentane Leistungsaufnahme ablesen (bei manchen muss das erst über einen Code aktiviert werden). Vergleichen Sie die elektrische Leistungsaufnahme, wenn nur die Wärmepumpe läuft, mit der elektrischen Leistungsaufnahme der Wärmepumpe einschließlich Wärmepumpenregler und Pumpen laut Datenblättern mit dem Zählerwert. Vergleichen Sie die elektrische Leistungsaufnahme des Stromzählers auch, wenn die Wärmepumpe nicht arbeitet.

Wärmepumpenregler haben manchmal eine zu hohe elektrische Leistungsaufnahme im Standby-Betrieb. Falls die erzeugte Wärmemenge für Heizung und Warmwasser nicht über den Wärmepumpenregler erfasst wird, lassen Sie je einen **WÄRMEMENGENZÄHLER** für Heizung und Warmwasserbereitung installieren. Stellen Sie größere Abweichungen als die Messtoleranzen der Zähler fest, sollten Sie den Fehler prüfen lassen.

aus, da sie bei der Heizleistung im unteren Modulationsbereich mit einer niedrigeren elektrischen Leistungsaufnahme (und mit geringereM Anlaufstrom) starten. Die meisten Wärmepumpen verfügen über eine **SG-READY-SCHNITTSTELLE**, mit der auch bei einer eigenen Photovoltaikanlage die Eigenstromnutzung optimiert werden kann. Die Regelung einer mit einem SG-Ready-Label aus-gezeichneten Wärmepumpe ermöglicht die Einbindung der Wärmepumpe in ein intelligentes Stromnetz, wo die Wärmepumpe zukünftig auch zum Lastausgleich dienen soll.

Bei der Einbindung der Wärmepumpe in ein intelligentes Stromnetz vernetzt der Energiemanager der PV-Anlage Wärmepumpe und PV-Anlage digital und übernimmt die Kommunikation zwischen der Wärmepumpenregelung und dem Wechselrichter der PV-Anlage. Deshalb ist es wichtig, dass der Wechselrichter das erforderliche Signal für die betreffende Wärmepumpe bereitstellen kann.

Zusatzheizer

Zusatzheizer (auch als Elektroheizstäbe bezeichnet) sind in vielen Kompaktwärmepumpen oder in Puffer- und Warmwasserspeichern enthalten und manchmal Fluch und Segen.

Die Elektrozusatzheizung wird benötigt, wenn die Wärmepumpe ab dem Bivalenzpunkt (meistens minus fünf Grad Celsius) die Wärmeversorgung nicht mehr allein abdecken kann und dann parallel oder alternativ die Wärmeversorgung übernimmt. Dies geschieht meistens bei einer Luft-Wärmepumpe, da die Heizleistung mit dem Absinken der Außentemperatur ebenfalls abnimmt.

Zusatzheizer kommen auch dann zum Einsatz, wenn die Wärmepumpe es allein nicht schafft, das warme Wasser zur Legionellenbekämpfung auf 60 Grad Celsius aufzuheizen, oder wenn die Wärmepumpe ausfällt und nicht sofort repariert werden kann.

Außerdem werden sie benötigt, wenn die Außentemperatur für längere Zeit unter die Normaußentemperatur abfällt und wenn die Wärmepumpe außerhalb ihrer Einsatzgrenze liegt, etwa unter minus 20 Grad Celsius und über 35 Grad Celsius Außentemperatur bei Luft-Wärmepumpen. Sie dienen auch zum Funktionsheizen des Estrichs mit Erdwärme. Kontrollieren Sie unbedingt regelmäßig die Betriebsstunden der Elektrozusatzheizung und achten Sie darauf, dass sie nicht unkontrolliert und unnötig in Betrieb geht. Versuchen Sie, den Bivalenzpunkt so weit wie möglich in den Minusgradbereich zu verlegen. Lassen Sie den

Elektroheizstab mit separaten Sicherungen anschließen. Falls er nicht benötigt wird, nehmen Sie die Sicherungen heraus. Falls es die technischen Anschlussbedingungen erlauben, lassen Sie den Elektrozusatzheizstab mit über den Sonderstrom laufen. Falls Sie eine Photovoltaikanlage installieren lassen, ist es besser, die Elektroheizstäbe im Puffer- und Warmwasserspeicher ebenfalls über PV-Strom zu betreiben. Damit wird gleichzeitig Ihre Wärmequelle (Erdsonde/Erdkollektor) entlastet. Fordern Sie den Installateur oder den Elektriker generell auf, an der Anlage einen Elektrostromlaufplan (siehe Abbildung unten) und einen Klemmenplan zu hinterlegen. Die Bezeichnung und der Sitz der Temperaturfühler sind auf dem Hydraulikplan und Elektroplan zu kennzeichnen. Stromzähler sollten mindestens monatlich kontrolliert und mit den Vorjahren verglichen werden.

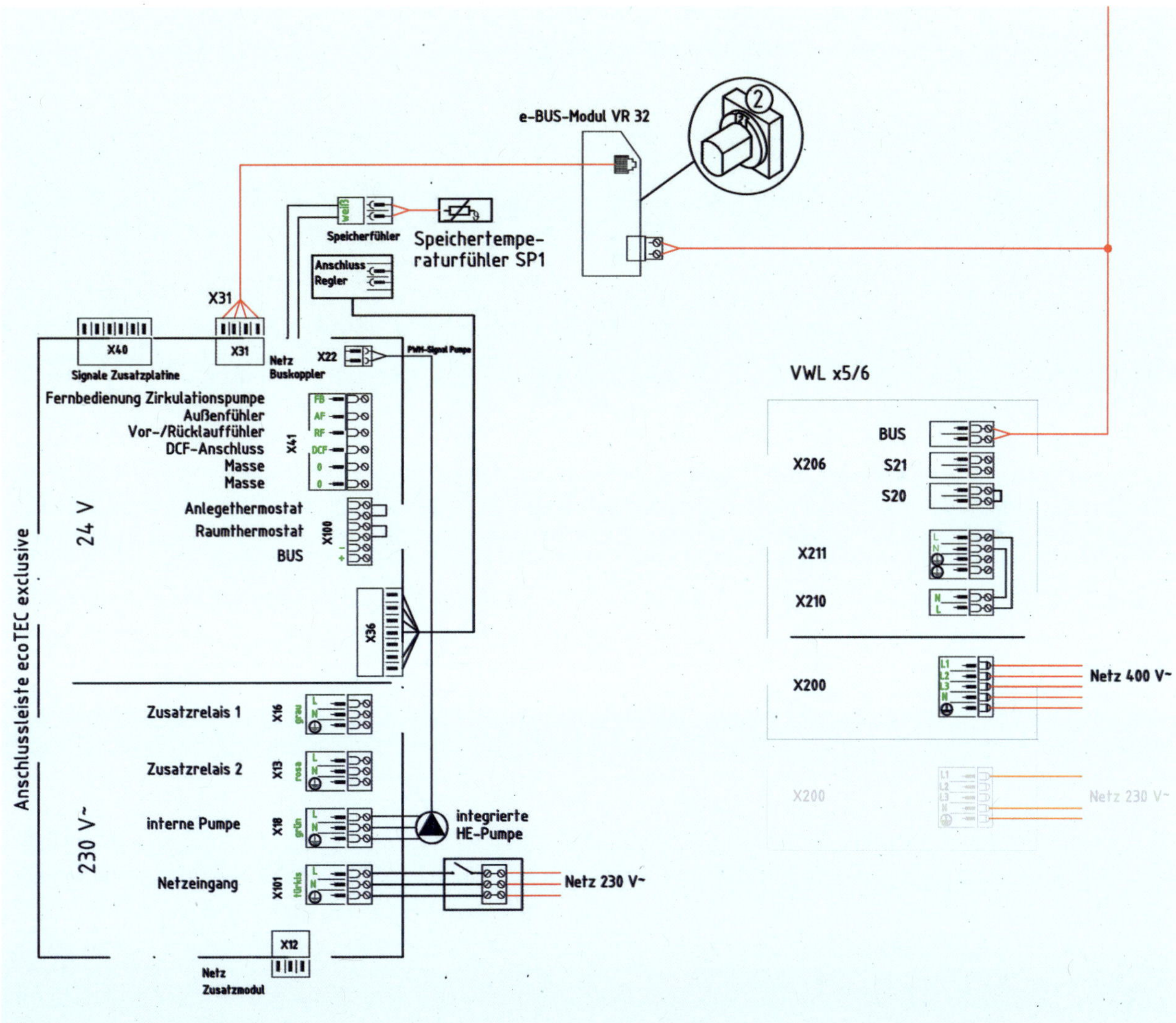

Aus dem Elektroplan kann der Servicetechniker entnehmen, wo der Netzanschluss für Steuerung, Verdichter, Pumpen, Fühler und Ferndatenübertragung erfolgt.

INBETRIEBNAHME UND WARTUNG: FEHLER VERMEIDEN

7

Und jetzt geht es endlich los. Was Sie zum gelungenen Start der Wärmepumpenanlage beitragen können und wie Sie dafür sorgen, dass die Anlage effizient und störungsfrei läuft, erfahren Sie hier im letzten Kapitel.

→ **Bei der Inbetriebnahme:** Nun ist es endlich so weit: Ihre neue Wärmepumpenheizung soll in Betrieb genommen werden. Damit der Start bei Ihnen reibungslos gelingt, können Sie einige Vorkehrungen treffen.

WAS ERFAHRE ICH?

Die Inbetriebnahme einer Wärmepumpe erfolgt entweder über den Kundendienstmonteur des Installateurs oder über den Werkskundendienst des Herstellers. Kleinere Unternehmen oder „Einzelkämpfer" haben oft keine Kundendienstmonteure (auch als Kundendiensttechniker, Servicemonteur oder technischer Dienst bezeichnet) angestellt. Entweder sind sie selbst in der Lage, die Inbetriebnahme durchzuführen, oder sie bedienen sich der Kundendiensttechniker befreundeter Firmen beziehungsweise greifen auf den Werkskundendienst des Herstellers zurück. Die Inanspruchnahme von Fremdleistungen ist legitim und unter Umständen auch wirtschaftlicher als ein nicht ausgelasteter, hoch dotierter eigener Kundendienstmonteur. Allerdings kann die Terminkoordinierung herausfordernd sein, vor allem wenn die Inbetriebnahme bei niedrigen Außentemperaturen stattfinden soll.

Vor dem Anruf beim Installateur

Zunächst muss man unterscheiden, wer die Inbetriebnahme ausführt. Kleine Unternehmen oder Unternehmen ohne Qualifizierung für Kälteanlagen lassen die Inbetriebnahme vom Werkskundendienst machen, vor allem bei Kältemittel-Split-Anlagen. Wenn der Werkskundendienst kommt, muss alles vorbereitet sein, sonst reist er wieder ab und man erhält eine saftige Rechnung für An- und Abfahrt. Eigene ausgebildete und qualifizierte Techniker machen in der Regel alles selbst. In diesem Fall verlegt der Elektriker nur die Kabel, und der Kundendienstmonteur klemmt dann an und macht die Inbetriebnahme.

Bevor der Werkskundendienstmonteur also angefordert wird, sollten folgende Punkte sorgfältig geprüft werden:

→ Ist die Wärmepumpe vollständig nach dem Plan des Herstellers elektrisch angeschlossen (einschließlich Fühler)?

→ Wurde die Wärmepumpe sowohl quellenseitig als auch heizungsseitig nach dem Hydraulikplan des Herstellers angeschlossen?

→ Liegen der Hydraulikplan und der Elektroanschlussplan der Anlage vor?

→ Ist die Anlage VDI-gerecht und nach den Anforderungen des Herstellers quellenseitig und heizungsseitig befüllt?

- Wurde eine Druckprobe/Dichtheitskontrolle der Wärmequelle und der Wärmesenke durchgeführt und protokolliert?
- Wurde die Anlage fachgerecht entlüftet?
- Liegt das vom Estrichleger unterzeichnete Estrichprotokoll vor?
- Ist bei Luft-Wärmepumpen genug Wärmeenergie für den Abtauprozess vorhanden?
- Gibt es genügend Wärmeenergieabnahme für eine lange Laufzeit (zum Beispiel im Hochsommer)?
- Fällt die Inbetriebnahme nicht mit dem Beginn eventueller Sperrzeiten zusammen?
- Ist ein Monteur des Installateurs mit anwesend?
- Wer soll nach erfolgreicher Inbetriebnahme in die Anlage eingewiesen werden?

Beim Bestandsgebäude sind die Bauherren in der Regel anwesend. Im Neubau erfolgt die Inbetriebnahme zunächst für das Estrichheizen. Die Einweisung und Übergabe finden meistens erst statt, wenn die Bauherren eingezogen sind.

Die Inbetriebnahme der Wärmepumpe erfolgt dann durch den Kundendienstmonteur entweder anhand einer Checkliste oder eines im Regler hinterlegten Inbetriebnahmeprogramms. Im Wärmepumpenregler sind zunächst die Standardeinstellungen (werkseitige Grundeinstellungen) hinterlegt, die dann auf die individuellen Wünsche der Nutzer eingestellt werden.

Bei der Inbetriebnahme werden im Wärmepumpenregler zahlreiche Parameter konfiguriert und an die vorhandene Wärmepumpenheizungsanlage angepasst. Wichtige Parameter sind etwa die aktuelle Typenbezeichnung, Hersteller- und Gerätenummer, Softwarestand des Wärmepumpenreglers, Anlagenschema/Hydraulikplan, Anzahl und Art der Heizkreise, Anzahl und Art der Umwälzpumpen, Heizkurve, Schaltzeiten, Bivalenzpunkt, zweiter Wärmeerzeuger (Elektroheizstäbe), Solltemperaturen und vieles mehr.

Die vorgenommenen Einstellungen werden anschließend in einem Inbetriebnahme-/Abnahmeprotokoll eingetragen. Bei den meisten Anlagen erfolgt dies nicht mehr in Papierform, sondern wird elektronisch als Datei hinterlegt. Diese Dateien können je nach Hersteller inzwischen mehr als 50 Seiten umfassen. Wichtig ist, dass dieser Datenstand einschließlich der Einstellungen der Umwälzpumpen, welche sich außerhalb der Wärmepumpe befinden, vom Werkskundendienst für den Betreiber und den Installateur dokumentiert wird. Damit ist zum Beispiel nachweisbar, wie die Anlage übergeben wurde. Das ist dann wichtig, wenn der Betreiber nachträglich Einstellungen ändert, die einen hohen Verbrauch verursachen.

Die anschließende Einweisung des Betreibers besteht in der Regel aus zwei Teilen. Der erste Teil umfasst dabei die Peripherie der Anlage, und im zweiten Teil wird der Betreiber in die Bedienung des Wärmepumpenreglers eingewiesen.

Einweisung des Betreibers in die Anlagenperipherie

Zur Peripherie der Wärmepumpe gehören Speicher, Thermometer, außen liegende Umwälzpumpen, Mischer, Manometer, Ausdehnungsgefäße, Sicherheitsventile und weitere Komponenten. Wichtig sind hierbei unter anderem der Heizungsanlagendruck und bei Erdwärmeanlagen der Soledruck, welcher vom Betreiber regelmäßig kontrolliert werden sollte. Dabei gibt es einige wichtige Punkte zu beachten:

Der **HEIZUNGSANLAGENDRUCK** wird auf die statische Förderhöhe der von der Wärmepumpe aus am höchsten gelegenen Heizfläche im Gebäude eingestellt. Dabei entsprechen zehn Meter Wassersäule einem Druck von einem Bar. Befindet sich beispielsweise der am höchsten gelegene Badheizkörper in zwölf Metern Höhe, so ist der Anlagendruck auf 1,2 bar plus zwei Zehntel Sicherheitsvorlage, also 1,4 bar, einzustellen. Der Vordruck im Ausdehnungsgefäß ist ebenfalls anzupassen, da die Gefäße meistens mit höheren Vordrücken geliefert werden. Bei den meisten Ein- und Zweifamilienhäusern liegt der Heizungsanlagendruck bei 1,5 bis 1,8 bar. Der Installateur stellt ihn meistens höher auf 2 bis 2,3 bar (kurz

Das Manometer einer Heizungsanlage, wie viele es kennen

unterhalb des Ansprechdrucks für das Sicherheitsventil ein, siehe Foto oben), weil er davon ausgeht, dass sich bei Betriebsbeginn noch Luft in der Anlage befindet. Diese entweicht über automatische Entlüfter oder die Entlüftung eines Heizkörpers, sodass der Anlagendruck dann wieder fällt.

Wird die Anlage dann immer wieder bis kurz unter dem Ansprechdruck des Sicherheitsventils (2,5 bar) gefüllt, kann das Ausdehnungsgefäß die bei der Erwärmung des Wassers entstehende Druckerhöhung nicht mehr ausgleichen. Der Druck steigt, und das Sicherheitsventil beginnt anzusprechen. Da sich dieser Vorgang langsam vollzieht und das Sicherheitsventil dabei nur zu tröpfeln anfängt und bei Druckabfall wieder schließt, bekommt der Laie dies kaum mit. Sinkt die Vorlauftemperatur Tage später wieder, weil es draußen wärmer geworden ist, fällt der Druck am Manometer ab. Man vermutet, dass sich irgendein Leck in der Anlage befindet, und füllt wieder auf den zu hohen Druck nach.

Dieser häufig vorkommende Fehler lässt sich leicht vermeiden, wenn der Anlagendruck von vorneherein richtig eingestellt wird. Falls Sie selbst die Anlage nachfüllen wollen, denken Sie daran, dass die Wärmepumpenanlage nur mit VDI-gerecht aufbereitetem Wasser befüllt werden darf, vor allem, wenn Sie in einer Gegend wohnen, in der das Trinkwasser relativ hart ist. Der Füllschlauch, welcher nach dem Auffüllen wegen der Gefahr, dass Heizungswasser bei Unterdruck ins Trinkwassernetz zurückströmen kann, wieder entfernt werden muss, ist vor dem Befüllen vollständig mit Wasser zu füllen, damit über den Füllschlauch keine neue Luft ins Heizungsnetz gelangen kann.

Der **SOLEDRUCK** wird nach Angabe des Wärmepumpenherstellers meistens auf 3 bar eingestellt. Fällt der Soledruck unter 2,5 bar ab, informieren Sie am besten Ihren Heizungsbauer. In manchen Anlagen ist ein Soledruckwächter integriert, welcher die Anlage dann ab einem Druck unter 1,2 bar (je nachdem, wie er eingestellt ist) automatisch abschaltet. Die Einhaltung des Heizungsanlagendrucks und des Soledrucks ist für einen störungsfreien und sicheren Betrieb der Wärmepumpenanlage eine wichtige Voraussetzung und muss vom Betreiber der Anlage regelmäßig kontrolliert werden.

Einweisung des Betreibers in den Wärmepumpenregler

In der Bedienebene des Betreibers gibt es je nach Hersteller eine Reihe von Menüpunkten, über die Einstellungen vorgenommen und relevante Informationen abgelesen werden können. Die wichtigsten Einstellungen im Wärmepumpenregler – und zwar unabhängig vom Fabrikat –, die durch den Betreiber geändert werden können, und die wichtigsten Betriebsdaten, welche regelmäßig abgelesen und ausgewertet werden sollten, werden nachstehend aufgeführt und erläutert.

BETRIEBSART

Bei den meisten Wärmepumpenreglern kann man zwischen den Betriebsarten „Heizung und Warmwasser", „Party", „Sommerbetrieb" oder „Nur Warmwasser", „Ferienprogramm", „2. Wärmeerzeuger", „Absenkbetrieb", „Aus" oder „Frostschutz" wählen. Das Umschalten auf eine andere Betriebsart ist meistens sehr einfach, wird aber trotzdem aus Unkenntnis oder Leichtfertigkeit oft nicht genutzt. Wird vergessen, von „Heizung und Warmwasser" auf „Sommerbetrieb" oder „Nur Warmwasser" umzuschalten, läuft die Heizung an zwischenzeitlich kühlen Tagen trotzdem bis zur Außentemperatur-Abschaltgrenze weiter, obwohl das Gebäude noch aufgeheizt ist und am nächsten Tag schon wieder angenehme Temperaturen gemeldet sind. Das führt zu längeren Laufzeiten und höheren Energiekosten.

Bei der Einstellung „Party" werden alle Zeitprogramme außer Betrieb gesetzt. Das „Ferienprogramm" schaltet die Wärmepumpe auf „Frostschutzbetrieb" oder „Absenkbetrieb". Hier ist es sinnvoll, den Normalbetrieb einen Tag vor der Heimreise zu aktivieren, da Fußbodenheizungen sehr träge sind. Das lässt sich selbstverständlich auch über die entsprechende Steuerungs-App auf dem Smartphone einstellen. Die Betriebsart „2. Wärmeerzeuger" ist für den Störfall als Notbetrieb gedacht.

RAUMSOLLTEMPERATUR

Die Raumsolltemperatur ist eine gedachte Größe, die sich über die Heizkurve unmittelbar auf die Vorlauftemperatur der Anlage auswirkt. Da sich der Heizwärmebedarf nicht proportional zur Gebäudekennlinie verhält, muss vor allem im Frühjahr und im Herbst (in der Übergangszeit) mithilfe der Raumsolltemperatur über die Heizkurve eine Korrektur der Vorlauftemperatur vorgenommen werden. Erfolgt dies nicht, erzeugt die Wärmepumpe in bestimmten Zeiten höhere Vorlauftemperaturen, als benötigt werden – was mit einer Effizienzeinbuße einher geht.

SCHALTZEITEN

Schaltzeiten können für einzelne Heizkreise, die Speicherbeladung, den Warmwasserbetrieb und die Warmwasserzirkulationspumpe eingestellt werden. Im Wohnbereich ist es vorteilhaft, einen durchgängigen Heizbetrieb einzustellen beziehungsweise keine Nachtabsenkung vorzunehmen. Ausnahmen bilden

Einweisung des Betreibers der Wärmepumpenanlage durch den Installateur

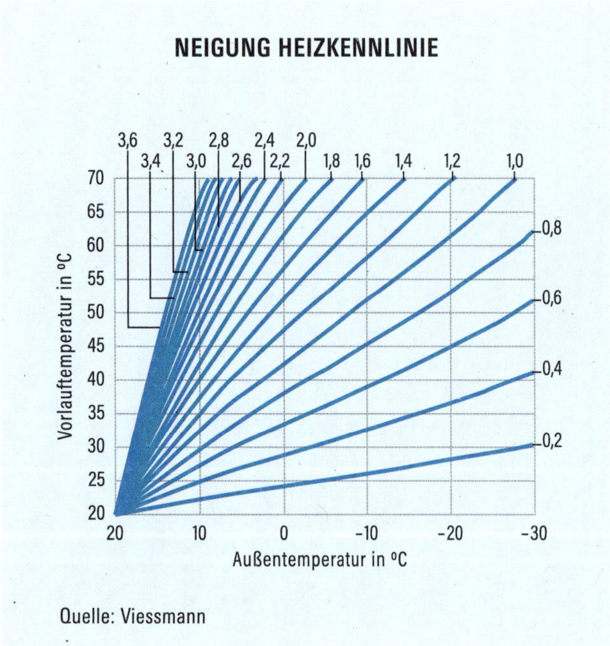

Heizkennlinie für einen Heizkreis mit Mischer

Geschäftsräume an Wochenenden, die Warmwasserbereitung oder die Kombination mit einer Photovoltaikanlage. Bei Luftwärmepumpen ist es effizienter, die Warmwasserbereitung auf Zeiten mit höherer Außentemperatur zu verlegen (vorausgesetzt, der Warmwasserspeicher ist ausreichend dimensioniert). Ist eine Photovoltaikanlage zur Eigenstromnutzung vorhanden, ist es vorteilhafter, zwischendurch abzusenken und in Zeiten mit Photovoltaikertrag überhöhte Sollwerte einzustellen. Wer über genügend Zeit und Lust verfügt, kann die Anpassung der Betriebszeiten an Zeiten von Photovoltaiküberschuss auch über eine entsprechende App im Smartphone vornehmen.

AUSSENTEMPERATUR-ABSCHALTGRENZE

Im Neubau wird die Temperatur, ab der das Gebäude beheizt werden muss, im Energieausweis laut Gebäudeenergiegesetz (GEG) ausgewiesen. Gut gedämmte Gebäude müssen häufig erst ab zehn oder zwölf Grad Celsius beheizt werden. Bei Bestandsgebäuden können es auch 15 Grad Celsius oder mehr sein. Die Klimaregion, in der sich das Gebäude befindet, und das individuelle Behaglichkeitsempfinden beeinflussen diesen Punkt ebenfalls. Wird die Außentemperatur-Abschaltgrenze zu hoch eingestellt, verlängern sich die Betriebsstunden der Wärmepumpe, und der Energieverbrauch steigt. So passiert es, dass die Wärmepumpe zu spät abschaltet und es gerade bei einer Fußbodenheizung durch die Trägheit zur Überbeheizung kommt.

WARMWASSER-SOLLTEMPERATUR

Im Ein- und Zweifamilienhaus wird eine Warmwassertemperatur von 50 Grad Celsius empfohlen. Höhere Temperaturen werden nur benötigt, wenn längere Zeit – etwa im Urlaub – keine Warmwasserentnahme erfolgt. Zu Zeiten, in denen Photovoltaikstrom zur Verfügung steht, ist es vorteilhaft, die Temperatur auf die maximal mögliche Höhe zu bringen und den Warmwasserspeicher mit als Speicher zur Erhöhung der PV-Eigenverbrauchsquote zu nutzen. Bei Temperaturen über 60 Grad Celsius (möglich durch den Elektroheizstab) ist ein Verbrühungsschutz mittels Beimischventil vorzusehen.

HEIZKENNLINIE

Die Heizkennlinie (Heizkurve, siehe Abbildung Seite links) ist so einzustellen, dass im Referenzraum (Wohnzimmer oder Bad) bei voll geöffneten Regelventilen die gewünschte Raumtemperatur gerade erreicht wird. Das kann mithilfe der Steilheit (Neigung der Heizkurve), mit der Parallelverschiebung oder bei manchen Wärmepumpenreglern auch über den Fußpunkt oder die Raumsolltemperatur erfolgen. Dabei sollten Sie eher mit niedrigen Einstellwerten beginnen und Schritt für Schritt erhöhen, bis das gewünschte Ergebnis erreicht ist. Die Neigung der Heizkurve ist abhängig von der Auslegung der Heizflächen und dem Wärmebedarf der einzelnen Räume.

Im gut gedämmten Neubau und bei richtig ausgelegter Flächenheizung kann eine Neigung von 0,2 bis 0,4 eingestellt werden. Bei Fußbodenheizungen mit Auslegung VL/RL

45/38 Grad Celsius liegt die Neigung der Heizkurve bei 0,5 bis 0,6. Bei Heizkörpern mit VL/RL 70/55 Grad Celsius liegt die Heizkurve bei 1,6 und bei VL/RL 55/45 Grad Celsius etwa bei 1,2 bis 1,4. Hat man die richtige Einstellung der Neigung gefunden, muss sie nicht mehr geändert werden. Erforderliche Korrekturen werden dann mithilfe der Parallelverschiebung und der Verschiebung des Fußpunktes beziehungsweise der Raumsolltemperatur vorgenommen.

MERKE: Je flacher die Heizkurve eingestellt werden kann, umso besser ist der COP.

Heizkennlinien gibt es je nach Hersteller mit unterschiedlichen Funktionen und Darstellungen. Die meisten Heizkennlinien regeln die Vorlauftemperatur in Abhängigkeit von der Außentemperatur. Einzelne Hersteller bevorzugen die Regelung der Rücklauftemperatur. Bei den meisten Regelungen kann die mit einer bestimmten Neigung gewählte Heizkennlinie parallel verschoben werden. Bei anderen wiederum kann der Fußpunkt verschoben werden, was vorrangig Veränderungen der Vorlauftemperatur in der Übergangszeit (10 bis 15 Grad Celsius Außentemperatur) bewirkt. Wenn der Regler über eine Heizkurvenadaption verfügt, erfolgt die Korrektur der Heizkurve über einen im Referenzraum angeordneten Fühler.

THERMISCHE DESINFEKTION (LEGIONELLENSCHALTUNG)

Die meisten Wärmepumpen (außer Hochtemperatur-Wärmepumpen) erreichen ohne den zweiten Wärmeerzeuger (Elektroheizstab) keine Warmwassertemperaturen von 60 Grad Celsius und darüber. Deshalb gibt es in den Wärmepumpenreglern den Menüpunkt „Thermische Desinfektion", über den der Elektroheizstab aktiviert wird und bis zur gewünschten Warmwassersolltemperatur beispielsweise von 60 Grad Celsius in Betrieb ist. Viele Betreiber stellen die thermische Desinfektion einmal wöchentlich am Freitag ein, da sie an diesem Tag die Badewanne befüllen. Es gibt im Ein- und Zweifamilienhausbereich (bei Kleinanlagen im Sinne DVGW-Arbeitsblatt W551) keine konkrete Festlegung, wann die Legionellenschaltung aktiviert werden muss. Wird dem Warmwasserspeicher täglich viel Wasser entnommen, wird die Gefahr einer Legionellenbildung deutlich verringert. Sollten Sie ein paar Tage verreisen oder länger in den Urlaub fahren, sollte die thermische Desinfektion in Betrieb genommen werden.

BIVALENZPUNKT

Mit dem Bivalenzpunkt legen Sie fest, bei welcher Außentemperatur der zweite Wärmeerzeuger zugeschaltet wird. Zu beachten ist dabei, auf welche Betriebsweise die Anlage ausgelegt wurde. Meistens werden monoenergetische Anlagen so ausgelegt, dass der Bivalenzpunkt bei minus fünf Grad Celsius liegt. Eine Verschiebung in den Plusgradbereich verschlechtert bei einer monoenergetischen Anlage die Jahresarbeitszahl. Je später der Elektroheizstab zugeschaltet werden muss, desto besser ist die Jahresarbeitszahl.

INTERNETSCHNITTSTELLE

Die meisten Wärmepumpenregler können über ein in der Wärmepumpe vorhandenes oder ein zusätzliches Übertragungsmodul mit einer App des Herstellers auf dem Smartphone, über eine Internetverbindung mit dem Hersteller und dem Installateur verbunden werden. Der überwiegende Teil der Betreiber erteilt dafür seine Zustimmung, wonach der Hersteller eine Garantieverlängerung von zwei auf fünf Jahre oder mehr gewährt. Dies ist nicht nur wegen der Garantieverlängerung, sondern auch wegen eines besseren Services und einer besseren Kontrolle über den effizienten Betrieb der Wärmepumpenanlage sinnvoll. Tritt zum Beispiel ein Fehler auf, so erhält der Installateur eine Mail, um welchen Fehler laut Fehlercode es sich handelt. Bei einer trägen Fußbodenheizung kann es somit passieren, dass der Installateur schneller über die Störung informiert ist, als der Betreiber selbst es bemerkt.

→ **Betrieb, Inspektion, Wartung und Service:** Fehler im Betrieb schlagen bei einer Wärmepumpenanlage schnell deutlich zu Buche, weshalb den Inspektionen und der Wartung große Bedeutung zukommt.

WAS ERFAHRE ICH?

Wärmepumpen arbeiten in aller Regel sehr zuverlässig, effizient und wartungsarm. Aber natürlich können auch beim Betrieb einer Wärmepumpenanlage Fehler passieren. Solche Fehler wirken sich im Gegensatz zu Öl- und Gasheizungen jedoch weitaus gravierender auf den Verbrauch aus.

Betrieb einer Wärmepumpe

Zahlreiche technische Faktoren können ebenso wie das Verhalten des Betreibers die Effizienz der Anlage mehr oder weniger stark beeinflussen. Es lohnt sich daher, in regelmäßigen Abständen (wöchentlich oder mindestens monatlich) folgende Punkte zu kontrollieren:

- → Stromzähler Wärmepumpe und Stromzähler Haushaltsstrom
- → Warm- und Kaltwasserzähler
- → Wärmemengenzähler oder Umweltertrag (falls vorhanden)
- → JAZ Heizen, JAZ Warmwasser, JAZ gesamt
- → Betriebsstunden Verdichter, bei On/off-Wärmepumpen Anzahl der Einschaltungen
- → Betriebsstunden zweiter Wärmeerzeuger
- → Vor- und Rücklauftemperatur
- → Wärmequelle Ein- und Austritt
- → Temperatur Warmwasserspeicher
- → Betriebsstunden Warmwasserladepumpe
- → Heizungsanlagendruck, Soledruck

Viele Betreiber tragen die Daten in eine Excel-Tabelle ein und vergleichen die Werte mit den Vorjahren. Neue Wärmepumpenregler speichern viele Daten direkt im Regler, wo der Betreiber in einer Übersicht schnell und einfach die Werte nach Tag, Woche oder Monat abrufen kann. Je nach Hersteller ist das auch über die entsprechende App möglich.

Anhand dieser Daten können Sie Fehler schnell erkennen, eventuell korrigieren oder den Servicetechniker anfordern. Bei den meisten Wärmepumpen kann man in der Fachbetriebsebene des Reglers darüber hinaus eine Fülle weiterer Daten einsehen, zu deren Verständnis und Bewertung jedoch spezielle Fachkenntnis erforderlich ist.

Inspektion, Wartung und Service – Allgemeines

Ausfälle und Störungen bei Wärmepumpen sind gegenüber Öl- und Gasanlagen eher selten zu verzeichnen. Man kann auch hier wieder den Kühlschrank als Vergleich heranziehen. Wann und wie oft haben Sie einen Servicetechniker für Ihren Kühlschrank benötigt?

Doch wenn zum Beispiel **FEHLER IM KÄLTEKREIS**, etwa Kältemittelverluste, auftreten, können diese wochenlang unbemerkt bleiben, da die Heizung und die Warmwasserbereitung immer noch funktionieren. Dass die Anlage einen schlechten Wirkungsgrad hat, bekommt man als Nutzer in diesem Fall nicht unbedingt gleich mit – und im schlimmsten Fall erst bei der nächsten Energieabrechnung.

Um das Thema richtig bewerten zu können, ist es zunächst erforderlich, die Strukturen und den Ablauf beim Kundendiensteinsatz und bei den Inspektions- und Wartungsarbeiten für Wärmepumpenanlagen näher zu betrachten.

Wärmepumpen sind ein komplexes, technisch hoch ausgereiftes Gefüge mit Hauptbestandteilen aus Kältetechnik, Regelungstechnik, Elektrotechnik und Heizungstechnik. Diese Technik wird bekanntlich von Heizungs- und Sanitärinstallateuren, Kälte- und Klimafirmen oder Elektroinstallateuren installiert. Es kommt eher selten vor, dass eines dieser Gewerke die Berufe der anderen Gebiete vollumfänglich mitbeherrscht oder insgesamt anbietet. Dazu sind die Fachgebiete zu speziell und zu verschieden. Ausnahmen bilden gut ausgebildete Servicetechniker oder Firmen, die zum Beispiel für alle Gewerke (Heizung/Sanitär, Elektroinstallation und Kälteanlagen) Fachkräfte angestellt haben oder die Eintragung in die Handwerksrolle besitzen.

Je nach Größe des Herstellers kann der Service unterschiedlich organisiert sein. Die großen, renommierten Hersteller haben bundesweit ihre eigenen Kundendienstmonteure beziehungsweise -techniker (für Inbetriebnahme und Service), die in der Regel gut und umfassend ausgebildet sind. Aber auch sie haben inzwischen Probleme, Personal zu finden. Andere Hersteller suchen sich regionale Installateure aus, welche ihre Produkte vertreiben, und qualifizieren diese zu Servicepartnerunternehmen. Das funktioniert zum Teil sehr gut. Für die Wartung gilt Ähnliches. Verschiedene Hersteller bieten einen Vollservice in Verbindung mit einer Garantieverlängerung bis zu zehn Jahren und mehr an. Des Weiteren gibt es Handwerksfirmen, die ausschließlich Dienstleistungen für Reparatur- und Wartungsarbeiten an Öl- und Gasfeuerungen und Wärmepumpen anbieten. Kleinere Wärmepumpenhersteller haben ihren eigenen Kundendienst, der in der Regel regional begrenzt ist.

Geht eine Wärmepumpe in Störung, so ruft der Betreiber normalerweise zunächst die Firma an, welche die Anlage geliefert und installiert hat. Ausnahmen bilden Vollserviceverträge der Hersteller direkt mit dem Wärmepumpenbetreiber, die einen Stördienst beinhalten. Kommt der Servicemonteur des Installateurs dann beispielsweise zu dem Schluss, dass der Fehler im Kältekreis liegen muss, kann es sein, dass ein Heizungsbauer einen Kältetechniker oder umgekehrt hinzuziehen muss. Für den Verbraucher ist das ärgerlich, da in diesem Fall zwei Rechnungen auf ihn zukommen.

Was die Inbetriebnahme betrifft, so können die Heizungs- und Sanitärinstallateure bei **KOMPAKT-WÄRMEPUMPEN** auf den Kältetechniker weitestgehend verzichten, da der Kältekreislauf eine in sich geschlossene Einheit darstellt. Das ist auch der Grund, warum die Tendenz hin zu mehr Kompakt-Wärmepumpen geht. Bei Luft/Kältemittel-Split-Wärmepumpen erfolgt die Verbindung zwischen Außen- und Inneneinheit über Kältemittelleitungen, die nur mit einem entsprechenden Sachkundenachweis gefüllt und geprüft werden dürfen. Bei der Auswahl des Installateurs sollten solche Fragen also eine Rolle spielen. Für Wartungsarbeiten ist generell (egal ob Kompakt- oder Kältemittel-Split-Wärmepumpe) der entsprechende **SACHKUNDENACHWEIS** erforderlich.

Bei Wärmepumpen im Ein- und Zweifamilienhaus reicht es aufgrund der geringen Kältemittelmenge aus, wenn der Fachhandwerker den Sachkundenachweis gemäß ChemKlimaschutzV Kategorie IV (Dichtheitsprobe ohne Eingriff in den Kältekreis) besitzt.

Inspektion

Um eine Inspektion handelt es sich, wenn geprüft wird, ob die Wärmepumpe dem Sollzustand entspricht. Mit anderen Worten: Diese Tätigkeit entspricht einer Funktionskontrolle, wobei der Istzustand festgestellt und dokumentiert wird. Entspricht die vorgenommene Beurteilung dem Sollzustand, werden keine Instandhaltungsarbeiten erforderlich.

→ Achten Sie darauf, dass das Kältemittel Ihrer Wärmepumpe umweltfreundlich und nachhaltig ist.

Wartung

Der Wartung einer Wärmepumpe geht in der Regel eine Inspektion voraus. Werden beschädigte oder verschlissene Bauteile festgestellt, erfolgen die Reparatur oder der Austausch der Teile, um den Sollzustand wiederherzustellen und die Funktionssicherheit zu garantieren. Zum Wartungsumfang gehören aber auch vorbeugende Maßnahmen, damit ein langfristiger, effizienter und störungsfreier Betrieb gewährleistet wird.

Ähnlich wie bei der Einweisung des Betreibers unterteilt sich der Wartungsumfang in einen allgemeinen, die Wärmepumpe umgebenden und einen spezifischen Teil, der die Wärmepumpe selbst betrifft.

Zu den **ALLGEMEINEN WARTUNGSARBEITEN** gehören:

- Sichtkontrolle der Baugruppen und Rohrleitungen auf Beschädigungen, Leckagen und Verschmutzungen
- Überprüfung der Ausdehnungsgefäße, Sicherheitsventile, Mischer und Umwälzpumpen
- Kontrolle der Schmutzfänger, Magnetabscheider, Rückschlagventile, Umschaltventile
- Überprüfung des Heizungsanlagendrucks und des Vordrucks der Ausdehnungsgefäße

WARTUNGSARBEITEN AN DER WÄRMEPUMPE, unabhängig von der Art der Wärmepumpe und vom Hersteller:

- Sichtkontrolle des Kältekreislaufes auf Ölspuren
- Prüfung des Kältemittelkreislaufes auf Undichtigkeiten mittels Gaswarnspürgerät
- Kontrolle der Mindestvolumenströme
- Prüfung der Temperaturdifferenzen am Verflüssiger und Verdampfer
- Kontrolle der elektrischen Verbindungen
- Erfassung und Kontrolle relevanter Daten und Vergleich mit den Vorjahren (wie Betriebsstunden, Stromzähler, Wasserzähler, Wärmemengenzähler, Arbeitszahlen, Temperaturen Wärmequelle und Wärmesenke)
- Prüfung der elektrischen Anlage durch eine Elektrofachkraft
- Einstellungen Wärmepumpenregler

Bei vielen Wärmepumpenreglern ist es möglich, dass Hersteller und Installateur mit einer entsprechenden Software über eine Internetverbindung (bei Zustimmung des Betreibers) Zugriff auf den Wärmepumpenregler erhalten und ausgewählte Daten einsehen können. Damit werden eine Kontrolle und Auswertung relevanter Daten per **FERNDIAGNOSE** dauerhaft und schnell möglich. Die Entwicklung zielt darauf hin, dass der Betreiber und der Installateur bei Sollwertabweichungen von Effizienzkriterien zeitnah informiert werden und die erforderlichen Maßnahmen eingeleitet werden können (automatisches Monitoring).

Bei **SOLE/WASSER-WÄRMEPUMPEN** sind zusätzlich weitere Kontrollen vorzunehmen, die die folgenden Punkte betreffen:

- Solevolumenstrom
- Temperaturspreizung
- Betriebsstunden Soleumwälzpumpe
- Reinigung Schmutzfänger
- Solekonzentration und -druck, Soleausdehnungsgefäß

- → Verlauf Soletemperaturen
- → Kontrolle Soledruckwächter
- → Kontrolle Soleverteiler auf Undichtigkeiten und Einstellung der Taco-Setter

Bei **LUFT-WÄRMEPUMPEN** müssen die im Folgenden aufgeführten Arbeiten zusätzlich ausgeführt werden:

- → Kontrolle des Verdampfers auf Beschädigungen und Beseitigung von Verschmutzungen
- → Geräuschüberprüfung der Rundlauflüfter
- → Kontrolle und Reinigung des Kondensatablaufs
- → Prüfung, ob die Wärmepumpe waagerecht steht
- → Kontrolle Verbindungsleitung bei Außenaufstellung

WASSER/WASSER-WÄRMEPUMPEN erfordern ebenfalls zusätzliche Kontrollen, im Einzelnen:

- → Prüfung des Volumenstroms des Brunnenwassers
- → Reinigung des Schmutzfängers
- → Kontrolle des Rückschlagventils
- → Messung der Brunnenwasserein- und -austrittstemperatur
- → Sichtkontrolle des Brunnenwassers auf Verunreinigungen
- → Sichtkontrolle von Saug- und Schluckbrunnen
- → Reinigung des Zwischen-Wärmeübertragers (falls vorhanden)
- → Kontrolle von Fördermenge und Leistungsaufnahme der Tauchpumpe
- → Kontrolle des Betriebstagebuchs der Brunnenanlage

Wer wartet meine Wärmepumpe?

Bei der Entscheidung darüber, wen Sie mit der Wartung Ihrer Wärmepumpenanlage betrauen wollen, sollten Sie folgende Punkte bedenken:

Bei den meisten Herstellern ist die **GARANTIE** an eine jährliche Wartung gebunden. Erkundigen Sie sich vorher nach den Garantiebedingungen. Denken Sie auch daran, dass viele Hersteller bei einer Ferndatenübertragung den Garantiezeitraum erheblich verlängern.

Der Hersteller beziehungsweise das Installationsunternehmen sollten in der Lage sein, Ihre Anlage über viele Jahre zu betreuen. Verfügt der Hersteller über einen Werkskundendienst in Ihrer Nähe und kann erforderlichenfalls auch Wartungsarbeiten und Reparaturen durchführen? Hat der Installateur eigene Kundendiensttechniker mit Sachkundenachweis Dichtheitsprobe für kältetechnische Anlagen?

Falls Sie keinen Wartungsvertrag abschließen, müssen Sie in der Lage sein, die Effizienz der Wärmepumpe anhand der Daten im Wärmepumpenregler selbst auszulesen, zu beurteilen und die Anlage zu optimieren. Anderenfalls wird eine schleichende Effizienzverschlechterung eventuell erst mit einer überhöhten Stromrechnung sichtbar.

Berücksichtigen Sie, dass es aufgrund der demografischen Entwicklung und des Fachkräftemangels zunehmend schwieriger wird, eine Servicefirma zu binden. Installationsfirmen bevorzugen im Störfall Kunden, die einen Wartungsvertrag abgeschlossen haben.

Achten Sie darauf, dass das **KÄLTEMITTEL** Ihrer Wärmepumpe umweltfreundlich und nachhaltig ist. In den vergangenen Jahren hat es diesbezüglich fortschreitende Verschärfungen gegeben, was bis zur teuren Austauschpflicht umweltgefährdender Kältemittel führen kann.

Fehlersuche und Behebung, Service

Wenn Ihre Wärmepumpe ausfällt, sollten Sie, bevor Sie den Kundendiensttechniker anfordern, folgende Schritte unternehmen:

Überzeugen Sie sich, ob sich die Wärmepumpe nicht in der Sperrzeit befindet.

Prüfen Sie, ob im Sicherungskasten keine Sicherung ausgelöst hat beziehungsweise ob Spannung für den Wärmepumpenregler, den Verdichter und/oder den zweiten Wärmeerzeuger anliegt.

Schauen Sie nach, ob der Heizungsanlagendruck und der Soledruck richtig eingestellt sind. Kontrollieren Sie Ihre Heizungsanlage und Ihre Soleleitungen einschließlich Verteiler auf Undichtigkeiten. Prüfen Sie, ob der Soledruckwächter ausgelöst hat.

VORSICHT: Füllen Sie die Heizung nur mit Wasser nach, das die Anforderungen in der Montageanleitung des Herstellers erfüllt. Achten Sie darauf, dass sich im Füllschlauch keine Luft befindet und Sie den Druck nur auf den benötigten Druck einstellen (siehe Seite 183).

Die **SOLEFLÜSSIGKEIT** darf auf keinen Fall mit Wasser nachgefüllt werden. Dies kann unter Umständen zum Auffrieren des Verdampfers und Totalschaden der Wärmepumpe führen. Verwenden Sie nur die gleiche Soleflüssigkeit, die bei der Erstbefüllung eingesetzt wurde. Fordern Sie im Zweifel besser die Hilfe des Installateurs an.

Kontrollieren Sie im Wärmepumpenregler, ob ein Fehler signalisiert wird. Lesen Sie den Fehlerspeicher komplett aus und dokumentieren Sie die Fehler. Wird ein Fehler angezeigt, suchen Sie den Fehlercode in der Bedienungsanleitung. Dort sollten Sie eine Anleitung zur Behebung des Fehlers finden oder einen Hinweis, ob Sie einen Kundendiensttechniker anfordern müssen.

Zeigt Ihre Wärmepumpe den Fehler „**HOCHDRUCKSTÖRUNG**" an, dann deutet das auf zu wenig Abnahme hin. Prüfen Sie, ob genügend Heizkreise bei der Flächenheizung oder genügend Heizkörper geöffnet sind.

Wird der Fehler „**NIEDERDRUCKSTÖRUNG**" angezeigt, prüfen Sie, ob bei der Wärmequelle alles in Ordnung ist. Bei Sole/Wasser- und Wasser/Wasser-Wärmepumpen könnten die Schmutz- und Schlammabscheider verunreinigt sein. Prüfen Sie bei einer Luft-Wärmepumpe, ob der Verdampfer frei von Eis und Schmutz ist.

VORSICHT: Spritzen Sie den Luft-Wärmeübertrager (Verdampfer) nicht mit Wasser ab. Die Lamellen am Wärmeübertrager sind sehr dünnwandig, sie können bei unsachgemäßer Reinigung schnell beschädigt werden. Außerdem kann Spritzwasser die Elektrik und Elektronik beschädigen. Überlassen Sie solche Tätigkeiten also besser dem Fachmann.

Lässt sich ein Fehler im Regler nach Beseitigung der Ursache nicht zurücksetzen, kann es manchmal helfen, die Sicherung für die Steuerspannung kurz herauszunehmen. Sollte der Fehler mehrfach auftreten, fordern Sie unbedingt den Kundendienst an.

Viele Dinge lassen sich mit dem Installateur auch über Bildschirmkommunikation oder Ferndiagnose klären und beheben. Wichtig dabei ist, dass Sie einen Installateur gewählt haben, der über Servicetechniker verfügt oder selbst mit Wärmepumpen vertraut und natürlich während der Geschäftszeiten auch erreichbar ist.

Wenn Sie nicht sicher sind, dass Sie die vorangestellten Hinweise allein abarbeiten können, sollten Sie im Zweifelsfall immer einen Fachmann konsultieren.

Führen die angegebenen Schritte nicht zum Erfolg, sollte ein Kundendiensttechniker angefordert werden. Legen Sie sich dazu unbedingt die Herstellernummer oder die Gerätenummer, das Baujahr und den Ansprechpartner bereit. Falls Sie Fehlercodes ausgelesen haben, teilen Sie dem Kundendiensttechniker diese mit. Hinterlassen Sie Namen, Anschrift und Telefonnummer und wann und wie Sie erreichbar sind. Geben Sie einen Hinweis auf die Dringlichkeit: zum Beispiel „kein Warmwasser" oder „Kaltanlage" … Wenn Sie die Störung telefonisch gemeldet haben, notieren Sie sich, wann und mit wem Sie telefoniert haben. Melden Sie die Störung sicherheitshalber noch einmal parallel per E-Mail.

Häufige Fehler und Fallstricke

Die Wärmepumpe selbst ist das stärkste Glied einer Wärmepumpenanlage (siehe Grafik Seite 193). Störungen an einer Wärmepumpenanlage sind bezogen auf die hohe Zahl installierter Anlagen eher gering. Oft sind es auch nur Einstellungsfehler, die sich verhältnismäßig leicht und ohne großen Aufwand beheben lassen. Fehler und Störungen treten vor allem bei der Wärmequelle und bei der Wärmesenke auf. Die überwiegende Zahl dieser Fehler kann durch sorgfältige Planung vermieden werden.

Die häufigsten Fehler bei der **WÄRMEQUELLE**:

→ Die Wärmequelle wurde zu gering dimensioniert.

- Der Volumenstrom ist zu gering oder zu groß.
- Die Solepumpe ist zu groß ausgelegt und falsch eingestellt.
- Der Schmutzfänger fehlt oder ist verschmutzt.
- Die Sonden werden unterschiedlich durchströmt.
- Die Solekonzentration ist zu gering.
- Es ist kein Soleverteiler vorhanden.

Bei der **SOLE/WASSER-WÄRMEPUMPE** tauchen diese Fehler immer wieder auf:
- Der Mindestheizwasservolumenstrom ist nicht gesichert.
- Die On/off-Wärmepumpe taktet zu viel.
- Es findet keine Umschaltung von Sommer- auf Winterbetrieb statt.
- Der Wärmepumpenregler ist falsch eingestellt (zu hohe Heizkurve, zu hohe Außentemperaturabschaltgrenze).
- Der zweite Wärmeerzeuger ist häufig in Betrieb.

Bei **WASSER/WASSER-WÄRMEPUMPEN** können zusätzlich folgende Probleme auftreten:
- Der Brunnenwasservolumenstrom ist viel zu hoch.
- Die Tauchpumpe ist überdimensioniert.

Als mögliche Probleme bei **LUFT-WÄRMEPUMPEN** kommen dazu:
- Nachbarn klagen über Lärmbelästigung.
- Der Kondensatablauf ist nicht frostsicher ausgeführt.

Bei der **WÄRMEÜBERGABE** treten oftmals die nachstehenden Fehler auf:
- Der Speicher ist falsch ausgelegt.
- Die Sicherheitsventile sind nicht über die Ausblaseleitung an die Entwässerung angeschlossen.
- Die Umwälzpumpen sind auf maximal gestellt.
- Die Schichtung im Speicher ist gestört.
- Die Hydraulik wurde nicht nach dem Herstellerschema ausgeführt.
- Die Isolation von Pumpen, Flanschen und Verschraubungen ist mangelhaft.

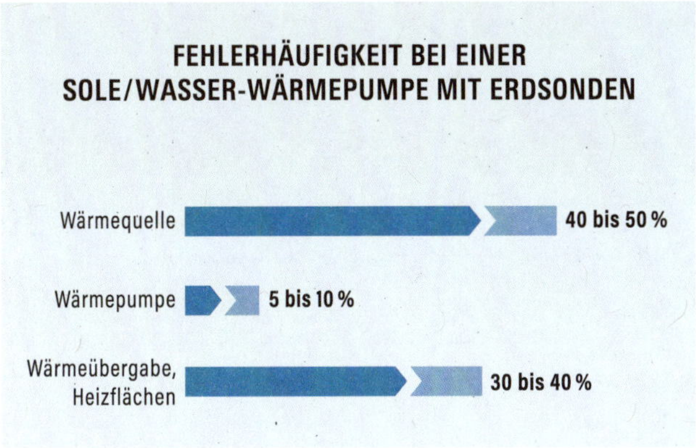

- Der Warmwasserspeicher ist zu gering dimensioniert.

Häufige Fehler bei den **HEIZFLÄCHEN** sind:
- Der hydraulische Abgleich fehlt.
- Die Auslegung der Heizflächen hat nur überschlägig stattgefunden.
- Die Beläge (zum Beispiel Parkett) wurden bei der Auslegung nicht berücksichtigt.
- Kleine Bäder ohne Zusatzheizflächen, die zunächst noch zu installieren sind.
- Große Badvorleger und Teppiche erfordern eine höhere Vorlauftemperatur.
- Es befindet sich Luft in den Heizflächen.

Probleme erkennen und lösen

Wenn Sie bisher nur Bekanntschaft mit Heizungsanlagen auf Basis von Gas-, Öl- oder Festbrennstoffkesselanlagen oder über eine Fernwärmestation gemacht haben, sollten Sie sich bei einer Wärmepumpenheizungsanlage auf folgende Änderungen einstellen:

Wärmepumpenanlagen werden in der Regel auf die berechnete **HEIZLAST OHNE WIEDERAUFHEIZLEISTUNG** ausgelegt. Eine Überdimensionierung wie bei fossilen Brennstoffen gibt es nicht. Das bedeutet, dass keine Leistungsreserven vorhanden sind, um eine schnelle Aufheizung vorzunehmen. Deshalb soll bei Wärmepumpen auch keine Nachtabsenkung oder Betriebsunterbrechung (außer in Kombination mit Photovoltaikanlagen) vorgenommen werden. Bei einer Nachtabsenkung müsste die Wärmepumpe das Wärmedefizit mit einer höheren Vorlauftemperatur ausgleichen, was einen schlechteren COP zur Folge hätte. Auch das Aufheizen des Warmwassers auf die gewünschte Solltemperatur dauert dann länger.

Auch wenn Sie in Ihrem Eigenheim bisher beispielsweise mit einem 130- oder 160-Liter-**WARMWASSERSPEICHER** gut zurechtgekommen sind, kann bei einer Wärmepumpe diese Größe nicht mehr ausreichen, um Ihre Badewanne zu füllen. Das liegt daran, dass im Ein- und Zweifamilienhaus die Warmwassertemperatur bei einer Wärmepumpe anstatt auf 60 Grad Celsius wie bei Gas und Öl der Effizienz wegen nur auf 50 Grad Celsius eingestellt wird.

Insbesondere bei Neubauten von Bauträgern passiert es verhältnismäßig häufig, dass die **SANITÄRAUSSTATTUNG** im Standard geplant und angeboten wird. Werden bei der Bemusterung dann Dreieckbadewannen oder Armaturen mit großen Wassermengen (Regenbrause, Duschspaß …) ausgewählt, reicht der für die Standardausstattung bemessene Warmwasserspeicher oftmals nicht mehr aus, um die höheren Warmwasseranforderungen zu erfüllen. Wird das nicht beachtet, ist der Ärger somit vorprogrammiert.

Auch an der Spüle wird die neue Warmwassertemperatur von 50 Grad Celsius häufig als viel zu niedrig empfunden. Hier ist es oft vorteilhafter, die Warmwasserbereitung an der Spüle dezentral mit einem **UNTERTISCHSPEICHER** zu realisieren.

Um die Vorlauftemperatur möglichst niedrig zu halten, werden Handtuchheizkörper (auch als Handtuchtrockner bezeichnet) meistens mit der Flächenheizung betrieben. Um damit die Restleistungen zur Abdeckung der Heizlast bei niedrigen Vorlauftemperaturen zu sichern, werden diese **BADHEIZKÖRPER** sehr groß ausgelegt. Natürlich trocknen die Handtücher auch bei Vorlauftemperaturen um die 30 Grad Celsius mit der Zeit, aber viele Betreiber wünschen sich dafür höhere Temperaturen. Das ist möglich, wenn ein solcher Heizkörper zusätzlich mit einer Elektroheizpatrone ausgestattet wird.

Bei **KLEINEN BÄDERN**, die zwei Außenwände und große Fenster haben, reicht die Fußbodenfläche oft nicht aus, um mit niedrigen Vorlauftemperaturen den Wärmebedarf abzudecken. Wenn große Badheizkörper dann komplett mit Handtüchern behängt sind und zusätzlich ein raumgreifender Badteppich ausgelegt wird, werden die gewünschten Temperaturen im Bad nicht mehr erreicht. In einem solchen Fall sollte möglichst eine Wand oder auch die Decke zusätzlich mit Heizflächen versehen werden.

Viele Eigenheime werden komplett wärmepumpenfreundlich mit **FUSSBODENHEIZUNG** ausgestattet. Bei 65 Millimetern Estrichdicke kann es Stunden dauern, bis die gewünschte Raumtemperatur erreicht wird. Noch länger dauert es, wenn Räume mit zwölf Millimetern Parkett oder Belägen mit geringer Wärmeleitfähigkeit ausgestattet werden. Auch in diesem Fall können zusätzliche Heizflächen in Form von Wand- oder Deckenheizung hilfreich sein.

Die meisten Wärmepumpenanlagen werden mit **SONDERSTROM** betrieben, die an **SPERRZEITEN** gebunden sind. Wenn gerade am Abend etwa zwischen 17:45 Uhr und 19:15 Uhr die Wärmepumpe eineinhalb Stunden nicht in Betrieb ist und danach mit der Warmwasserbereitung beginnt, wird die Heizung schnell einmal für zwei Stunden unterbrochen. Bei gut gedämmten Gebäuden und Fußbodenheizung mit 65 Millimetern Heizestrich merkt man das kaum. Handelt es sich um ein weniger gut gedämmtes Gebäude mit Heizkörpern, kann es dann schon einmal „frisch" werden. Mit einem großen Pufferspeicher kann man das sicher ein wenig abmildern. Die Anlage in diesem Fall mit Normal- und eventuell Photovoltaikstrom zu unterstützen wäre in diesem Fall die bessere Lösung.

Wenn Sie es gewohnt sind, neben der **NACHTABSENKUNG** zusätzlich das Heizkörperthermostat zurückzudrehen, so müssen Sie Ihr Heizverhalten mit der Wärmepumpe umstellen. Ihre Heizkörper werden mit der Wärmepumpe bei effizienter Betriebsweise mit niedrigeren Vorlauftemperaturen betrieben, beispielsweise anstatt 65 Grad Celsius Vor-

Die Wartungsarbeiten übernimmt üblicherweise der Installateur. Handelt es sich um komplexere Problemfälle, muss unter Umständen der Werkskundendienst des Herstellers konsultiert werden.

lauf nur noch mit 50 Grad Celsius und in der Übergangszeit mit 40 Grad Celsius und darunter. Bei unter 40 Grad Celsius sinkt die Abgabe der Wärmeleistung über Konvektion merklich, und wenn Sie an den Heizkörper fassen, haben Sie das Gefühl, er sei kalt. In Ihren wärmsten Räumen sollten Sie zukünftig die Heizkörper voll aufdrehen und auch keine Nachtabsenkung vornehmen. Auch bei der Warmwassernutzung sollten Sie in Zukunft weniger kaltes Wasser zumischen. Machen Sie sich Ihre Gewohnheiten bewusst. Üblicherweise gewöhnt man sich jedoch schnell an die neuen Bedingungen.

Auch im Hinblick auf die Überwachung der Anlage erfordert eine Wärmepumpenheizung eine Umgewöhnung. Während bei einer Gas- oder Ölheizung in erster Linie die Prüfung der Brennstoffkostenrechnung, die jährliche Wartung der Anlage und die Kontrolle durch den Bezirksschornsteinfegermeister genügten, sollten Sie bei Ihrer neuen Wärmepumpenheizung mindestens einmal monatlich alle **RELEVANTEN BETRIEBS- UND VERBRAUCHSDATEN KONTROLLIEREN** und mit dem Vorjahr vergleichen. Ihre Wärmepumpenheizungsanlage arbeitet nur dann effizient, wenn alle Systemkomponenten (Wärmequelle, Wärmepumpe einschließlich Wärmepumpenregler, Wärmeübergabe und Heizflächen) optimal aufeinander abgestimmt sind. Das Wärmepumpensystem ist hochsensibel und verzeiht kaum Fehler. Diese regelmäßigen Kontrollen lohnen sich, werden schnell zur Routine und können zum großen Teil auch über Ferndiagnose am PC oder Smartphone vorgenommen werden.

→ Tabellen und Checklisten

Hier finden Sie weitere Daten, die die Ausführungen im Buch ergänzen. Mit unseren Checklisten und Entscheidungshilfen können Sie zudem Ihren Bedarf prüfen, Vergleiche vornehmen und die Ursachen für zu hohe Stromkosten ermitteln.

DECKUNGSANTEILE VON LUFT/WASSER-WÄRMEPUMPEN → S. 113

Monoenergetisch oder bivalent betriebene Wärmepumpenanlage in Abhängigkeit von Bivalenzpunkt und Betriebsweise

Bivalenzpunkt (°C)	–10	–9	–8	–7	–6	–5	–4	–3	–2	–1	0	1	2	3	4	5
Deckungsanteil [-] bei biv.-paral. Betrieb	1,00	0,99	0,99	0,99	0,99	0,98	0,97	0,96	0,95	0,93	0,90	0,87	0,83	0,77	0,70	0,61
Deckungsanteil [-] bei biv.-altern. Betrieb	0,96	0,96	0,95	0,94	0,93	0,91	0,87	0,83	0,78	0,71	0,64	0,55	0,46	0,37	0,28	0,19

Quelle: Max Weishaupt GmbH

Die Tabelle zeigt, dass sich, je weiter der Bivalenzpunkt ab minus 5 Grad Celsius nach links verschoben wird, der Deckungsanteil der durch die Wärmepumpe abgedeckten Wärmeenergie kaum noch verbessert. Andererseits wird sichtbar, dass sich eine Verschiebung des Bivalenzpunkts ab minus 5 Grad Celsius nach rechts durch zu klein dimensionierte Wärmepumpen wesentlich stärker auf den Anteil der durch die Wärmepumpe abgedeckten Wärmeenergie auswirkt. Das bedeutet, dass der zweite Wärmeerzeuger, ein Öl- oder Gaskessel, viel früher zuschaltet als gewünscht. In Zahlen ausgedrückt, ändern sich die Deckungsanteile bei bivalent-parallelem Betrieb zwischen den Bivalenzpunkten minus 5 Grad Celsius und minus 10 Grad Celsius hier im Beispiel um gerade einmal zwei Prozent, zwischen minus 5 Grad Celsius und 0 Grad Celsius um acht Prozent und zwischen 0 Grad Celsius und 5 Grad Celsius sogar um weitere 29 Prozent.

LEISTUNGSDATEN FLACHHEIZKÖRPER → S. 114

Höhe (mm)	900				600				500				400			
Typ	11	21	22	33	11	21	22	33	11	21	22	33	11	21	22	33
Wärmeleistung	55/45/20 °C				55/45/20 °C				55/45/20 °C				55/45/20 °C			
Länge (mm) 600	401	540	719	1007	295	387	526	738	255	336	458	644	213	284	386	545
800	535	720	959	1343	393	516	701	984	340	449	610	859	284	379	514	727
1000	668	900	1198	1678	491	645	876	1230	425	561	763	1073	355	473	643	909
1200	802	1079	1438	2014	590	774	1052	1476	510	673	916	1288	426	568	771	1090

Quelle: Max Weishaupt GmbH

Die Tabelle zeigt, welche Wärmeleistung in Watt ein Flachheizkörper bei Vorlauf-/Rücklauftemperaturen von 55/45 Grad Celsius bei 20 Grad Celsius Raumtemperatur bringt. Damit kann man prüfen, ob der erforderliche Wärmebedarf auch mit der Wärmepumpe abgedeckt werden kann.

IMMISSIONSRICHTWERTE FÜR IMMISSIONSORTE AUSSERHALB VON GEBÄUDEN → S. 103, 162

nach TA Lärm

Gebiet	Immissionsrichtwerte Schalldruckpegel [dB(A)] Tag (6–22 Uhr)	Nacht (22–6 Uhr)
Kurgebiete, Krankenhäuser, Pflegeeinrichtungen, Altenheime, sofern sie durch Beschilderung ausgewiesen sind	45	35
Reine Wohngebiete; Einwirkungsorte, in deren Umgebung ausschließlich Wohnungen untergebracht sind	50	35
Allgemeine Wohngebiete und Kleinsiedlungsgebiete; Einwirkungsorte, in deren Umgebung vorwiegend Wohnungen untergebracht sind	55	40
Mischgebiete, Kerngebiete, Dorfgebiete, wo weder vorwiegend gewerbliche Anlagen noch Wohnungen untergebracht sind	60	45
Gewerbegebiete; Einwirkungsorte, in deren Umgebung vorwiegend gewerbliche Anlagen untergebracht sind	65	50
Industriegebiete	70	70

Betreiber von Wärmepumpenanlagen mit außen aufgestellten Komponenten sind dafür verantwortlich, dass die von ihrer Anlage verursachten Geräusche die Richtwerte in dieser Tabelle nicht überschreiten. Die Schallemissionen von Luft-Wärmepumpen können sich je nach äußeren Bedingungen und Heizleistung ändern. Achten Sie bei der Planung daher auf Wohngebäude in der Nähe.

MINDESTANFORDERUNGEN FÜR ELEKTRISCH BETRIEBENE WÄRMEPUMPEN → S. 140

	ηs (bei 35°C)	ηs (bei 55°C)
Wärmequelle Luft	135 %	120 %
Wärmequelle Erdwärme	150 %	135 %
Wärmequelle Wasser	150 %	135 %
Sonstige Wärmequellen (z. B. Abwärme, Solarwärme)	150 %	135 %

Quelle: Bafa, Liste der förderfähigen Wärmepumpen mit Prüf/Effizienznachweis
In dieser Tabelle finden Sie die Mindestanforderungen an Wärmepumpen, wenn Sie in die Bafa-Liste der Wärmepumpen mit Prüf-/Effizienznachweis aufgenommen werden sollen. Diese Wärmepumpen sind förderfähig. Die meisten Wärmepumpen liegen bezüglich der Effizienz deutlich über den Mindestanforderungen. Eine gesonderte Berechnung der JAZ ist damit nicht mehr erforderlich.

ANGEBOTE PRÜFEN → ab S. 144, 157

Um die Übersicht beim Vergleich von Angeboten für Wärmepumpenheizungsanlagen zu behalten, finden Sie die besonders zu beachtenden Schwerpunkte am Beispiel einer Erdwärmeanlage mit Erdsonden in dieser Checkliste.

Wärmepumpe und Zubehör	
Hersteller	
Typ On/off oder Inverter	
Heizleistung und Leistungszahl COP bei B0/W35	
Gütesiegel	
Kältemittelart und -menge	
Führung in Bafa-Liste	
Energieeffizienzklasse	
Maximale Vorlauftemperatur	
Wärmepumpenregler	
Umwälzpumpen	
Ausdehnungsgefäße	
Sicherheitsgruppen	
Gewicht und Einbringmaße	
Platzbedarf	

Erdsonden und Zubehör	
Bohrmeter gesamt	
Anzahl, Tiefe und Abstand der Erdsonden	
Sondenart	
Materialart	
Abmessungen	
Wasserrechtliche Genehmigung	
Art und Menge der Soleflüssigkeit	
Bohrgutentsorgung	
Ableitung Wasser	
Zufahrt Bohrtechnik	
Soleverteiler	

Puffer- und Warmwasserspeicher	
Größe	
Material (emailliert, beschichtet, Edelstahl)	
Schüttleistung bei Warmwasser	
Energieeffizienzklasse	
Gewicht und Einbringmaße	
Platzbedarf	
Sicherheitsgruppen	

Rohrleitungen und Zubehör	
Art und Menge Rohrmaterial	
Durchmesser	
Wandstärken	
Zuschläge für Fittings und Befestigungsmaterial	
Art, Menge und Dämmstärke der Rohrisolierung	

Heizflächen und Zubehör	
Maximale Vorlauftemperatur	
Geplante Vor- und Rücklauftemperatur	
Art, Durchmesser, Menge Fußbodenheizungsrohr	
Art und Stärke der Trägerplatte	
Geplanter Gesamtaufbau	
Wärmeleitgruppe (WLG) – je kleiner, umso besser	
Art und Stärke der Zusatzdämmung	
Verkehrslast und Zusammendrückbarkeit der Dämmschicht	

Sonstiges		Schlussbemerkungen	
Elektroarbeiten Wärmepumpe und Raumthermostate, Stellantriebe		Zahlungsziele	
Spitz- und Stemmarbeiten		Garantie	
Demontage und Entsorgung der Altanlage		Gewährleistung	
Spülen und Entlüften		Wartung	
Hydraulischer Abgleich		Service	
Inbetriebnahme		Allgemeine Geschäftsbedingungen (AGB)	
Einweisung des Bedieners			
Einholung erforderlicher Genehmigungen			
Anmeldung beim Energieversorgungsunternehmen (EVU)			

ENTSCHEIDUNGSHILFE TRINKWASSERERWÄRMUNG (TWE) → ab S. 63

Varianten im Ein- und Zweifamilienhaus mit Wärmepumpe

Variante	Vorteile	Nachteile	Bemerkung
Indirekt beheizter Warmwasserspeicher (S. 63)	– am meisten verwendete Variante, bis 220 Liter – Inhalt mit Wärmepumpe als ein Gerät erhältlich – geringe Montage- und Investitionskosten	– bei nebengestellten Warmwasserspeichern erhöhter Platzbedarf	– Wärmeübertragerfläche im Speicher muss auf Wärmepumpe abgestimmt sein – weniger empfindlich bei hartem Wasser
Speicherladesystem (S. 64)	– vorhandene Warmwasserspeicher können weiter genutzt werden	– Ladestation inklusive zusätzlicher Umwälzpumpe erforderlich	– Plattenwärmeübertrager in der Ladestation muss gewartet werden
Pufferspeicher mit zentraler Frischwasserstation (Friwa) (S. 64)	– hygienische Trinkwassererwärmung	– begrenzte Durchflussmenge	– Komforteinschränkungen bei mehreren Zapfstellen möglich
Pufferspeicher mit Wohnungs-Frischwasserstation (S. 64)	– hygienische Trinkwassererwärmung – mehr Komfort durch Elektrostab in Frischwasserstation	– höhere Investitionskosten	– Frischwasserstation je WE mit nachgeschaltetem Elektrozusatzheizer sichert Komfort
Bivalenter Trinkwasserspeicher (S. 65)	– mehrere Wärmequellen in einem Speicher nutzbar – höhere Warmwassertemperatur durch zweiten Wärmeerzeuger möglich	– hohe Investitionskosten	– bei über 400 Litern Inhalt 60 °C Warmwassertemperatur erforderlich
Multifunktionsspeicher mit Frischwasseraufbereitung (S. 65)	– mehrere Wärmequellen in einem Speicher nutzbar – Schichtentrennung bei Ausführung WP – Speicher-Maßanfertigung für Bestandsgebäude – hohe Warmwasserleistung	– hohe Investitionskosten	– individuelle Auslegung möglich
Warmwasser-Wärmepumpe (S. 65)	– im Winter Umluftbetrieb und im Sommer Außenluftbetrieb möglich – gut geeignet für PV-Nutzung durch geringe elektr. Leistungsaufnahme	– hohe Investitionskosten – eventuelle Geräusche – Kondensatabfluss erforderlich	– bei älteren Gebäuden gleichzeitige Entfeuchtung – Mindestraumvolumen beachten
Trinkwasservor- und Nacherwärmung (S. 66)	– Einsatz von unterschiedlichen Wärmeerzeugern – Speicher im Bestand kann weiter genutzt werden – höhere Effizienz der Wärmepumpe	– höhere Investitionskosten sowie mehr Platzbedarf	– bei über 400 l Gesamtinhalt 60 °C Warmwassertemperatur erforderlich
Elektrischer Durchlauferhitzer (S. 67)	– hygienische Trinkwasserbereitung – kann mit anderen Varianten kombiniert werden	– hohe elektrische Anschlussleistung – begrenzte Durchflussmenge – höhere Energiekosten	– gut geeignet für wenig genutzte Zapfstellen

ANGEBOTSVERGLEICH → S. 157f.

Position	Anbieter 1			Anbieter 2			Anbieter 3		
	Anzahl	Einzel-preis	Gesamt-preis	Anzahl	Einzel-preis	Gesamt-preis	Anzahl	Einzel-preis	Gesamt-preis
Wärmepumpe									
Pufferspeicher									
Warmwasserspeicher									
Summe	€	€	€	€	€	€	€	€	€
Erdwärmesonden lfm									
Soleverteiler									
Soleflüssigkeit									
Bohrgutentsorgung									
Summe	€	€	€	€	€	€	€	€	€
Tackerplatte m^2									
Rohr 17x2 lfm									
Tackernadeln Stck.									
Heizkreisverteiler 12-fach									
elektr. Stellantriebe Stck.									
Raumregler Stck.									
Zusatzdämmung 50mm m^2									
Summe	€	€	€	€	€	€	€	€	€
Rohrleitung / Isolierung									
Kupferrohr 28x1 m									
Kupferrohr 22x1 m									
Isolierung 28mm lfm									
Isolierung 22mm lfm									
Summe	€	€	€	€	€	€	€	€	€
Sonstiges									
Elektroanschluss									
Durchbrüche / Stemmarb.									
Inbetriebnahme									
Summe	€	€	€	€	€	€	€	€	€
Gesamtsumme	€	€	€	€	€	€	€	€	€

WAS TUN, WENN DIE STROMKOSTEN ZU HOCH SIND? → S. 17

Nr.	Prüfkriterium	Prüfmöglichkeit	Maßnahme	Bemerkungen
1.	**Endenergieverbrauch laut Energieausweis**	Soll/Ist-Vergleich mit Rechnung	Regelmäßig erfassen und vergleichen	Jahresmitteltemperatur und Raumtemperaturen berücksichtigen
2.	**Stromzähler**	Gerät mit konstanter elektrischer Leistungsaufnahme zuschalten, Differenz prüfen	Eventuell geeichten Unterzähler einbauen lassen	Eventuell Zählerprüfung durch Energieversorgungsunternehmen. Achtung, kostenpflichtig!
3.	**Wärmequelle Luft: Temperaturdifferenz Δt prüfen, (t_{ein} °C,- t_{aus} °C) (K)**	WP-Regler, Messung des Luftein-/-austritts mit Thermometer (Temperaturdifferenzen geben Auskunft über den Grad der Verschmutzung von Wärmeübertragerflächen)	Verdampfer, Lüfter, Schmutzfilter und Pumpe, freie Ansaug- und Ausblasöffnung prüfen, Abtauvorgang prüfen	Δt abhängig von Auslegung Verdampfer und Heizleistung: wenn Δt zu groß, Ansauggitter und Verdampfer auf Verschmutzung prüfen; wenn Δt zu klein, Kältekreis prüfen und Fachbetrieb informieren!
4.	**Wärmequelle Erde/Sole: Temperaturdifferenz Δt prüfen, $\Delta t = \Delta t_2 - \Delta t_1$ bzw. (t_{ein} °C,- t_{aus} °C) (K)**	WP-Regler, Thermometer, Sichtkontrolle Soleverteiler (gleiche Ein- und Austrittstemperaturen der Kollektorkreise; Merkmale gleiche Bereifung oder Vereisung)	Verdampfer, Entlüfter, Schmutzfilter und Solepumpe prüfen	Spreizung > 3–4 K: Solevolumenstrom zu gering, Schmutzfänger reinigen. Spreizung < 3 K: Solevolumenstrom zu groß, Pumpeneinstellung prüfen, Fachbetrieb informieren
5.	**Wärmequelle Grundwasser: Temperaturdifferenz Δt prüfen, (t_{ein},- t_{aus}) (K)**	WP-Regler, Thermometer, Sichtkontrolle Schmutzfilter, Zwischenwärmeübertrager prüfen, Brunnenwassermenge und Wassertemperatur prüfen und mit technischen Daten vergleichen	Schmutzfilter und Zwischenwärmeübertrager reinigen	Spreizung > 3–5 K: Volumenstrom zu gering, Schmutzfänger und Wärmeübertrager reinigen. Spreizung < 3 K: Einstellung Brunnenpumpe prüfen, Fachbetrieb informieren
6.	**Wärmepumpe**	Sichtkontrolle auf Undichtigkeiten und Ölflecken, Sole- und Heizungsanlagendruck prüfen	Dichtheitskontrolle Kältekreis, Überhitzung/Unterkühlung prüfen	Eventuell Kältetechniker/Fachbetrieb informieren
7.		Einstellungen im Wärmepumpenregler prüfen		
7.1	**Betriebszeiten**	WP-Regler	Ohne Unterbrechung bei Heizung	Außer bei PV- oder Solarnutzung
7.2	**Einstellung Heizkurve**	WP-Regler	So flach wie möglich	Schrittweise verringern
7.3	**Raumsolltemperatur**	WP-Regler	So niedrig wie möglich	Anpassung in der Übergangszeit
7.4	**Warmwassertemperatur**	WP-Regler	Nicht über 50 °C EFH	Außer wenn Legionellenschaltung aktiv
7.5	**Raumregler, Thermostate**	WP-Regler, Raumregler	Im Referenzraum, (WZ/Bad) voll auf	Andere Räume reduzieren, Raumsolltemperatur absenken
7.6	**Zirkulationspumpe**	WP-Regler oder Zeitschaltuhr	Nur wenn notwendig auf „Ein"	Eventuell intelligente Steuerung nutzen
7.7	**Heizgrenztemperatur**	WP-Regler	So niedrig wie möglich	Heizgrenztemperatur siehe Energieausweis

Nr.	Prüfkriterium	Prüfmöglichkeit	Maßnahme	Bemerkungen
7.8	**JAZ Heizung/Warmwasser/Gesamt**	WP-Regler	Regelmäßige Kontrolle und Auswertung	Bei Abweichungen nach unten Fachbetrieb informieren
7.9	**Bivalenzpunkt**	WP-Regler	So weit wie möglich nach hinten verschieben	Muss der zweite Wärmeerzeuger zu früh zuschalten, Fachbetrieb informieren
7.10	**Betriebsstunden/Einschaltungen**	WP-Regler	Regelmäßig kontrollieren und vergleichen	Richtwert On/off-Wärmepumpe: 1800–2400 h/a
7.11	**Betriebsstunden 2. Wärmeerzeuger**	WP-Regler	So wenig wie möglich zuschalten, genau kontrollieren und vergleichen	Bei monoenergetischem Betrieb maximal 5% der Jahresheizarbeit, eventuell Fachbetrieb informieren
7.12	**Betriebsmodus/Betriebsart**	WP-Regler	Sommer/Winterumschaltung nutzen	Ferienprogramm oder Datenfernübertragung nutzen
7.13	**Legionellenschaltung**	WP-Regler	Bei längerer Abwesenheit nutzen	Unkontrollierte Zuschaltung verhindern
7.14	**Warmwassermenge**	Warmwasserzähler	Regelmäßig ablesen und vergleichen	Wassersparende Armaturen verwenden
7.15	**Temperaturfühler prüfen**	WP-Regler, Thermometer	Eventuell Kalibrierung oder austauschen	Anordnung Außenfühler, Speicherfühler prüfen, Fachbetrieb informieren
8.	**Isolierung Rohrleitungen/Armaturen**	Sichtkontrolle	Eventuell ausbessern, nachisolieren	Auch Armaturen und Stopfen isolieren
9.		Wärmesenke (Heizflächen)		
9.1	**Heizkörper/Flächenheizung**	Sichtkontrolle (Anordnung, Zugängigkeit)	Entlüften, freie Wärmeabgabe sichern	Eventuell dicke Teppiche oder andere ungünstige Beläge entfernen beziehungsweise austauschen
9.2	**Heizkörper/Flächenheizung**	Maximale Vorlauftemperatur prüfen (möglichst nicht über 50 °C)	Erforderlichenfalls zu gering ausgelegte Heizflächen vergrößern oder ergänzen	Eventuell elektrische Infrarotheizflächen (als Spiegel oder Bilder erhältlich) ergänzen, Nutzung PV-Strom
9.3	**Heizkörper/Flächenheizung (hydraulischer Abgleich nach Gebäudeenergiegesetz (GEG §20 und §50)**	Temperaturspreizung VL/RL kontrollieren (Heizkreisverteiler, Heizkörperanschluss) Kurzschlüsse unter Dt 5K vermeiden	Hydraulischen Abgleich wiederholen beziehungsweise thermischen Abgleich (Nachjustierung unter realen Bedingungen) vornehmen	Gleiche Anzeige der Durchflussmesser ist eventuell Indiz für mangelhaften hydraulischen Abgleich, Fachbetrieb informieren
10.	**Gebäudehülle/Wärmebrücken**	Infrarotkamera, Infrarotthermometer	Eventuelle Wärmebrücken beseitigen lassen	Bausachverständigen hinzuziehen

→ Stichwortverzeichnis

Die Stiftung Warentest wurde 1964 auf Beschluss des Deutschen Bundestages gegründet, um dem Verbraucher durch vergleichende Tests von Waren und Dienstleistungen eine unabhängige und objektive Unterstützung zu bieten.

Der Autor Dipl.-Ing. (FH) Hans-Jürgen Seifert ist gelernter BMSR-Techniker und hat Luft -und Kältetechnik studiert. Er ist Inhaber eines Ingenieurbüros für Wärmepumpensysteme und hat sich auf die Begutachtung und Optimierung von Wärmepumpenanlagen spezialisiert. Als Sachverständiger für Energieeffizienz von Gebäuden (EIPOS) stellt er Privat -und Gerichtsgutachten für Wärmepumpenanlagen aus. Zudem ist er als Fachbuchautor sowie als Planer und Referent für verschiedene Weiterbildungseinrichtungen tätig.

Stiftung Warentest
Lützowplatz 11–13
10785 Berlin
Telefon 0 30/26 31–0
Fax 0 30/26 31–25 25
www.test.de
email@stiftung-warentest.de

USt-IdNr.: DE136725570

Vorstand: Hubertus Primus
Weitere Mitglieder der Geschäftsleitung:
Dr. Holger Brackemann, Julia Bönisch, Daniel Gläser

Programmleitung: Niclas Dewitz

Autor: Hans-Jürgen Seifert
Projektleitung: Philipp Sperrle
Lektorat: Magnus Enxing, Münster
Korrektorat: Christoph Nettersheim, Nürnberg
Titelentwurf: Anne-Katrin Körbi
Layout: Christian Königsmann
Grafik, Satz: Annett Hansen, Berlin
Bildredaktion: Magnus Enxing, Münster

Illustrationen: Kati Hammling (S. 11), Annett Hansen (S. 12, 19, 20, 27, 43 unten, 77, 90, 94, 95, 109, 112, 114, 127, 133, 136, 137, 177, 186, 193)
Bildnachweis: Titel: Gettyimages: Simon Battensby; Innenteil: ADEY Innovation SAS (S. 119); Afriso (S. 184); Bundesverband Wärmepumpe e. V. (S. 16, 35, 38, 40, 41, 42, 44, 51, 59, 63, 64, 65, 66, 104, 106); Daikin (S. 147, 195); Dimplex (S. 57); EasyMeter GmbH (S. 31); Gettyimages: olaser (S. 6–7, 32–33, 68–69, 122–123, 138–139, 160–161, 180–181); VikiVektor (Icon S. 66); Hans-Jürgen Seifert (S. 37, 93); Ochsner Wärmepumpen (S. 43 oben); Rehau (S. 55); Roth Werke GmbH (S. 53,117); Sächsisches Landesamt, für Umwelt, Landwirtschaft und Geologie, Abteilung Geologie (S. 88); Uponor GmbH (S. 54); Vaillant GmbH & Co. KG (S. 48, 100, 179); Viessmann (S. 9, 39, 47, 195)
Danksagung: Für die sehr freundliche und großzügige Unterstützung bei den Foto- und Grafikarbeiten bedanken wir uns vor allem beim Bundesverband Wärmepumpe e. V., namentlich Florence Wilken und Katja Weinhold.

Produktion: Vera Göring, Christian Königsmann
Verlagsherstellung: Rita Brosius (Ltg.), Romy Alig, Susanne Beeh
Litho: tiff.any, Berlin
Druck: Westermann Druck Zwickau GmbH

ISBN: 978-3-7471-0601-3

Wir haben für dieses Buch 100 % Recyclingpapier und mineralölfreie Druckfarben verwendet. Stiftung Warentest druckt ausschließlich in Deutschland, weil hier hohe Umweltstandards gelten und kurze Transportwege für geringe CO_2-Emissionen sorgen. Auch die Weiterverarbeitung erfolgt ausschließlich in Deutschland.